大型冷却塔结构风荷载与风效应

赵 林 陈 旭 著

科 学 出 版 社

北 京

内 容 简 介

本书系统阐述大型冷却塔从良态风环境到台风和龙卷风这类特异风环境的结构风荷载和风效应，主要内容包括表面风荷载特性、结构风致响应、群塔干扰效应、风致失效、结构优化选型，涉及理论分析、试验模拟、数值计算，并结合重大工程给出了研究实例。

本书可供从事大型冷却塔结构设计的专业技术人员使用，也可作为从事大型冷却塔抗风研究的学者及相关专业研究生和本科生的参考教材。

图书在版编目(CIP)数据

大型冷却塔结构风荷载与风效应/赵林，陈旭著. —北京：科学出版社，2024.6

ISBN 978-7-03-076921-3

Ⅰ. ①大… Ⅱ. ①赵… ②陈… Ⅲ. ①冷却塔-风荷载-风效应-研究 Ⅳ. ①TU991.34

中国国家版本馆 CIP 数据核字（2023）第 216694 号

责任编辑：李 海 李程程 / 责任校对：赵丽杰
责任印制：吕春珉 / 封面设计：东方人华平面设计部

科学出版社出版
北京东黄城根北街 16 号
邮政编码：100717
http://www.sciencep.com
北京中科印刷有限公司印刷
科学出版社发行 各地新华书店经销
*
2024 年 6 月第 一 版 开本：B5（720×1000）
2024 年 6 月第一次印刷 印张：13 1/2
字数：272 000

定价：135.00 元

（如有印装质量问题，我社负责调换）
销售部电话 010-62136230 编辑部电话 010-62130750

前　言

大型冷却塔是火电/核电厂二次高温循环水的冷却工业设施，是电力建设发展的重大生命线节点工程。大型冷却塔高度超过 150m，塔筒壳体面积大于 5 万 m^2，是世界上体量最大的空间薄壳结构；壳壁最小厚度约 0.25m，基频小于 1Hz，是典型的风敏感柔性结构，欧美国家曾多次发生严重的风毁倒塔事故。为了适应电力行业持续发展需求，发挥冷却塔在环保、节能、高效方面的优势，国内冷却塔建设呈现塔型高大化、塔群复杂化的发展趋势，近十年来先后规划建设了数十座高度突破 200m 的超大型冷却塔，并启动了高度突破 250m 的核电超大型冷却塔的预研工作。我国也是世界上受风灾影响较严重的国家之一，大型冷却塔不仅直面传统良态气候大风，而且深受强台风和龙卷风等特异风灾气候的威胁，若继续沿用基于良态气候模式的极限状态抗风设计理论势必留下巨大的安全隐患，一旦发生特异风毁倒塔事故，则危害电厂运营安全，造成财产损失，甚至人员伤亡等严重的安全事故。

本书是同济大学风工程研究团队多年来从事大型冷却塔抗风研究成果的总结，全书共分为 8 章，内容涵盖表面风荷载特性、结构风致响应、群塔干扰效应、风致失效、结构优化选型等，涉及理论分析、试验模拟、数值计算和现场实测等多种方法，引领冷却塔结构风荷载模式从传统良态气候、静态荷载效应向灾害气候、动态荷载效应转变。

本书的研究成果受到国家科技重大专项[核电超大型冷却塔结构研究及技术支持（风工程、抗震模型研究及实塔观测），项目编号：2009ZX06004-010HYJY-21]、国家自然科学基金委面上资助项目（超大型冷却塔动态风压实测与干扰效应风洞试验研究，项目编号：50978203）、国家自然科学基金青年基金项目（超大型冷却塔结构特异风致稳定失效机理研究，项目编号：52008247）、国家重大工程科研项目等系列科研、工程项目的联合资助；同时，在撰写过程中也参考和引用了国内外许多专家、学者的科研成果，在此表示衷心感谢。

由于作者水平有限，书中疏漏之处在所难免，恳请各界人士批评指正。

赵　林

目 录

第1章　概　　论

1.1　冷却塔结构

冷却塔作为一种冷却工艺设备，在电力、化工、石油、钢铁等工业生产中有着广泛的应用，其作用是将工业生产中携带废热的冷却水在塔内与空气进行热交换，将废热传输给大气，以解决直流冷却（即直接从江、河、湖、海等天然水体中吸收冷却水，并在冷却设备中吸收废热再排入天然水体的冷却方法）造成的水资源浪费和水体热污染[1]。

冷却塔可按通风方式、水与空气接触方式、水与空气流动方向 3 种方式进行分类。根据通风方式的不同，冷却塔可以分为自然通风冷却塔、机械通风冷却塔、混合通风冷却塔。根据水与空气的接触方式的不同，冷却塔可以分为干式冷却塔、湿式冷却塔、干湿式冷却塔。根据水与空气的流动方向的不同，冷却塔可以分为逆流式冷却塔、横流式冷却塔、混流式冷却塔。

自然通风逆流湿式冷却塔具有热交换效率高、运营成本低等优点，在我国电力系统中应用最多。图 1.1 所示是火/核电厂热力循环系统的简图。锅炉将水加热成高温高压蒸汽，推动汽轮机转动并带动发电机发电，经汽轮机做功后的乏汽排入冷凝器，在冷凝器中与冷却水进行热交换，从而将乏汽的热量传递给冷却水。携带废热的冷却水在冷却塔内与空气进行热交换，将热量传递给了大气，温度降低变为低温冷却水，再由水泵将其送入冷凝器循环使用。对于一个百万级装机容量的电厂，冷却水流量可达 10^5m^3/h，相当于一个千万人口的特大城市一天的用水量。采用冷却塔不仅可以循环使用冷却水，节约了水资源，还避免了对周围生态环境的热污染。

冷却塔结构形式较为简单，外部主体结构包括母线为双曲线或多段线的薄壳通风筒、塔筒顶部的刚性环、支承塔筒的斜支柱和支柱底部的基础。通风筒内部主要为冷却工艺结构，包括除水器、配水管（热水分配系统）、淋水装置（包括淋水填料层）、雨区和集水池。

冷却塔结构的发展经历了从圆筒形或多边形壳体到双曲线或多段线壳体的变革，材料从最初的木材发展为钢筋混凝土材料及钢材。世界上第一座 32.3m 高的

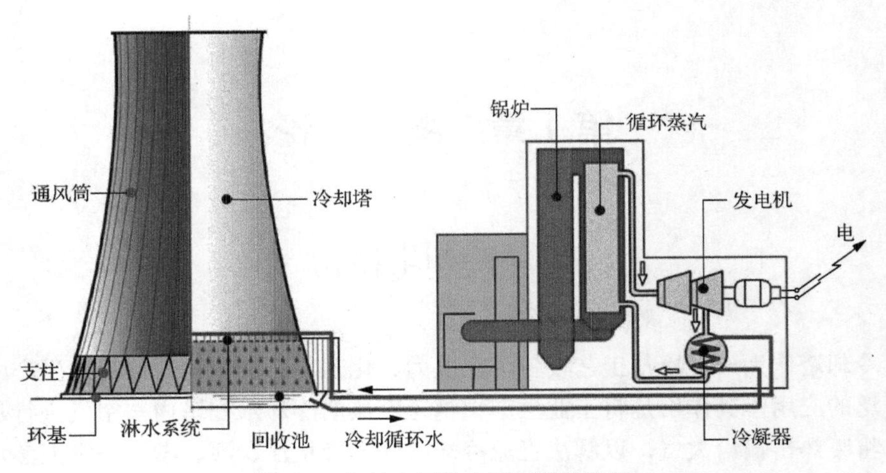

图 1.1　火/核电厂热力循环系统简图

钢筋混凝土冷却塔诞生于 1918 年的荷兰[2]。20 世纪 60 年代，伴随欧美发达国家电力工业的迅猛发展，大容量发电机组成为电厂建设的主流，与之配套的大型冷却塔甚至超大型冷却塔不断涌现。1970 年，德国建成了高度达 150m 的大型冷却塔。1986 年，依撒（Isar）Ⅱ期核电厂 165.5m 高冷却塔的建成标志着超大型冷却塔时代的到来。1999 年，德国尼德尔松（Niederaussem）电厂建成了打破世界纪录的 200m 超大型冷却塔[3]，标志着超大型冷却塔建设高度迈上了一个新台阶。相对而言，我国冷却塔建设起步较晚。1986 年，国内最高的淮南洛河电厂冷却塔仅为 96m。2000 年，上海吴泾电厂建成了当时国内最高的 141m 冷却塔。进入 21 世纪后，为了满足国内经济快速发展带来的电力高速持续增长需求，国务院发布了《国务院批转发展改革委、能源办关于加快关停小火电机组若干意见的通知》和《核电中长期发展规划（2005～2020）》。随着国内火电发电机组装机容量的增大，为充分发挥冷却塔环保、高效、节能的优势，并综合考虑建设成本、电厂用地规划等经济因素，从 2007 年开始，国内兴建了一批超过已有规范［当时实行规范为《火力发电厂水工设计规范》（DL/T 5339—2006），现行规范为《火力发电厂水工设计规范》（DL/T 5339—2018）］适用高度[4]（190m）甚至刷新世界纪录的火电超大型冷却塔（见表 1.1）。科技部相继出台了《国家科学技术中长期规划纲要（2006～2020）振兴计划》《国家中长期科学和技术发展规划（2021—2035）》，以国家科技重大专项的形式，预研了一批高度达 250m、塔群布置复杂的核电超大型冷却塔。塔型高大化、塔群复杂化成为冷却塔结构发展的必然趋势。

表 1.1　国内在建/投运的、具有代表性的超大型冷却塔

工程项目所属电厂	塔高/m	塔群数量	在建/投运时间	标志性技术特点
湖南长安益阳电厂	242.4	2	2023	世界最高钢筋混凝土结构冷却塔
山东聊城信源郝集电厂	222	8	2019	2019 年世界最高冷却塔
山西长子赵庄电厂	216	2	2018	世界最高钢结构塔
山西长子高河电厂	220	1	2017	2017 年世界最高冷却塔
内蒙古国电土默特右旗电厂	210	4	2016	2016 年世界最高冷却塔
陕西大唐彬长电厂	210	4	2016	2016 年世界最高冷却塔
宁夏电力方家庄电厂	210	4	2016	2016 年世界最高冷却塔
国能重庆万州电厂	191	4	2015	2015 年国内最高、世界第二高位塔
安徽神华安庆电厂二期	189	2	2014	2014 年国内最高湿冷塔
江苏徐州彭城电厂	167	4	2010	2010 年国内最高排烟塔
浙江国华宁海电厂二期	177	2	2009	2009 年国内最高海水塔
浙江国华宁海电厂	176	4	2007	2007 年国内最大湿冷塔

注：湖南长安益阳电厂和山东聊城信源郝集电厂为在建项目，其余均已投运。

1.2　冷却塔抗风研究现状

1.2.1　风毁事故回顾

在 1964 年冷却塔高度尚未突破 100m 之前，由于塔高较低、结构刚度较大，冷却塔风振响应并不明显。1965 年，冷却塔高度首次突破百米，英国渡桥电厂 8 座 115m 高的冷却塔群中处于下风向的 3 座冷却塔在五年一遇的大风中发生了倒塌事故（见图 1.2）。随后，英国中央电力局的调查报告给出了本次事故的结论[5]。①平均风速取值偏低，塔顶设计风速比规范值小 19%；平均风速时距为 1min，未考虑阵风效应。②设计风荷载基于单塔风洞试验，未考虑群塔干扰效应。③结构设计采用忽略塔筒弯矩效应的壳体无矩理论，塔筒仅布置一层中央钢筋网，不能有效抵抗塔筒弯矩作用。④设计理论采用较为粗浅的容许应力设计法，仅对材料极限承载力进行简单折减得到容许应力，未考虑荷载效应分项系数等安全因子。渡桥电厂塔群风毁事故使冷却塔结构抗风问题开始受到工程界的关注，并由此拉开了冷却塔抗风研究的序幕[6]。

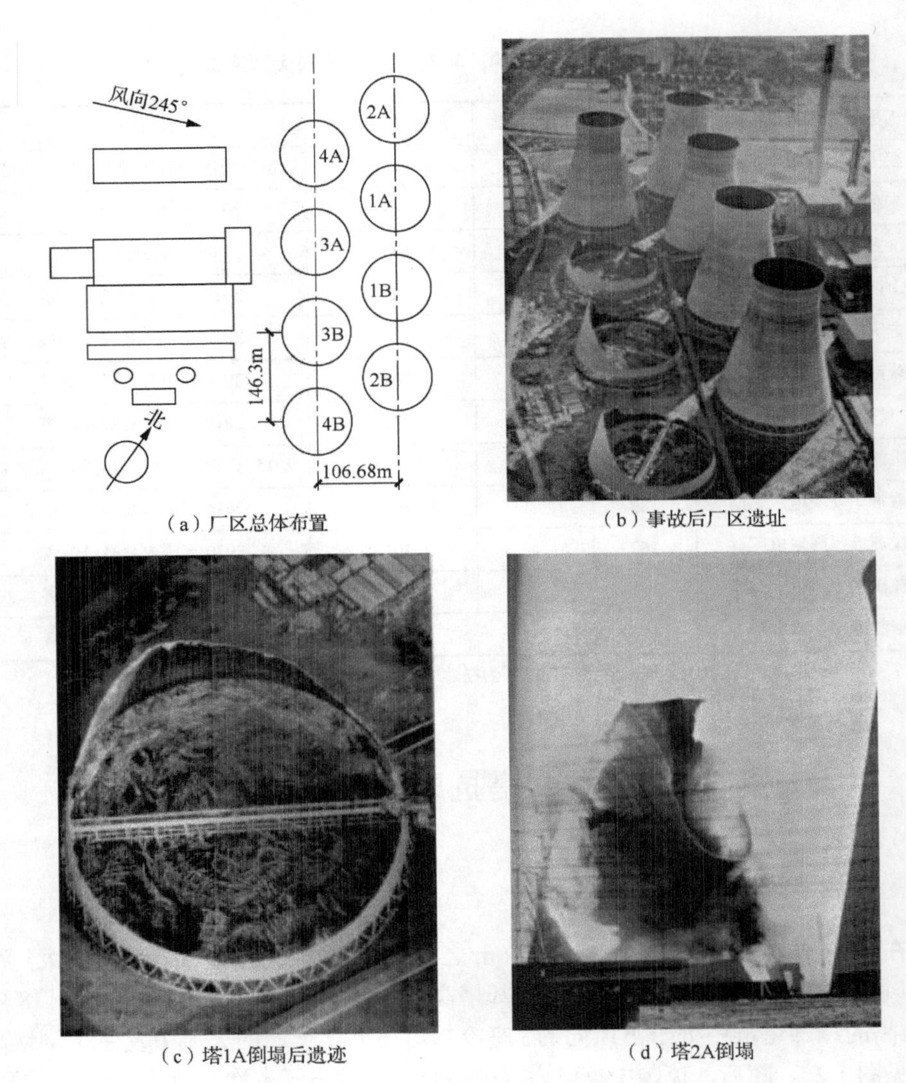

（a）厂区总体布置　（b）事故后厂区遗址

（c）塔1A倒塌后遗迹　（d）塔2A倒塌

图 1.2　英国渡桥电厂冷却塔塔群风毁事故

1973 年 9 月，英国艾迪尼龙（Adeer Nylon）电厂一座 137m 高的冷却塔在中等风速下发生倒塌，原因是塔筒在施工过程中产生了几何缺陷，导致运营过程中出现了大量的子午向裂缝，继而导致环向钢筋受拉破坏。1979 年 4 月，法国布尚（Bouchain）电厂一座服役 10 年的冷却塔在微风中发生倒塌，事故也是由于塔筒几何缺陷的累积所致。1984 年 1 月，英国费德勒（Fiddler）电厂一座 114m 高的冷却塔在瞬时风速为 34.7m/s 的大风中发生倒塌，主要原因是塔筒下环梁处壳体的外凸导致此处产生了明显的应力集中[7]。2016 年 11 月，江西丰城电厂三期在建冷却塔项目施工平台发生坍塌，这是近几十年来我国电力行业伤亡最严重的一次事故。经专家组调查，事故发生原因是在施工期混凝土强度不足的情况下违规拆模，导致塔筒混凝土不足以支承上部荷载，致使筒壁混凝土和模架连续坍塌坠落。历史上受风荷载或其他形式荷载作用而倒塌或无法运行的冷却塔远不止书中所提及，据此展开的系统研究工作推动了国内外大型冷却塔建设规模的发展[8]。

1.2.2 表面风荷载特性

早在1956年，英国国家物理实验室的研究人员就进行过高雷诺数（$Re≈10^7$）条件下的冷却塔刚性模型测压风洞试验。渡桥电厂风毁事故发生后，国内外学者借助现场实测、物理风洞试验和数值风洞模拟等方法对冷却塔单塔以及群塔干扰下的塔筒表面风压进行了广泛而深入的研究。

1）现场实测

现场实测是冷却塔风压研究最直接且最重要的方法，其结果可以作为模型风洞试验和数值风洞模拟的参考标准，但由于实施代价大、观测周期长、对周边环境要求苛刻等原因，历史上有关冷却塔风压的实测资料相对较少。

最早有关冷却塔表面风压的实测报道是1971年Niemann和Pröpper[9]在德国魏斯魏勒（Weisweiler）电厂开展的实测工作，通过在104m高的冷却塔喉部位置（喉部高度为62.5m）沿环向布置的19个传感器所获得的风压时程信号，研究了冷却塔外表面环向平均风压分布、脉动风压分布、脉动风压谱和空间相关性。

1974年，Sollenberger和Scanlan[10]对美国马丁港湾（Martin Creek）电厂126.8m高的冷却塔进行了风压实测，通过将16个风压传感器沿环向均匀布置在107.6m高的喉部位置，得到实测数据。根据实测数据Scanlan和Fortier[11]除了对风压分布特征进行数理统计外，还采用二阶自回归法再现了表面脉动风压时程。

1980年，Armit[12]对英国西波顿（West Burton）电厂113.2m高的冷却塔进行了塔筒内、外表面风压实测，并将外压实测结果与模型风洞试验进行了对比，二者吻合较好；内压实测结果表明：冷却塔内表面风压沿环向分布均匀稳定，并且不同高度处的内压变化很小。

我国冷却塔实测工作开展较晚，1983年至1992年，北京大学和西安热工所（现为西安热工研究院有限公司）分别对河北马头发电厂和广东茂名热电厂两座90m和120m无肋双曲自然通风冷却塔进行了风压现场实测[13-14]，此次实测的重要意义在于给出了指导我国冷却塔抗风设计的风荷载取值。

2009年起，为了探索大型冷却塔原型结构在超高雷诺数条件下的表面动态绕流特征，同济大学风工程研究团队成员赵林等对徐州彭城电厂166.68m高的超大型冷却塔开展了脉动风压实测工作，并提出了基于来流紊流度的单塔脉动风荷载分布模式[15]。

2）物理风洞试验

物理风洞试验是结构风工程研究的重要工具，与现场实测相比，不仅保留了直观性的优点，而且节约了大量的人力、物力和时间，同时可对研究参数进行人为的控制和干预，是研究风工程现象机理的重要手段。当然，由于物理风洞本身以及模拟设备的局限性，模拟时一般无法做到与原型结构完全相似，诸如雷诺数效应等问题难以避免。自渡桥电厂冷却塔风毁事故发生以来，各国学者做了大量的风洞试验来研究冷却塔的风压特性，除关注单塔表面风压分布外，还重点关注冷却塔表面紊流雷诺数效应模拟，以及群塔布置下的冷却塔表面风压特性等。

1979 年，Pröpper 和 Welsch[16]对某 170m 高的冷却塔进行了单塔刚性模型测压风洞试验，重点考察了平均风压分布曲线的迎风点最大正压、侧风区最小负压、尾流区负压的数值以及零风压、最小负压、尾流分离点出现的位置。

1980 年，Niemann[17]通过冷却塔刚体模型测压试验提出了影响塔筒表面环向风压分布的 3 个因素，即来流风剖面、雷诺数以及表面粗糙度，并拟合了最小负压与塔筒表面粗糙度的关系曲线，总结了不同粗糙度下环向平均风压分布的经验公式，该公式被写入了德国规范 VGB-R610ue[18]作为冷却塔设计风荷载取值条款。

1988 年，Kasperski 和 Niemann[19]对某 165m 高的冷却塔进行了刚性模型测压风洞试验，通过在塔筒中部和顶部的内、外表面分别布置测压管，研究了三维效应对内、外压的影响。结果表明：外压受三维效应响应显著，而内压在塔顶和塔筒中部大小相近。

1973 年，孙天风和周良茂[20]通过在辛店冷却塔 1∶100 模型表面粘贴 32 根丝线进行雷诺数效应模拟，得到了被称为北大 S32 的平均风压分布曲线，该曲线在随后河北马头发电厂和广东茂名热电厂进行的冷却塔表面风压现场实测中得到验证。

1992 年，顾志福和季书弟[21]通过风洞试验研究了四塔一字型布置在塔间距为 L/D=1.44（其中 L 为相邻两塔中心距，D 为塔筒底部直径）时不同风向角下的冷却塔表面风压分布特征。结果表明：后塔对前塔风压影响较小，前塔对后塔风压的影响可根据来流风向角的不同划分为邻近影响区、尾流影响区和综合影响区 3 个区域。

2008 年，李鹏飞等[22]基于某超大型冷却塔风洞试验所获得的内、外表面风压时程，建立了与整体阻力、升力相关的外表面极值风压环向分布曲线，得出了内压与填料层透风率的关系。

2009 年操金鑫等[23]、2013 年董锐等[24]对冷却塔缩尺模型模拟超高雷诺数条件下的塔筒表面动态绕流特性进行了研究，分析了相对粗糙度、试验风速对表面压力、截面阻力等参数的影响，建议雷诺数效应模拟时应综合考虑风压均值、脉动值、阻力系数以及斯特劳哈尔数（Strouhal number）等因素。

2010年，柯世堂等[25-27]基于某超大型冷却塔风洞试验对单塔条件下脉动风压的非高斯特性、峰值因子、极值分布等随机特性进行了细致的研究，基于脉动风压概率密度曲线的偏度和峰度划分了环向高斯/非高斯区域，探讨了不同区域脉动风压的形成机理，提出了适用于高斯/非高斯过程并具有一致保证率的峰值因子估计方法——全概率逼近法，提出了考虑相关性和保证率的极值估计方法。

2015年，Chen等[28]借助冷却塔同步测内、外压风洞试验，提出了塔筒表面气动力极值的组合模式；2016年，Zhao等[29]基于六塔矩形、菱形两种典型群塔组合测压风洞试验，以整体造价和稳定系数为指标，研究了典型群塔组合下冷却塔表面最不利风荷载分布模式。同济大学风工程研究团队近年来以国内火/核电厂多座具有代表性的超大型冷却塔工程项目为依托，在超高雷诺数条件下的冷却塔表面动态绕流特性，塔筒表面静、动荷载分布等方面取得了系列研究成果。

3）数值风洞模拟

数值风洞模拟又称计算风工程，是当今结构风工程领域极具前景的研究方向之一。与物理风洞试验相比，数值风洞模拟可以构建足尺模型，模拟真实的风环境，可对真实风环境下的结构风荷载及风效应进行仿真，从而避免了物理风洞试验中因模型和流场缩尺而产生的不足。随着流体动力学理论的完善、紊流模型的发展以及计算机软、硬件的不断进步，该方法在结构风工程界迅猛发展，也在大型冷却塔结构抗风领域得到了广泛应用。

2006年，刘若斐等[30]利用Fluent软件研究了单塔外表面的风压分布，其中，平均风压的模拟结果与《火力发电厂水工设计规范》（DL/T 5339—2018）中的平均风压分布曲线吻合较好，说明该方法用于模拟冷却塔表面平均风压的合理性；足尺模型和缩尺模型在脉动风压分布上的差异主要是两种模型的雷诺数数量级不同，从而导致塔筒表面绕流的紊流流动模式不同。

2007年，沈国辉等[31]利用Fluent软件分析了双塔布置在不同塔间距、不同风向角下的表面风压变化，并以整体阻力系数评价了双塔干扰效应。

2009年，鲍侃袁等[32]基于Fluent软件模拟结果从结构三维绕流角度解释了冷却塔表面风压的分布特征及边缘效应。

2012年，Cao等[33]利用Fluent软件对某183.9m超大型冷却塔在八塔矩形布置和菱形布置下的表面风压进行了模拟。结果表明：八塔干扰下的平均风压、脉动风压和极值风压较单塔分别增大了23%、16%和55%，干扰效应显著。

2015年，Ke等[34]利用Fluent软件研究了某大型空冷塔在单塔和双塔组合下散热器百叶窗透风率对塔筒外表面风压的影响。研究表明：不同透风率对单塔外表面风压影响很小；但双塔组合时，随着透风率的增加，迎风塔背风区负压和背风塔迎风区正压均增大，同时背风塔的整体阻力也增大。

2017 年，柯世堂等[35]采用 Fluent 软件对国内某直筒-锥段型钢结构冷却塔外表面平均风压分布进行了模拟。研究表明：下部锥段的背风区负压明显小于规范，上部直筒的风压分布与规范吻合较好。该研究可为我国大型钢结构冷却塔的结构选型和抗风设计提供参考。

虽然采用数值风洞模拟技术得到的平均风压分布结果具有一定的参考意义，但是受紊流模型和计算机硬件水平的局限，在模拟冷却塔表面脉动风压的准确性上还有待进一步提高。

1.2.3 结构风振响应

冷却塔作为空间高耸薄壳结构，具有自振频率低、振型密集的特点，是典型的风敏感结构，风荷载作用下的结构风振响应不容忽视。冷却塔风振响应可以通过气弹模型风洞试验、数值计算和现场实测 3 种方式获得，其中数值计算又可分为时域计算和频域计算。

1）气弹模型风洞试验

冷却塔体型大、结构柔，气弹模型风洞试验是获得此类结构风振响应最直接的途径。冷却塔气弹模型主要分为两类，一类源于渡桥电厂冷却塔风毁后用于整体气动稳定研究并被美国土木工程师协会（American Society of Civil Engineers，ASCE）推荐使用的连续壳气弹模型[36]［也称完全气弹模型，见图 1.3（a）］。模型设计满足与原型结构柯西数相似，对原型结构塔筒尺寸进行完全缩尺，考虑壳体轴向、抗弯、扭转共计 7 个有效刚度模拟，选用与塔筒混凝土密度、泊松比相近材料进行加工。这类气弹模型可实现壳体质量、刚度的连续分布，能较精确地模拟冷却塔结构质量、刚度和阻尼。Armit[12]基于连续介质气弹模型风洞试验，还原了渡桥电厂冷却塔风毁事故。结果表明：受前塔尾流的影响，后塔的迎风区子午向拉应力极大地超过了钢筋的极限抗拉强度，从而导致子午向钢筋被拉断，结构发生整体倒塌，并且冷却塔在风荷载作用下静态应力和动态应力处于同一量级，共振应力按风速的四次方增长，远高于静态应力的增长速度。Niemann 等[17, 37]以塔筒中部子午向应力为指标，提出了不同尺度冷却塔风致动力响应的共振因子以及典型群塔布置下的干扰效应系数。邹云峰等[38]结合激光位移计测振试验，研究了单塔和群塔组合工况下的大型冷却塔风振响应特征。结果表明：大型冷却塔风致动力响应以背景分量为主，共振分量不明显。由于连续介质气弹模型与原型结构的频率比仅与模型材料与混凝土材料的弹性模量比有关，选用环氧树脂材料加工几何缩尺比为 1/200～1/400 的气弹模型，则模型基频约为原型结构的 85～170 倍，对于一座高为 250m、基频为 0.7Hz 的超大型冷却塔，对应的连续介质气弹模型基频介于 60～120Hz。这样的模型刚度远远超过被动风洞中紊流所能激发共振的有效频段，这也是连续介质气弹模型风洞试验中以背景响应为主导、共振响应显著偏小的缘由。

另一类是由赵林等[39]提出的等效梁格气弹模型［见图 1.3（b）］，此类等效模型采用空间正交桁梁代替连续壳，通过改变正交梁的厚度和宽度来实现抗弯、抗剪、抗扭刚度和轴向刚度模拟，通过附加配重进行壳体质量模拟，通过桁梁骨架表面张贴轻质弹性薄膜作为外衣进行气动外形模拟。Zhao 等[40]基于等效梁格模型，对某 215m 超大型冷却塔的风振响应研究表明：除尾流区外冷却塔风振响应均以共振响应为主导，且高频高阶模态易激发共振效应。Ke 和 Ge[41]通过在等效梁格气弹模型纵横梁节点间布置测压孔，实现了气弹模型同步测压测振，研究了超大型冷却塔自激力效应对表面风荷载和结构风效应的影响。结果表明：自激力改变了脉动风压分布特征，对脉动风效应的影响不可忽视。由于等效梁格气弹模型正交桁梁厚度和宽度的调节，实现了试验模型与原型结构频率比的自由调节，从而将模型频率控制在风洞紊流脉动风能量的有效频段内，激发了冷却塔风致共振效应［见图 1.3（c）］。

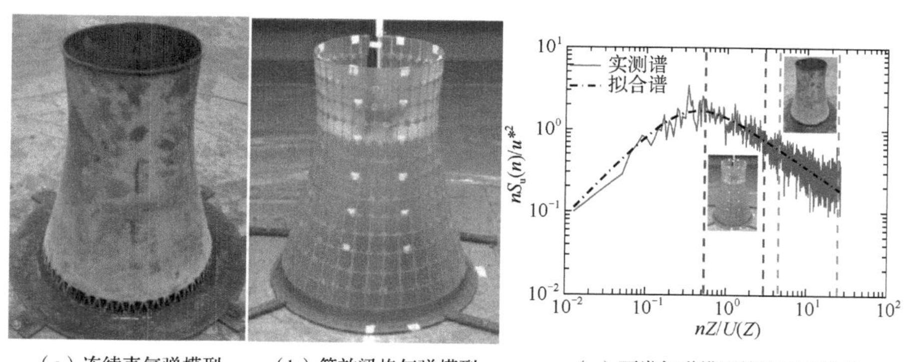

（a）连续壳气弹模型　（b）等效梁格气弹模型　（c）两类气弹模型结构频率分布

n表示频率；Z表示高度；$U(Z)$表示Z高度处的来流风速；S_u表示功率谱密度；u^*表示摩擦速度。

图 1.3　冷却塔气弹模型对比

2）时/频域数值计算

冷却塔风振响应数值计算方法主要包括频域分析方法和时域分析方法两种。频域分析方法通过频响函数建立外部激励与结构响应的关系，通过振型分解将结构响应统计量描述为各阶振型的广义模态响应，并在模态空间内进行线性叠加组合。频域分析方法可分为基于随机振动理论的模态叠加法和基于荷载频谱特性的三分量法。模态叠加法中的平方和的平方根法（square root of sum of squares method，SRSS）计算耗时虽少，但忽略了模态间的相互耦合，导致冷却塔这类振型分布密集且风振响应由多阶模态共同参与的结构风振响应计算误差较大。完全二次项组合（complete quadratic combination，CQC）法虽能考虑所有振型及其耦合项的影响，但是对于冷却塔这类自由度多且风荷载激励点多的结构计算耗时巨大。为此，Lin 等[42]、许林汕等[43]引入了虚拟激励法，该方法与 CQC 法相比精度相同，但计算效率大幅提高，通过与气弹模型风洞试验结果对比表明，采用前 30 阶模态即可满足精度要求。三分量法可以描述结构风振响应中的背景响应和共振响应，但忽略了背景和共振模态间的耦合项。Ke 等[44]提出了能够同时考虑背景响应、共振响应、背景和共振耦合响应以及共振模态间耦合响应，且兼顾计算精度和计算效应的一致耦合方法（consistent coupling method，CCM），采用该方法计算得到的某 215m 超大型冷却塔风振响应与气弹模型风洞试验结果和 CQC 法计算结果吻合较好，并指出超大型冷却塔脉动响应中以共振响应为主，且耦合响应不能忽略。频域分析方法计算简单、思路清晰，但仅限于线性结构或弱非线性结构的风振响应计算，不能考虑结构非线性效应和结构刚度、阻尼的变化，仅能获得脉动响应的统计量，无法反映结构响应全过程信息。

时域分析方法通过有限单元法将结构离散化并施加随时间变化的风荷载时程，在时域内采用逐步积分方法直接求解运动微分方程，从而获得结构动力响应时程。Orlando[45]通过采用有限元时域计算，研究了双塔布置时群塔干扰效应对塔筒内力分布的影响。Zahlten 和 Borri[46]基于钢筋混凝土材料非线性分层壳单元，开展了风荷载作用下的冷却塔非线性时程分析，研究了塔筒内、外表面裂缝分布和非线性位移响应的频谱特征。Yu 等[47]将时域分析与结构配筋设计相结合，提出了基于配筋量准则的冷却塔结构抗风设计方法。时域分析方法可获得位移、内力、应力和应变等结构动力响应的完整信息，能在时域内对结构刚度和阻尼进行修正，并考虑结构几何非线性和物理非线性等特性，适用于火/核电大型冷却塔这类安全等级高、重要性系数大的大跨度、大体量结构风振响应的研究。

3）风振响应现场实测

现场实测是风工程研究中最直接有效的方法，是检验理论分析、模型试验和数值计算准确与否的标准，但实施代价大，对实测设备和外界环境要求严苛。国内外冷却塔相关实测研究工作主要集中于塔筒表面静动态风压分布模式[14-15]，鲜有冷却塔风振响应现场实测研究。Winney[48]对英国迪德科特（Didcot）电厂高为 114.1m 的双曲自然通风冷却塔开展了加速度响应现场实测工作，在低风速条件下，冷却塔在前几阶自振频率处出现了共振响应。Jeary 等[49]对美国佛罗里达州某高为 126.3m 的冷却塔进行了台风下的塔筒加速度响应测量，冷却塔在第 1 阶、第 9 阶、第 11 阶、第 16 阶自振频率处出现了明显的共振响应。Ke 等[50]、Wang 等[51]对国内不同地域、塔型、塔高、年限的 8 座大型冷却塔（包括 4 座自然通风湿式冷却塔、3 座间接空冷塔、1 座高位收水塔）开展了风致加速度响应的现场实测工作，研究了响应的时变特性、非高斯特性以及空间相关性，获得了典型塔高和塔型的自振频率和结构阻尼。实测结果表明：冷却塔风振响应存在多模态参与，在个别模态处结构共振效应明显。风振实测的数据虽然稀少，却极有参考价值，历次的风振实测均表明冷却塔在风荷载作用下的共振响应不容忽视。

1.2.4 风致干扰效应

冷却塔作为电厂的主要构筑物和工艺设施，需要有足够的淋水面积以满足冷却需求。随着发电机组单机容量的提高和机组数量的增加，尽管冷却塔的规模在不断扩大，单塔淋水面积已经达到 12000～13000m^2，但是仍需要采用群塔组合。作为高耸空间结构，采用群塔布置时，势必会对相邻冷却塔的风压和风振响应产生干扰，即群体建筑风荷载和荷载效应的干扰效应。冷却塔风致干扰效应研究始于 1965 年英国渡桥电厂群塔风毁事故，各国学者从风压分布、风振响应等方面入手对冷却塔风致干扰效应展开研究。

颜大椿[52]采用冷却塔模型塔群布局风洞试验模拟了冷却塔群塔干扰效应，以均匀强紊流度来流来模拟中性大气边界层底部的气流，以均匀弱紊流度来流来模拟强稳定层结时气流中的紊流特性。结果表明：在弱紊流度均匀来流、L/D=2～3（L 为塔筒中心距，D 为塔底直径）和风向角 5°～10° 的条件下，前后塔都出现较强的集中涡，致使后塔的升力系数达到-1.0，负压区幅值也迅速增加，冷却塔表面风荷载更为不利。

顾志福等[53]通过风洞模拟的方法给出了大气边界层气流中两个相邻冷却塔在 L/D=1.44 时各种风向角下塔体表面的平均和脉动风压分布，着重讨论了两塔风荷载相互影响的动态特性。结果表明：后塔对前塔的影响较小，而前塔对后塔的风荷载影响随风向角不同大致分为 3 个不同的影响区域［尾流影响区（0°～35°）、综合弱影响区（35°～75°）和邻近影响区（75°～90°）］。

张军锋等[54]针对 B 类地貌双塔组合情况下表面风压分布进行了试验分析。结果发现：当双塔布置接近并列时，各自的阻力系数均超过单塔，此时的升力为向外的推力而非类平板结构的吸力；对于脉动风压分布，双塔组合下各自的迎风面脉动风压都远大于单塔。因此，双塔干扰效应的主要影响因素是脉动风压的增加。

上述风致研究主要针对冷却塔的表面风压或者整体阻力和升力系数展开，即针对荷载的干扰效应研究。实际上，结构的干扰效应研究所关心的不只是风压幅值的变化即风荷载的干扰效应，更要关心在不同风压分布下结构响应的变化，即风荷载效应的干扰效应。前者可以通过刚体模型风洞试验或者数值模拟进行研究，后者需要进行气弹模型试验或风振响应动力分析。冷却塔作为空间结构，其风致响应不仅与荷载大小有关，还与荷载的空间分布有关，单纯以荷载为指标进行干扰效应分析也无法反映荷载效应的变化。

Niemann 和 Köpper[37]通过薄壳气弹模型试验研究了某电厂周围相邻建筑及冷却塔群对冷却塔壳体应力的干扰作用，试验工况有单塔、单塔+遮挡板、单塔+周边建筑、双塔组合、三塔组合，共计 5 种工况，干扰效应评价指标为子午向拉应力的极大值。结果表明：相比荷载干扰效应，响应的干扰更为复杂，同来流风向、相邻建筑高度和间距以及响应的位置和类型都有重要关系。对于周边建筑，如果高度大于 0.8 倍冷却塔高度，则需要考虑 5 倍塔底直径范围内的建筑干扰作用；对于相同尺寸的群塔组合，则需要考虑 4 倍塔底直径范围内的冷却塔干扰作用，并用极值响应定义干扰因子，德国规范 VGB-R610ue[18]也依此制定了群塔布置下的风荷载干扰效应系数。

Orlando[45]通过风洞试验测量了双塔组合下的平均风压和极值风压干扰效应，并通过时程动力计算分析了壳体应力的干扰效应，结果与 Niemann 和 Köpper[37]的气弹试验结果较为接近。

赵林等[55]通过等效梁格气弹模型进行了双塔风致干扰效应试验，并以塔筒极值位移作为评价指标，认为当双塔塔距与塔底直径之比大于 3.18 时，才可忽略双塔干扰效应。

由于没有明确区分干扰效应的研究对象，不管是针对荷载还是针对荷载效应的干扰效应研究，最终的研究成果都体现在通过干扰效应参数对单塔荷载或响应进行放大。各研究者对干扰效应参数的定义各不相同，对于荷载，参考指标有测点风压、阻力系数、升力系数等；对于荷载效应，参考指标有位移、应力、弯矩等；二者所用代表值也都有均值和极值之分。另外，不同国家的设计规范对干扰效应的取值也并不一致。因此，对于冷却塔干扰效应研究，亟须明确的干扰效应评价指标和明确的应用模式。

1.2.5 结构风致稳定

1）理论分析

壳体结构稳定作为经典难题早在 18 世纪中期提出，由于当时的建筑以土、木结构为主，稳定问题并未引起重视。进入 20 世纪后，随着壳体结构在航空航天、桥梁、近海平台、海底管道和高层建筑等领域的广泛应用，工程界和学术界逐渐意识到稳定是保证壳体结构安全性的关键因素。

壳体稳定问题总体分为第 1 类稳定问题（即分支点失稳问题）和第 2 类稳定问题（即极值点失稳问题）。在第 1 类稳定问题中，当作用达到临界荷载时，壳体结构将从原来的平衡状态跃至第 2 个平衡状态。图 1.4 所示为壳体结构的两类失稳模式。如图 1.4（a）所示，均匀受压的理想柱壳在达到临界荷载时，由拱形平衡状态跳跃至翘曲平衡状态。在第 2 类稳定问题中，壳体失稳前后始终保持同一种平衡状态，随着荷载的增加，当达到临界荷载时，壳体变形逐渐增大直至结构破坏。均布荷载作用下有初始缺陷的球壳发生极值点失稳如图 1.4（b）所示。从数学角度分析，分支点失稳问题可以归结为广义特征值方程的求解，其中，特征值对应于临界失稳荷载，特征向量则为对应的失稳模态。极值点失稳问题本质是非线性方程求根过程，通过荷载步设置对结构增量平衡方程迭代求解，获得存在极值点的荷载-变形连续曲线。卢文达和顾皓中[56]基于最小势能原理推导了环向肋旋转壳在外压和自重联合作用下，线性前屈曲一致稳定理论的二阶变微分方程，将线弹性稳定问题转换为广义特征值求解问题。杨智春等[57]基于结构失稳时系统刚度矩阵的奇异性，将风荷载和自重作用下的双曲冷却塔屈曲稳定分析转换为数学中的广义特征值求解问题，其最小特征值对应于临界荷载，相应的特征向量即对应于结构的屈曲模式。李龙元和卢文达[58]通过引入即时刚度系数，并结合荷载增量迭代法和改进的弧长法，描述了大型钢筋混凝土双曲冷却塔非线性失稳的整个路径。结果表明：失稳前冷却塔非线性效应较小，线性稳定分析结果具有较好的近似性，考虑环向加肋后，冷却塔临界失稳荷载明显提高，因此环向加肋对提高稳定性非常有效。

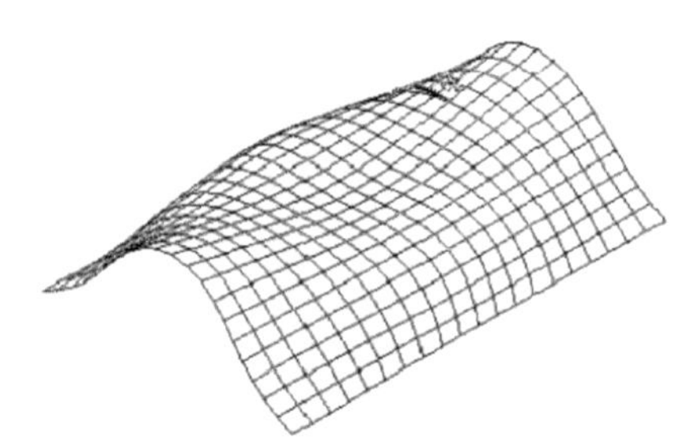

（a）均匀受压的理想柱壳分支点失稳

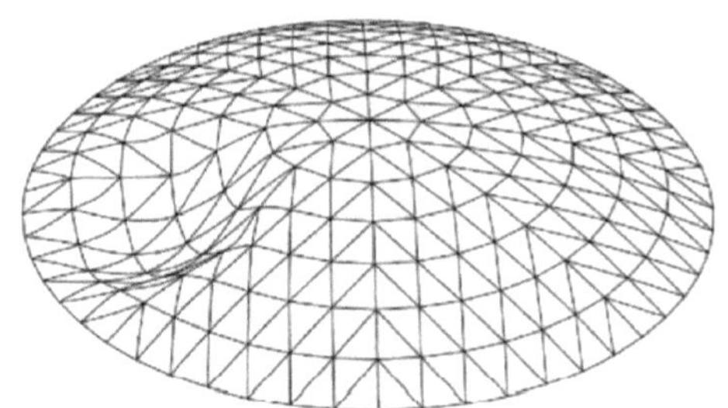

（b）均布荷载作用下有初始缺陷球壳极值点失稳

图 1.4　壳体结构的两类失稳模式

渡桥电厂冷却塔风毁事故前，冷却塔结构分析建立在壳体无矩理论（即薄壳理论）上的平衡方程忽略壳体面内的弯矩和剪力，壳体截面内力仅有沿着厚度方向的均布拉压应力，因而以渡桥电厂冷却塔为代表的冷却塔塔筒仅布置一层中央钢筋网，无法有效抵抗塔筒内弯矩作用。显然，这种忽略壳体弯矩效应和横向剪力效应的简化方法不能反映壳体实际受力状态，这也是导致渡桥电厂风毁的重要因素。20 世纪 70 年代以后，以直法线有矩理论为基础的薄壳结构稳定分析方法逐渐取代了旋转壳无矩理论。陈健等[59]结合经典稳定理论能量准则，开发了求解线弹性失稳临界荷载和屈曲模态的冷却塔结构分析软件。但是，由于壳体失稳理论值与试验值存在明显差异，这种差异不仅表现在失稳荷载理论值明显高于试验值上，还表现在失稳模式中的周向波数的理论预期值与试验值差异显著，因此理论分析结果一般作为冷却塔线弹性风致稳定分析的参考值。

2）试验模拟

物理模型试验由于模拟参数易调可控，成为冷却塔风致稳定机理研究最为直观有效的手段。der Joseph 和 Fidler[60]采用增压风洞试验完成了系列紫铜和聚氯乙烯（polyvinyl chloride，PVC）双曲冷却塔缩尺模型的风致整体失稳研究［见图 1.5（a）］，分析了自重、底支柱、环向裂缝、子午向裂缝和塔顶刚性环等因素对结构整体稳定性的影响，提出了基于厚径比的整体弹性失稳临界风压经验公式。Mungan[61-63]针对圆柱壳、双曲壳和加劲双曲壳通过轴对称静水压力荷载试验，研究了不同应力组合下的壳体局部屈曲稳定性［见图 1.5（b）］，提出了基于屈曲应力状态的冷却塔局部弹性稳定验算公式。上述基于试验结果拟合的整体和局部稳定评价公式由于简单实用，被中国、英国、德国等国家的冷却塔设计规范采纳，也成为众多研究者理论和数值结果的借鉴和参照。

（a）整体稳定试验

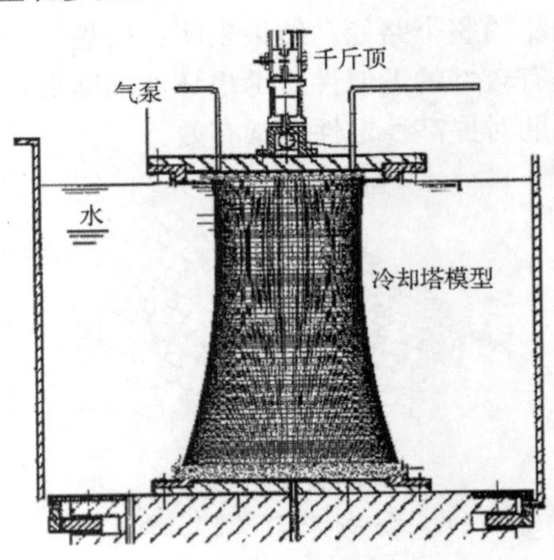

（b）局部稳定试验

图 1.5　冷却塔壳体稳定试验研究

上述稳定验算公式形成过程存在风荷载模式模拟不足，模型质量和刚度不协调以及壳体线型、壁厚、边界与实际结构存在差异等缺陷。具体表现为：①荷载层面。整体稳定试验并未考虑大气边界层风剖面和紊流效应，局部稳定试验采用环向均布水压模拟实际三维非均布风压，无法反映真实风环境下的冷却塔屈曲应力状态、屈曲模态形状和后屈曲平衡路径。②模型层面。电沉积工艺制作的等壁厚壳体模型和热塑工艺制作的环氧树脂变壁厚壳体模型均非几何缩尺完全相似的冷却塔失稳模型，模型的质量、轴向刚度和弯曲刚度 3 者相似关系难以协调，无法反映实际结构动力特性，且受制作工艺和加工精度制约，壁厚、线型等特征尺寸偏差较大，成型后的模型存在较大的初始几何缺陷。近年来，以立体打印为代表的增材制造、快速成型技术迅猛发展，冷却塔完全缩尺高精度薄壳模型的低成本、高效率制作加工成为现实。孙琪超[64]采用 3D 打印模型还原了早期冷却塔失稳物理风洞试验，验证了连续壳模型适用冷却塔风致稳定试验研究的合理性，但也意识到基于早期稳定试验结果的冷却塔弹性稳定验算公式存在不足，以及开展复杂风压作用下大型冷却塔弹性稳定试验研究的紧迫性。

3）数值计算

计算力学的发展使有限单元法对壳体稳定性分析能力有了长足的进步，目前线弹性范围内的壳单元模拟精度基本满足工程需求。田敏等[65]分别构建了冷却塔整体和局部稳定试验有限元模型，提出了基于塔筒实际风压分布的改进塔筒弹性稳定验算公式。Sabouri-Ghomi 等[66]、Xu 和 Bai[67]、柯世堂等[68-70]基于有限元分析研究了塔型参数、初始缺陷、表面加劲、内压效应、气动措施、施工过程和塔群布置等因素对冷却塔寿命期内结构抗风稳定性能的影响，提出了规范[4]中的弹性稳定安全因子取值偏于保守。相比之下，欧美规范已开始逐步放弃弹性稳定安全因子大于 5 的强制条款，同等条件下即便稳定安全因子取 3.0 亦可展开工程设计，从而兼顾了工程安全性和经济性。

在实际风致破坏倒塌过程中，塔筒出现大变形而呈几何非线性，壳体应力超过材料容许应力而呈材料非线性。Mang 等[71]、Djerroud 等[72]基于有限元隐式算法开展了考虑双重非线性效应的冷却塔结构塑性失效研究。结果表明：风荷载作用下塔筒表面裂缝的出现和发展引发的材料强度破坏导致了结构失效甚至倒塌，塔筒开裂前非线性特征不明显，裂缝出现后位移迅速增加，材料进入塑性屈服状态，因此冷却塔风致结构失效属于极限承载力问题而非屈曲稳定。Noh 等[73]采用钢筋混凝土分层壳单元进行精细化有限元隐式分析后指出：冷却塔结构失效始于子午向钢筋屈服，并随着环向钢筋屈服的扩散而达到承载力极限状态。

为了连续动态地再现原型结构失效倒塌过程，显式有限单元法逐步应用到了冷却塔爆破拆除和强风、强震、爆炸、撞击等自然或人为造成的极端外部荷载作用下的倒塌模拟中。Yu 等[74]采用显式动力分析软件 LS-DYNA 开展了规范八项式风压作用下超大型钢筋混凝土冷却塔倒塌过程模拟，风毁后的冷却塔残余形态与渡桥电厂的相似。吴鸿鑫等[75]结合 Fluent 和 LS-DYNA 软件揭示了三维风荷载作用下冷却塔倒塌过程的变形姿态和受力机制。陈旭[76]基于三维显式有限元分析，结合多风扇主动控制风洞和龙卷风风洞测压试验结果，再现了超大型冷却塔台风和龙卷风作用典型工程地貌下的结构失效倒塌全过程。图 1.6 所示为大型冷却塔风致倒塌全过程模拟。由于结构倒塌分析是涉及强度、变形、损伤和断裂等连续介质力学问题和碰撞、接触、位移不连续等非连续介质力学问题的复杂学科领域，因此冷却塔风致倒塌数值模拟相关研究目前还处于起步阶段。

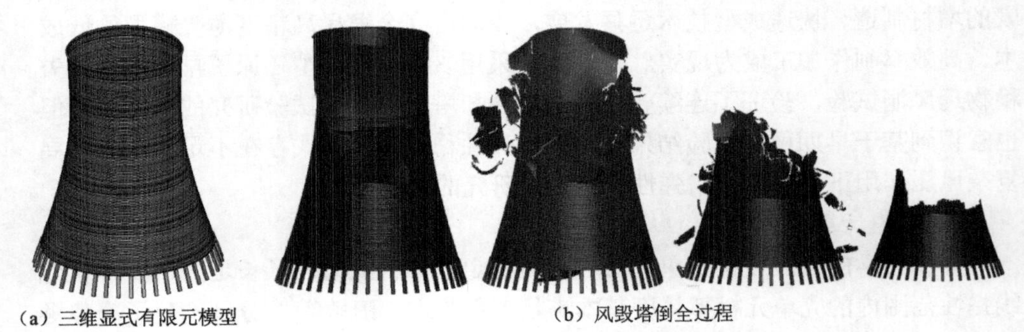

（a）三维显式有限元模型　　（b）风毁塔倒全过程

图 1.6　大型冷却塔风致倒塌全过程模拟

1.2.6　结构优化选型

冷却塔设计需要考虑经济和安全两类因素，相应地，冷却塔型式的确定需要经历两个阶段：第一阶段称为热力选型阶段，根据发电量、循环水系统技术参数、水文气象、场地地质等条件确定塔高或出风口标高（塔筒顶部标高）、淋水面积（塔筒底部半径）、填料层顶部标高及半径、进风口标高（塔筒底部下缘标高）、塔筒喉部半径等关键参数，以保证冷却塔工艺上的冷却性能。第二阶段称为结构选型阶段，根据冷却塔的荷载工况，在热力选型的基础上进行结构选型优化，以满足冷却塔结构上的力学性能（如结构安全性、稳定性及承载力）并提高工程经济性。

冷却塔选型的两个阶段不是相互独立的，而是相互影响的，热力选型确定的塔型必须经过结构选型优化反馈给工艺部门，再经热力最终定型。一般来讲，塔越高，则进、出风口气压差越大，塔筒内通风抽力越大，但塔受力也会变大；淋水面积越大，则冷却能力越高，但总投资会增大；喉部直径越大，则通风阻力越小，越有利于热交换，但塔筒力学性能可能会减弱；进风口越高，则冷却效果越好，但向淋水层泵水消耗的能量也越大。由此可见，冷却塔结构选型优化的目标在于寻找一个最优塔型，不仅能够保证工艺上的冷却性能，还能够在满足结构上的力学性能的基础上，尽可能提高技术经济指标，以保持结构安全性和经济性的平衡。因此，冷却塔最优塔型是工艺冷却性能、结构力学性能和经济性的完美结合体。

张宗芳[77]以我国某超大型冷却塔为研究对象，分析了其在规范荷载工况下的失效模式，根据其失效的约束条件，采用序列二次规划法对冷却塔分别进行了基于成本（最小化质量）、力学性能（最小化塔筒最大拉应力）及热力性能（最大化冷却塔喉部面积）结构优化设计。

黄刚等[78]对北方某高 113.875m、淋水面积 $5500m^2$ 的冷却塔进行结构选型优化，根据工艺冷却性能要求给出的若干塔型参数，以塔筒喉部高度及半径、塔筒圆锥段壳体斜率为结构参数变量，确定子午线型曲线形状，进一步进行塔筒壁厚优化，比较最终材料用量，选出最优塔型。

目前，冷却塔结构选型优化是在保证工艺冷却性能要求的塔型参数允许范围内，通过改变其他塔型参数控制塔筒子午线型（曲线形状和壁厚），比较各塔型的经济性和力学性能，选出最优塔型。

1.3 本书主要内容

本书共分为 8 章，各章具体内容介绍如下。

第 1 章介绍大型冷却塔结构形式，从风毁事故回顾、表面风荷载特性、结构风振响应、风致干扰效应、结构风致稳定和结构优化选型几方面综述国内外研究进展。

第 2 章系统阐述某大型冷却塔脉动风压现场实测工作，通过与国内外历次实测工作分析对比，揭示大型冷却塔表面动态风压分布规律。

第 3 章基于数值计算和物理模拟研究台风风场特性，结合测压风洞试验探讨大型冷却塔台风作用表面风荷载特性。

第 4 章基于龙卷风物理模拟装置研究龙卷风一般风场特性，结合测压风洞试验研究大型冷却塔龙卷风作用表面整体和局部风荷载特性。

第 5 章阐述冷却塔等效梁格气弹模型设计方法和瞬态动力时域分析方法，基于上述两种风振分析方法研究大型冷却塔结构风振特性。

第 6 章针对典型群塔布置形式，对比荷载、响应、配筋 3 个层面群塔干扰效应指标，提出大型冷却塔群塔风致干扰效应准则。

第 7 章基于结构有限元分析算法，建立适用于非均布荷载作用下环向应力临界荷载计算公式；结合弹性稳定分析方法和显式动力分析方法，研究大型冷却塔风致失效模式和失效机理。

第 8 章以结构稳定性、安全性和经济性为优化目标，开展单参数优化分析和基于两阶段混合优化方法的结构整体优化分析，推荐了适用于群塔干扰风荷载作用模式的最优塔型设计方案。

本书系统总结了作者多年来在大型冷却塔结构抗风领域的研究成果，以期为大型冷却塔抗风研究和工程实践提供参考。

第2章　大型冷却塔表面风荷载现场实测

风荷载是双曲线型冷却塔结构设计的主要控制荷载之一，确切地给出塔筒表面风荷载具有重要的实际意义。现场实测是研究风荷载最直接和最重要的途径，它是检验理论分析方法和模型试验方法准确与否的标准。目前风洞试验中冷却塔表面风压雷诺数效应模拟都是以环向平均风压为标准，忽略了脉动风压效应，或者说脉动风压雷诺数效应模拟没有确切的准则，导致塔筒表面动态风压雷诺数效应模拟不准确，不能完整再现现场冷却塔表面风荷载绕流特性。本章系统阐述徐州彭城电厂166.68m高大型冷却塔脉动风压现场实测工作，并与国内外历次动态风压实测工作进行分析对比，揭示大型冷却塔表面动态风压分布规律。

2.1　全天候动态风压传感器设计与调试

2.1.1　动态风压传感器设计

冷却塔现场风压测试所需的传感器须是具有防雨、防雷、防沙尘及抗温度干扰等性能的外贴式小型传感器，目前国际上尚未有此类成熟产品可直接应用；同时还要考虑信号干扰、传感器灵敏度及布线等问题。有效地维护现场风压采集设备良好的运转，建立现场实测海量数据处理方法，合理地描述冷却塔表面气动压力分布特征等，是此次现场实测拟解决的关键性问题。

根据冷却塔现场测试目的和要求，结合测试设备高空安装易遭雷击的特殊情况，以及考虑风雨交加尚需要防雨的环境工况，有针对性地拟定风荷载传感器设计方案及重要性能指标。设计过程需要考虑阳光暴晒、风雨袭击和沙石防护等实际可能工况下敏感元件的保护措施，顾及风雨耦合荷载条件下风荷载数据采集的完整性和传感器的防雷避雷等措施要求。

本次现场实测采用压阻式风压传感器，其工作原理为：风压传感器的硅片［见图2.1（a）阴影部分］感受到动态风压力而产生变形，变形后其电阻的改变造成电压信号波动，通过电缆线将电压信号传送到采集装置上，并按照一定的换算关系获得塔筒表面测点动态风压时程数据。风压传感器实物示例如图2.1（b）所示，长约13cm，圆截面直径5cm，厚2.3cm。电压信号与压力信号对应关系：

1V=1250Pa。风压传感器的测量范围为±2.5kPa，测量精度为 3‰，测量最大风速约为 63m/s。

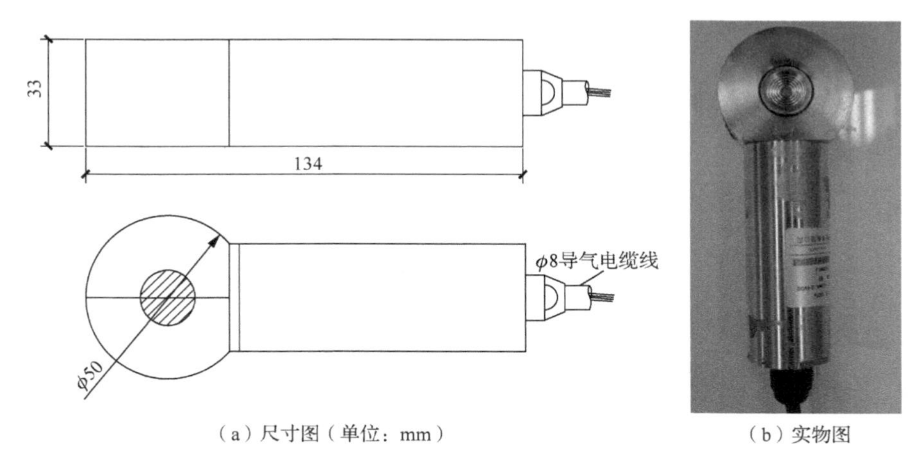

（a）尺寸图（单位：mm）　（b）实物图

图 2.1　压阻式风压传感器

2.1.2　风压传感器调试验证

通过物理风洞试验和现场实测分别完成了不同性能参数风压传感器动静压力标定和调试工作，包括传感器气动外形、来流风速和来流角度、不同参考压力导气管孔径和长度、信号线电缆长度和电阻率等对采集结果的影响。

在风洞试验中对风压传感器进行了调试［见图 2.2（a）］，发现其外形对于不同方向的来流风比较敏感：对于正面来流，其风压测试结果较好，来流风向偏离后测试结果较差。随后将风压传感器镶嵌在 1∶200 冷却塔刚体有机玻璃模型［见图 2.2（b）］上，喉部挖孔以避免外形的影响，测试结果大为改善。

（a）安装在圆盘上

（b）镶嵌在塔筒表面

图 2.2　风压传感器风洞试验测量

在冷却塔壳体中预留较大的孔来镶嵌数量众多的风压传感器，对塔筒混凝土保护层将产生不利影响，故需要对传感器外形进行进一步优化，使传感器的安装既不影响现浇模板的施工安全，又能采集到测点可靠的动态风压时程数据。图 2.3 展示了风压传感器气动外形优化措施及相应的某大桥表面现场实测情况。结果显示：通过增加相对传感器直径较大的塑料外套，风压测试结果准确性有了较大幅度的提高。

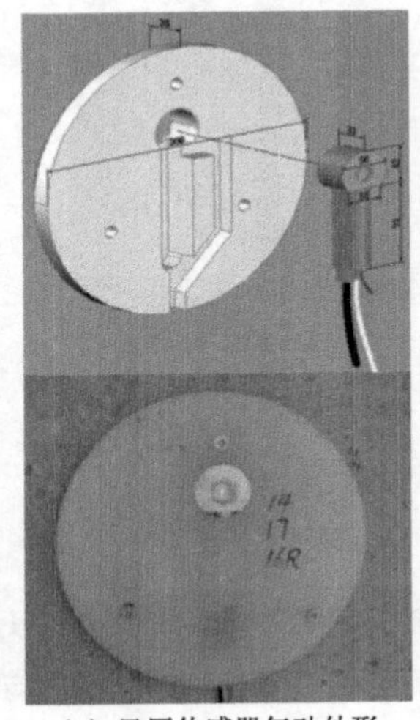

（a）风压传感器气动外形

（b）某大桥表面现场实测情况

图 2.3　风压传感器气动外形优化及应用

改变风压传感器气动外形后，风洞试验与现场实测结果（见图 2.4）达到了预期的目的：在均匀来流条件下，当来流风速大于 15m/s 时，信噪比可较好地控制在 5%以内；自然来流紊流条件下，动态信号在 6.0Hz 以内，动态风压传感器与同步电力压力扫描阀设备的测试结果较为一致。

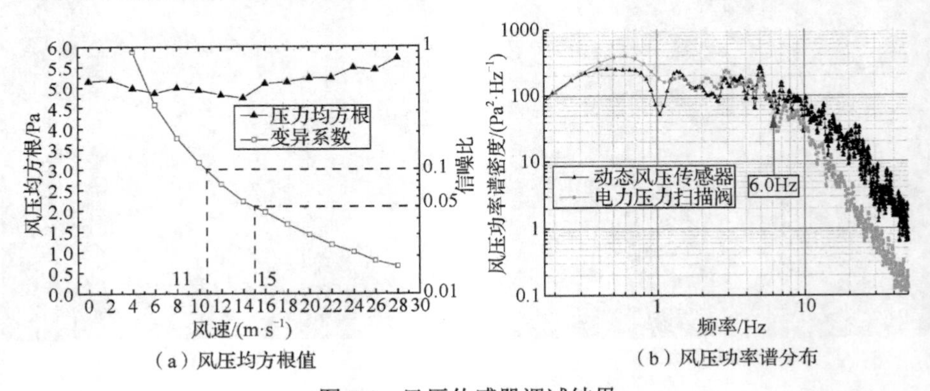

（a）风压均方根值　　　　（b）风压功率谱分布

图 2.4　风压传感器调试结果

2.2　风压现场实测工作内容

2.2.1　现场实测方案

自 2009 年以来，同济大学风工程研究团队开始对江苏省徐州市彭城电厂双塔组合冷却塔（高约 166.68m）进行风压传感器现场安装及风压实测工作。现场实测塔及部分构筑物如图 2.5 所示。该工程场地为广阔平原，周边干扰建（构）筑物较少，夏冬风速较大，在主导风向上完全有条件避开双塔组合对表面动态风压现场实测的影响，非常适合开展现场实测工作。

图 2.5　江苏徐州彭城电厂测量塔

现场观测系统的具体实施方案大致分为 4 个步骤（见图 2.6）：第一步，定制完善风压传感器，传感器出厂前进行模拟雷击过载校正校验和沙尘冲击校验等；第二步，风洞内部调试，包括动静态精度标定、气动外形优化、信号衰减补偿、参考压力导气管孔径与长度敏感性分析及风雨工作环境鲁棒性检验等；第三步，模拟现场工作环境，包括带线调试与安装、信号零点漂移修正检验等；第四步，实测现场，包括测试人员驻守轮换、设备定期维护与检验、测试信号甄别与处理。

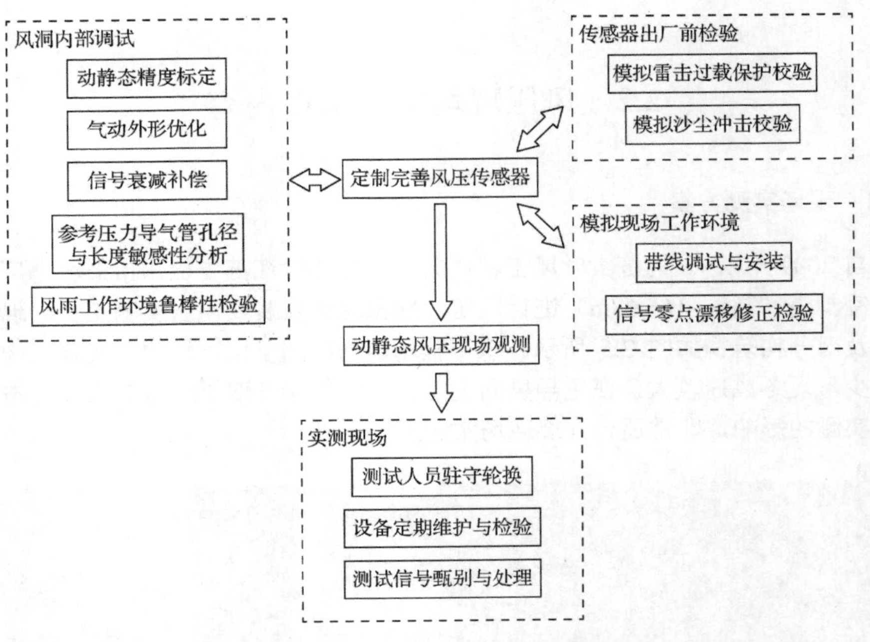

图 2.6 脉动风压现场实测实施方案框图

2.2.2 场地概貌及测点布置

实测冷却塔为双曲线型现浇钢筋混凝土结构，塔高 166.68m，淋水面积 12000m^2，喉部标高 132.65m，进风口标高 11.50m，塔顶中面半径 40.49m，喉部中面半径 38.10m，进风口中面半径 62.90m。塔筒由 52 对人字柱与环板基础连接，其中人字柱为ϕ1.0m 预制钢筋混凝土结构。

双塔中心间距 1.5D（D为塔底中面直径）。实测现场地处广阔平原，周边干扰建（构）筑物较少（近于 A 类场地），其中较高的周边建（构）筑物包括汽机房（63m）、除氧间（53m）、煤仓间（53m）、集中控制楼（32m）、锅炉（124m）、烟囱（240m）等（见图 2.7）。

由于冷却塔上下端部区域存在气流的边界效应，平均风压分布尤其是负压峰值变化较大，不适宜布置风压测点。塔中部区域塔筒表面风压沿圆周向分布比较稳定，这也是历次实测将现场风压测点安置在塔筒中部的原因，本次现场实测测点高度也布置在塔筒中部，距离地面高度分别为 90m 和 130m，即 0.54H 和 0.78H（H为冷却塔高度）。90m 和 130m 高度处分别安装 18 个（外表面）+4 个（内表面）和 36 个（外表面）+4 个（内表面）动态风压传感器（图 2.7 给出了 130m 高度处外表面传感器测点编号布置），布置防雷线和信号控制线路，并将仪器信号电缆连接到地面采集站。为了确定断面风压测量时的来流状态，在测量塔正东向、距地面高度约 10m 处设置了超声波风速仪。

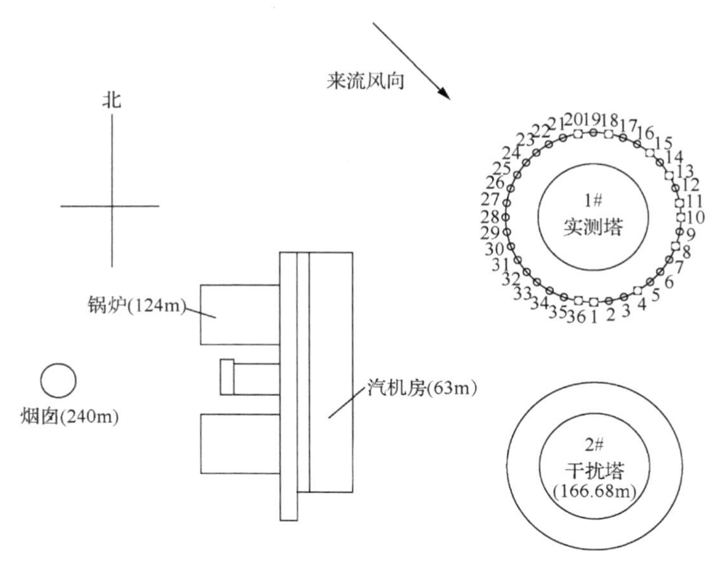

图 2.7　冷却塔及周边主要建（构）筑物

徐州地区的气象数据统计：根据实测资料计算 50 年一遇 10m 高 10min 平均最大风速为 16.6m/s，实测 10min 平均最大风速为 15.8m/s（SSW），全年主导风向为东东北（ENE）（频率 12%），夏季主导风向为东 ENE、东（E）、东东南（ESE）（频率 11%），冬季主导风向为 ENE（频率 13%），在主导风向上完全有条件避开双塔组合对表面动态风压现场实测的影响，适合开展现场实测工作。

2.3　冷却塔脉动风压实测结果分析

2.3.1　历次脉动风压实测结果

目前，冷却塔外表面平均风压系数环向分布模式基本得到了认可，结合现场实测数据和风洞试验结果拟合得到了现有各国冷却塔规范中的平均风压系数公式[9,18,79]。国内外脉动风压实测结果差异较为明显，图 2.8 给出了 Ruscheweyh[80]、Sageau[81]和 Sun 等[14] 3 次脉动风压实测结果，沿环向 Ruscheweyh 实测的脉动风压系数均小于 Sageau；在负压最大的侧风区，Ruscheweyh 实测结果在 0.25 以内，而 Sageau 与 Sun 等的实测脉动风压系数在 0.3～0.35 之间。Armit[12]将 West Burton 电厂冷却塔（四塔菱形组合、塔高 112.5m）外表面脉动风压实测数据与风洞试验数据进行了对比，虽然实测数据离散性比较大，但是与风洞实验室模拟有一致性的趋势（见图 2.9）。

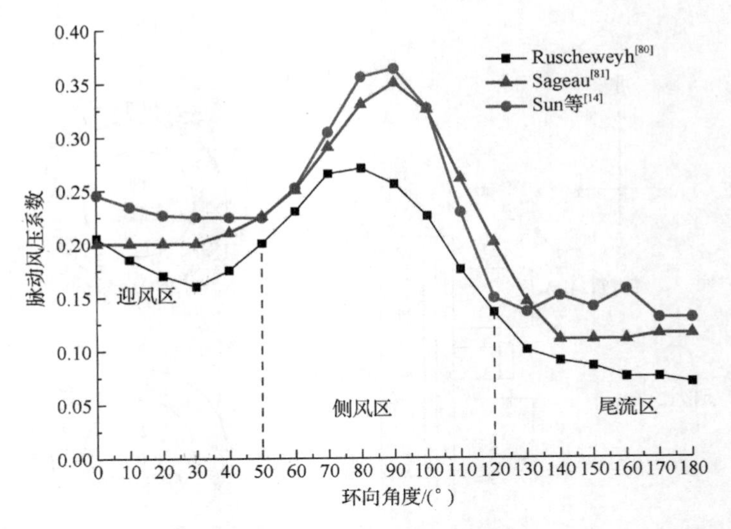

图 2.8　外表面脉动风压实测

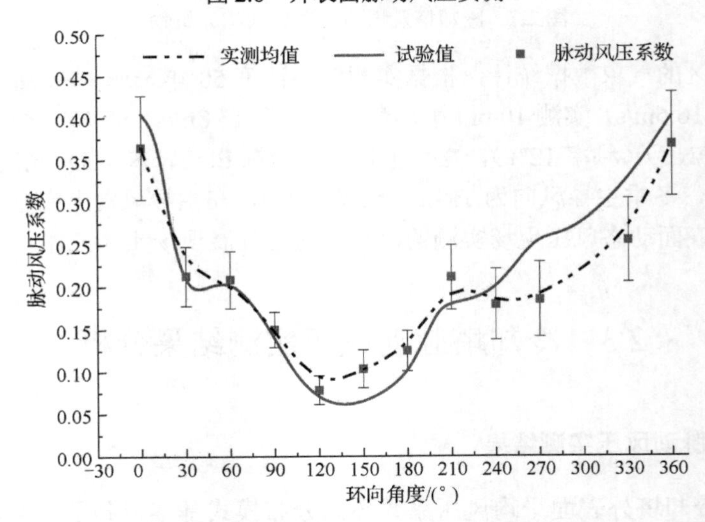

图 2.9　West Burton 电厂冷却塔外表面脉动风压系数实测均值与试验值对比

国内外对于内表面风压的实测值则更为有限，Armit[12]在 West Burton 电厂冷却塔内表面布置了测压传感器，但并未给出具体数值，只是提出内压环向分布非常稳定，随着塔高增加略有所变化，并以此作为参考压力来计算外表面风压系数。Sun 和 Zhou[13]在 1983 年对 90m 高无肋冷却塔进行了塔筒内表面风压的测量。结果表明：在来流风速较低的情况下，塔内风压基本上沿纬向分布均匀，压力大小主要由冷却塔热负荷决定；在强风条件（10m 高度 23.0m/s、16.2m/s）下满负荷及停运时内压及风压系数分布并非均匀的，在迎风面（0°～60°）内侧负压较大，尾流区（110°～180°）内侧负压很小，甚至会出现微正压（见图 2.10）。欧美主要国家规范所采用的内压系数，基本上在−0.4～−0.5 之间。例如，德国规范 VGB-R610ue 采用的内压系数为−0.5[18]；英国规范 BS4485-4 定义迎风点子午线外表面风压系数为 1.0，相当于内压系数为−0.4[79]；我国《火力发电厂水工设计规范》（DL/T 5339—2018）规定内压系数采用塔顶迎风驻点外表面平均风压的−0.5 倍。

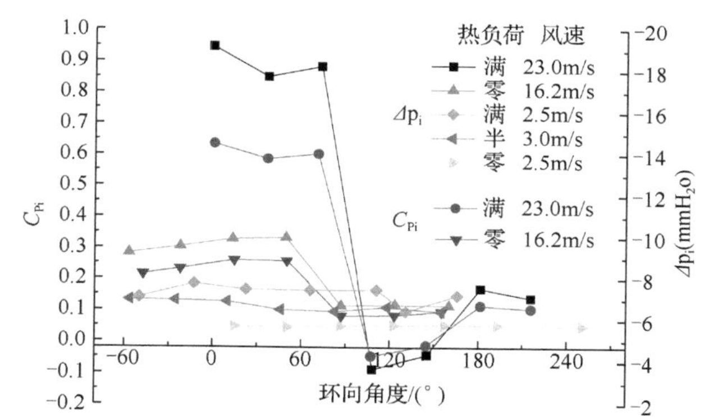

"满"表示冷却塔满热负荷运转；"半"表示冷却塔半热负荷运转；"零"表示冷却塔停运时零热负荷；C_{Pi}表示冷却塔内壁风压系数；Δp_i表示冷却塔内壁平均风压。

图 2.10　冷却塔内表面风压与来流风速、运营状态的关系

2.3.2　脉动风压实测结果对比

从 2.3.1 节 3 次脉动风压实测结果、Davenport 和 Isyumov 风洞试验结果[82]与徐州彭城电厂实测结果的对比中可以看出（见图 2.11）：Sun 等、Sageau 实测的脉动风压系数趋势一致、数据相当，但前者迎风区风压系数略大于后者，迎风点约 0.25；Davenport 和 Isyumov 试验值与 Ruscheweyh 实测脉动风压系数数值相当，区别在于后者峰值风压系数出现的位置比前者靠前 10°；而 Ruscheweyh 脉动风压系数极值、拐点出现的位置与平均风压系数相同；徐州彭城电厂实测脉动风压均值均远小于国内外实测值，尤其是峰值风压系数，其他峰值风压系数在 0.3～0.4 之间，而徐州彭城电厂实测不到 0.15，但是其分布规律与其他实测值基本一致。

就基本趋势而言，脉动风压分布模式亦可划分迎风区、侧风区和尾流区。其中，迎风区脉动风压随着圆周角的增大而减小，主要取决于来流紊流度；侧风区脉动风压先增大后减小，在 80°～100°之间达到峰值，主要取决于侧风区旋涡脱落；尾流区脉动风压基本保持稳定，脉动风压系数基本在 0.15 以下。脉动风压系数分别在平均风压的零值压力点、尾流分离点区域附近出现拐点，值得一提的是，两个拐点及峰值风压系数出现的位置较平均风压系数滞后 10°左右。

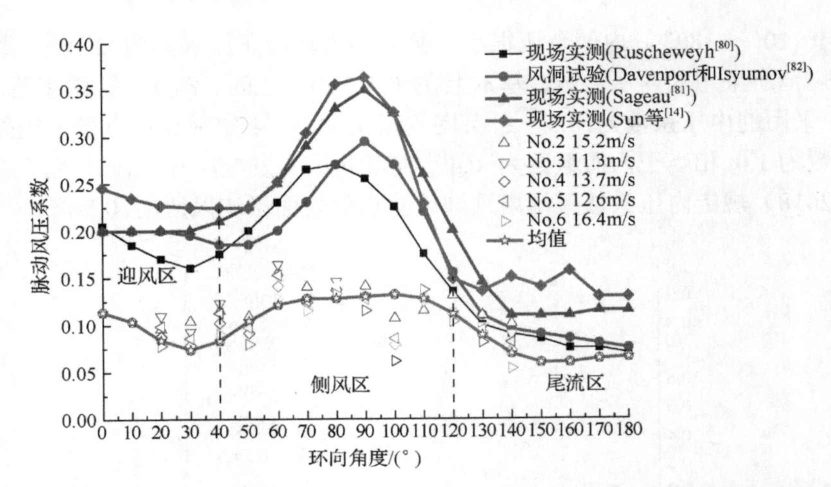

图 2.11　徐州彭城电厂脉动风压系数实测结果（No.2～No.6 和均值）与历次实测结果对比

现场实测的有关文献中并未提及来流紊流度与脉动风压系数之间的关系，甚至没有来流紊流度的相关信息，然而圆截面脉动风压与来流紊流度密切相关。各国实测脉动风压曲线分布趋势相似，为了减小来流紊流度的影响，将实测曲线按照迎风点脉动风压系数进行归一化处理（见图 2.12），可以看出归一化的脉动风压系数差异也较大。其中，徐州彭城电厂实测归一化脉动风压，0°～100° 小于其他测量值，100°～180° 基本略大于其他测量值；Davenport 和 Isyumov、Ruscheweyh 与 Sun 等的归一化曲线最为接近；Sageau 实测曲线的负压区峰值系数为最大，达 1.75。各国现场实测脉动风压系数差异较大，侧风区脉动风压系数峰值最大最小几乎相

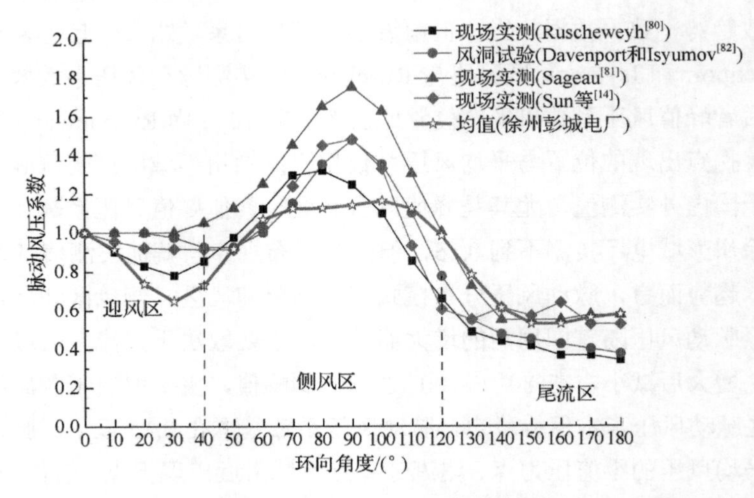

图 2.12　脉动风压归一化曲线对比

差 2 倍；采用归一化脉动风压系数的方式来排除紊流度的影响时，其差别也较大，无法解释导致徐州彭城电厂实测脉动风压系数远小于国内外其他实测值的原因，这也说明了不同来流紊流度条件下脉动风压分布模式本身就存在差异。

2.4　基于来流紊流度的统一脉动风压曲线

2.4.1　迎风点脉动风压系数

为建立冷却塔环向脉动风压分布与来流紊流的定量关系，采用物理风洞试验中尖劈与粗糙元组合进行缩尺比为 1∶200 的不同紊流度的风场模拟。其中，“风场一”的平均风剖面和《建筑结构荷载规范》(GB 50009—2012)[83]中 C 类地面粗糙度比较吻合，塔高范围内的来流紊流度介于 5%至 19%之间（见图 2.13），“风场二”的平均风剖面和《建筑结构荷载规范》(GB 50009—2012)[83]中 B 类地面粗糙度比较吻合，塔高范围内的来流紊流度介于 2%至 13%之间（见图 2.14）。以彭城电厂冷却塔为原型，设计加工了缩尺比为 1∶200 的冷却塔刚性测压模型（见图 2.15），模型表面布置 12×36=432（个）压力测量点，试验中的风压采样频率为 300Hz。

冷却塔外表面环向脉动风压与来流紊流关系建立过程如下：首先，由来流紊流度推导出冷却塔迎风点脉动风压系数，并将迎风点脉动风压系数作为中间变量；然后，根据其与环向脉动风压系数之间的关系，建立统一的不同紊流度条件下的脉动风压环向分布模式。

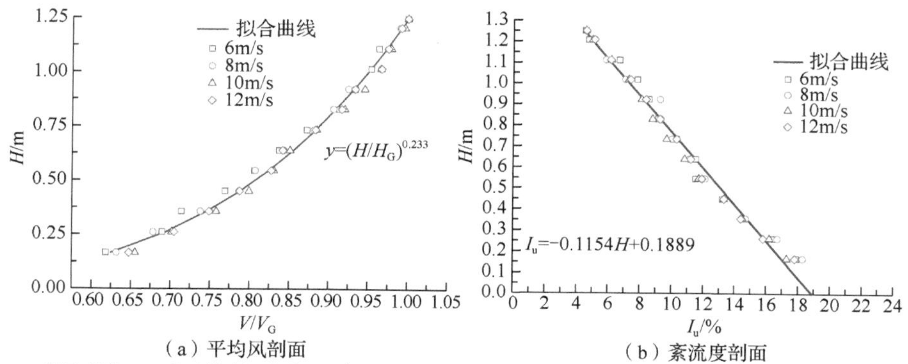

（a）平均风剖面　　（b）紊流度剖面

H表示高度；H_G表示梯度风高度；V表示来流风速；V_G表示梯度风高度处的风速；I_u表示来流紊流度。

图 2.13　“风场一”流场特征

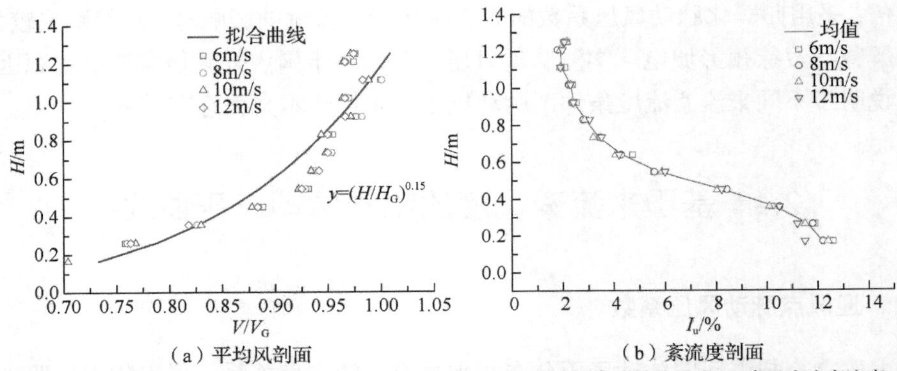

（a）平均风剖面　　（b）紊流度剖面

H表示高度；H_G表示梯度风高度；V表示来流风速；V_G表示梯度风高度处的风速；I_u表示来流紊流度。

图 2.14　“风场二”流场特征

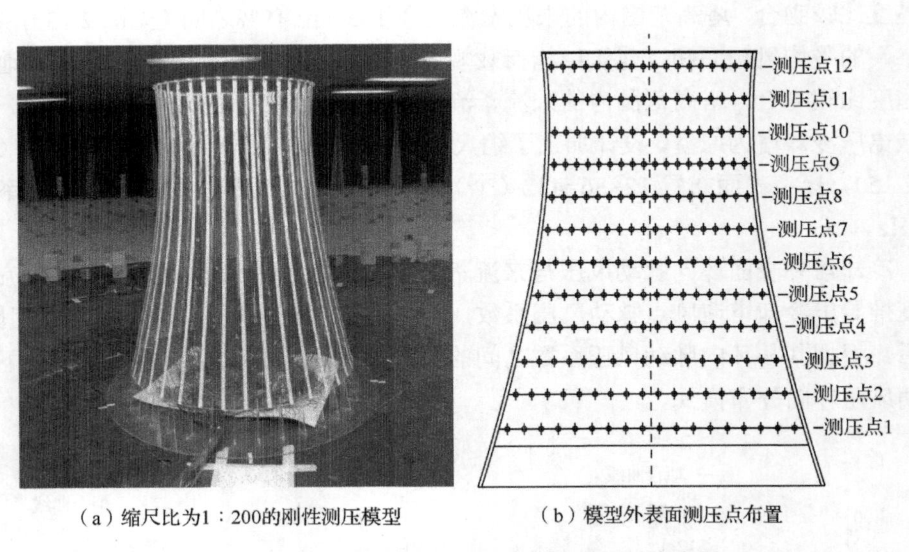

（a）缩尺比为1∶200的刚性测压模型　　（b）模型外表面测压点布置

图 2.15　冷却塔刚性测压模型及外表面测压点布置

根据两类模型流场中对应每个测压点高度处的来流紊流度和迎风点处的脉动风压关系（见图 2.16），建立了近似线性的拟合目标函数［见式（2.1）］。

$$P_u = 0.006 \times I_u^2 + 1.517 \times I_u + 0.069 \tag{2.1}$$

式中，P_u为冷却塔迎风点脉动风压系数；I_u为来流紊流度。

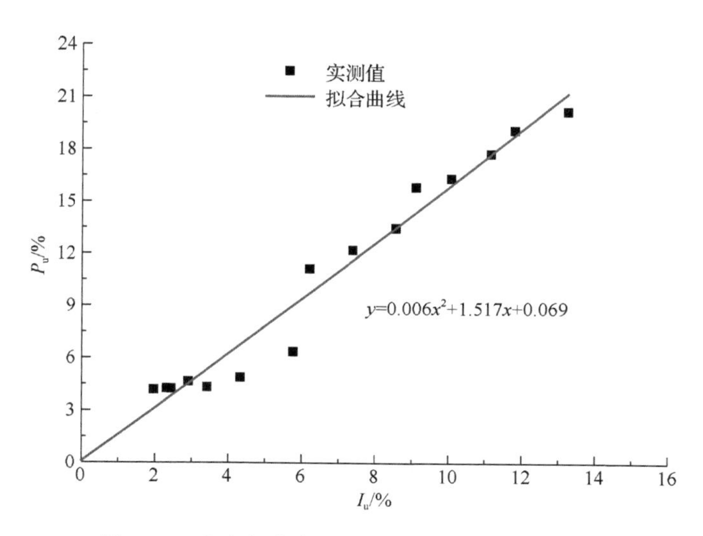

图 2.16　来流紊流度与迎风点脉动风压系数拟合

2.4.2　脉动风压拟合曲线

《火力发电厂水工设计规范》（DL/T 5339—2018）[4]定义了冷却塔外表面平均风压分布拟合八项式［见式（2.2）］，采用相同的八项式三角函数，并结合最小二乘法对不同来流紊流度条件下的脉动风压系数进行拟合（见图 2.17）。

$$C_p(\theta)=\sum_{k=0}^{7}\alpha_k\cos(k\theta) \tag{2.2}$$

式中，C_p 为平均风压系数；θ 为环向角度；α_k 为拟合参数。

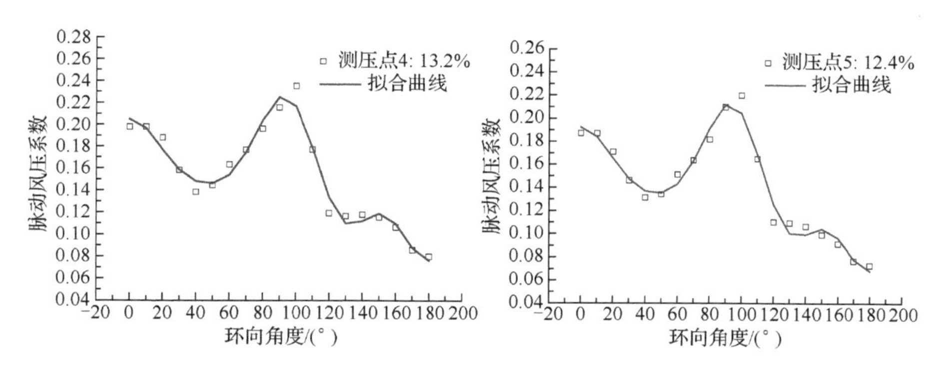

图 2.17　不同来流紊流度条件下脉动风压环向分布八项式拟合

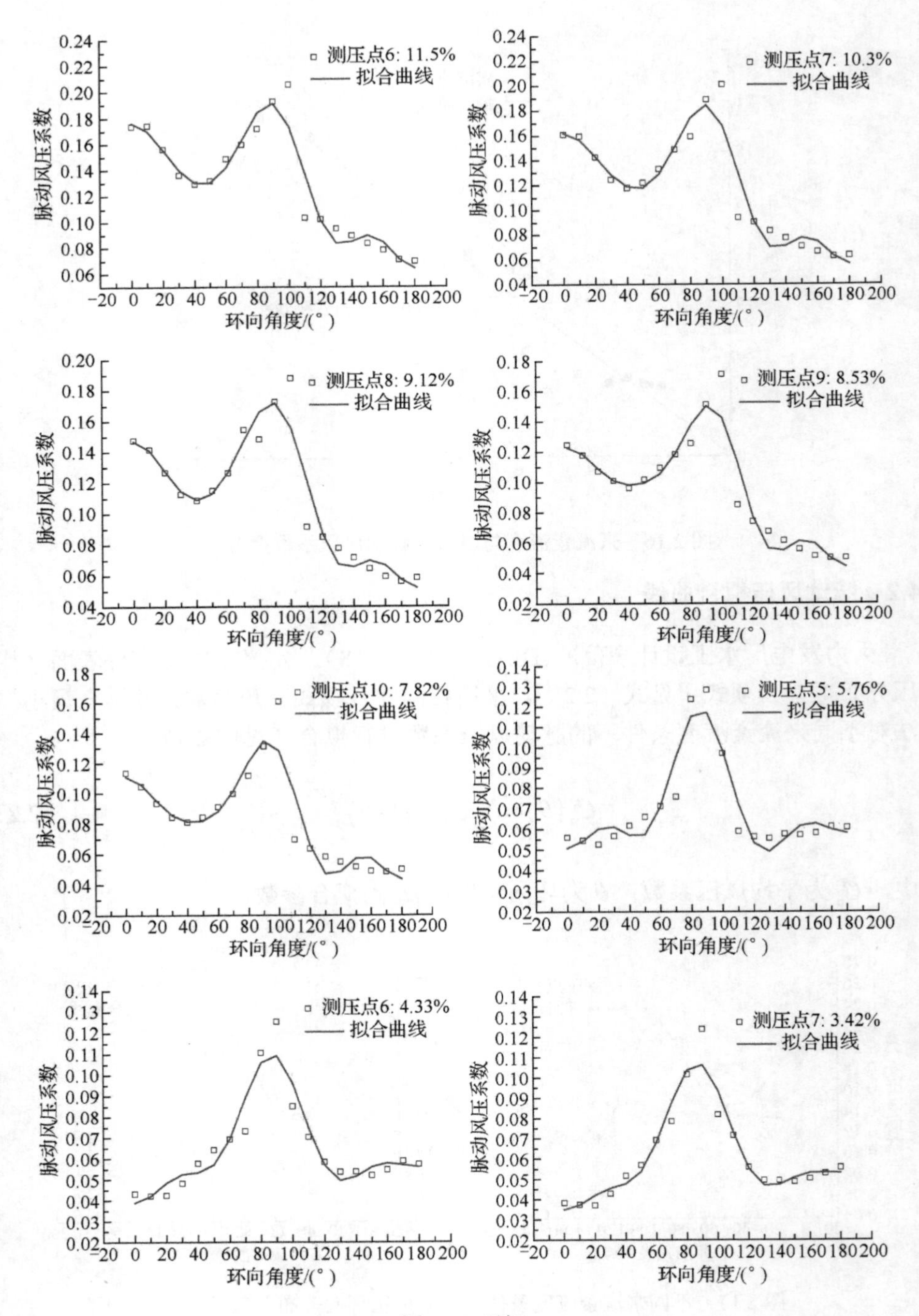
测压点6: 11.5%
拟合曲线
测压点7: 10.3%
拟合曲线
测压点8: 9.12%
拟合曲线
测压点9: 8.53%
拟合曲线
测压点10: 7.82%
拟合曲线
测压点5: 5.76%
拟合曲线
测压点6: 4.33%
拟合曲线
测压点7: 3.42%
拟合曲线
脉动风压系数
环向角度/(°)

图 2.17（续）

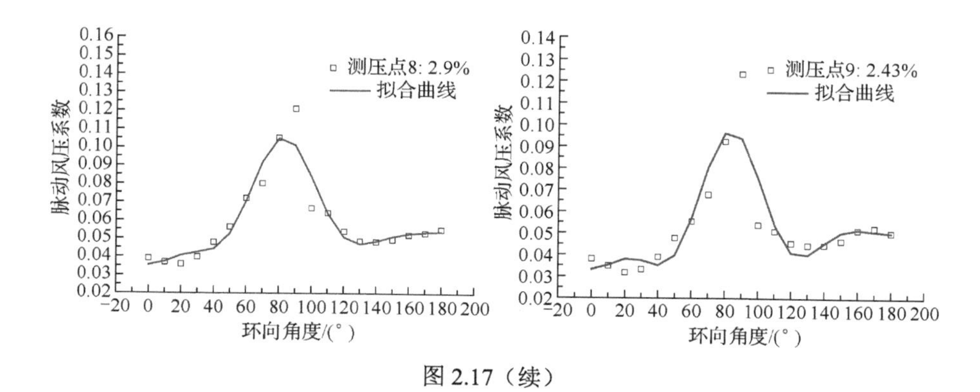

图 2.17（续）

不同来流紊流度条件下，拟合后的脉动风压系数八项式拟合参数如表 2.1 所示，其中，来流紊流度取值范围为 2.43%～13.2%。

表 2.1　不同来流紊流度条件下脉动风压八项式拟合参数

紊流度/%	α_0	α_1	α_2	α_3	α_4	α_5	α_6	α_7
13.2	0.1552	0.0362	−0.0298	0.0147	0.0277	0.0041	−0.0124	0.0092
12.4	0.1437	0.0359	−0.0299	0.0148	0.0273	0.0030	−0.0108	0.0082
11.5	0.1306	0.0399	−0.0259	0.0053	0.0250	0.0065	−0.0096	0.0044
10.3	0.1197	0.0387	−0.0272	0.0049	0.0270	0.0043	−0.0103	0.0049
9.12	0.1115	0.0354	−0.0290	0.0025	0.0242	0.0053	−0.0072	0.0042
8.53	0.0963	0.0293	−0.0257	0.0038	0.0204	0.0001	−0.0078	0.0062
7.82	0.0845	0.0230	−0.0209	0.0041	0.0212	0.0003	−0.0077	0.0064
5.76	0.0769	0.0074	−0.0128	−0.0013	0.0134	0.0008	−0.0086	0.0028
4.33	0.0696	0.0016	−0.0211	−0.0070	0.0160	0.0036	−0.0102	−0.0018
3.42	0.0652	−0.0018	−0.0235	−0.0070	0.0131	0.0011	−0.0074	−0.0009
2.9	0.0616	−0.0025	−0.0253	−0.0073	0.0135	0.0014	−0.0059	−0.0008
2.43	0.0600	−0.0023	−0.0235	−0.0097	0.0128	0.0051	−0.0048	−0.0024

2.4.3　统一脉动风压拟合公式

基于不同来流紊流度条件下脉动风压系数八项式拟合参数，构建考虑迎风点脉动风压系数的统一脉动风压拟合公式［见式（2.3）］，从而将脉动风压与来流紊流建立联系。针对 $\alpha_0 \sim \alpha_7$ 的拟合公式及对应拟合参数见表 2.2，拟合曲线见图 2.18。

$$C_{\mathrm{p}}(\theta)=\sum_{k=0}^{7}\alpha_k(x)\cos(k\theta) \tag{2.3}$$

式中，α_k 为拟合参数；x 为式（2.1）中的迎风点脉动风压系数 P_u。

表 2.2　八项式拟合参数拟合公式及各系数

拟合参数	拟合公式	拟合系数
$\alpha_0(x)$	$y=a_0+b_0x^{c_0}$	a_0=0.0601；b_0=1.9475；c_0=1.9097
$\alpha_1(x)$	$y=a_1+b_1\ln x$	a_1=0.0784；b_1=0.0239
$\alpha_2(x)$	$y=a_k+b_kx\ (k=2,\cdots,7)$	a_2=−0.0190；b_2=−0.0501
$\alpha_3(x)$		a_3=−0.0113；b_3=0.1163
$\alpha_4(x)$		a_4=0.0107；b_4=0.0872
$\alpha_5(x)$		a_5=0.0024；b_5=0.0076
$\alpha_6(x)$		a_6=−0.0062；b_6=−0.0219
$\alpha_7(x)$		a_7=−0.0028；b_7=0.0553

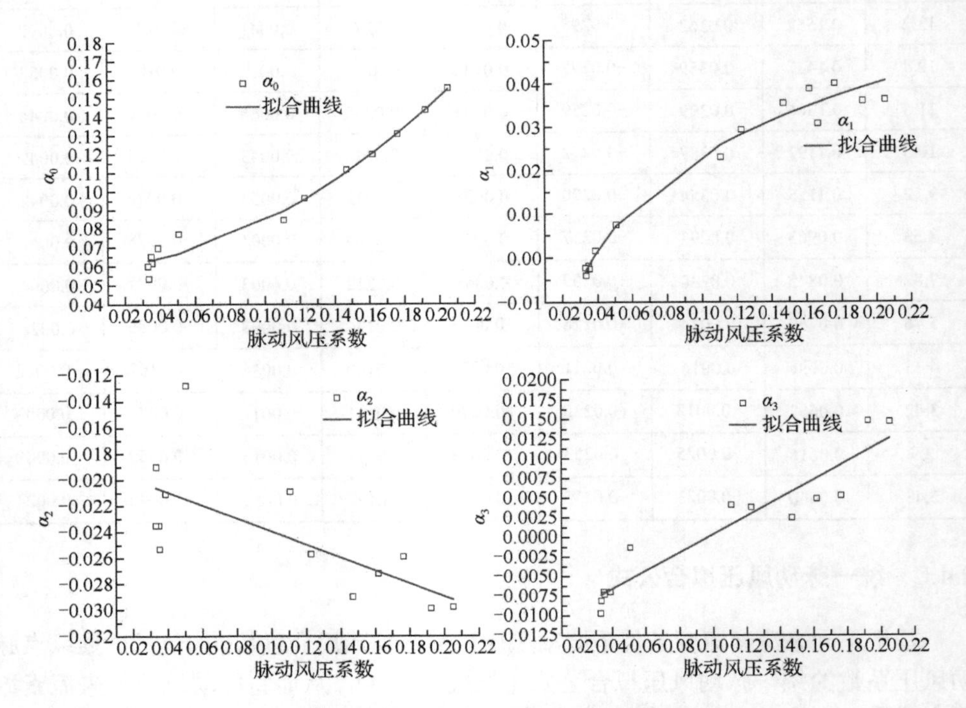

图 2.18　八项式参数与迎风点脉动风压系数的拟合关系

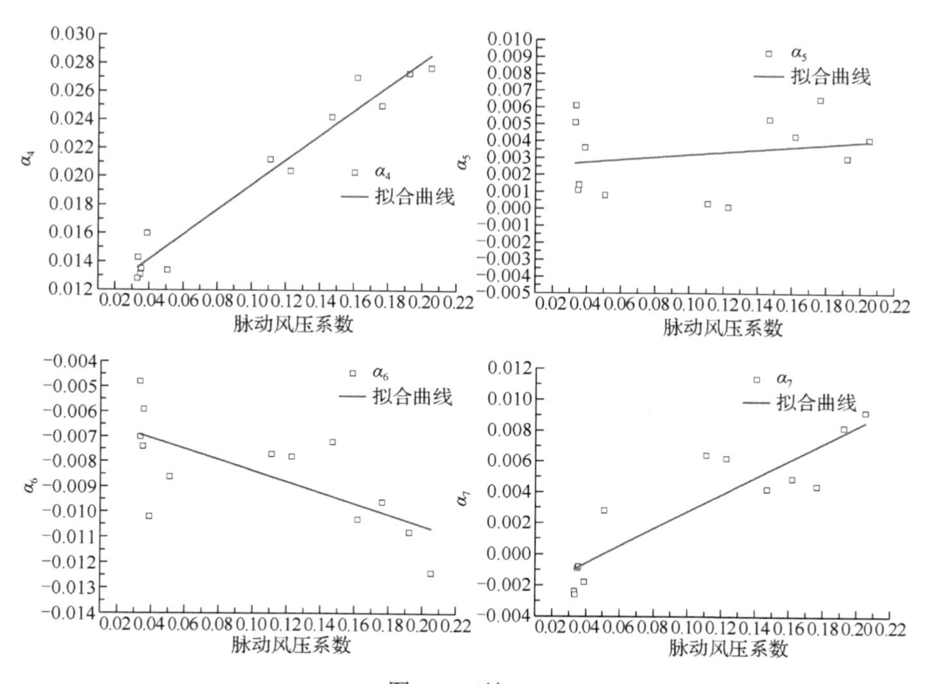

图 2.18（续）

根据脉动风压实测值与拟合值之间的对比（见图 2.19），可以看出：当来流紊流度大于 3.42%时，拟合曲线与实测数据基本一致；当来流紊流度小于 3.42%时，拟合曲线略大于实测数据，考虑冷却塔塔高范围内《建筑结构荷载规范》（GB 50009—2012）[83]规定的紊流度均大于 3.42%，因此统一脉动风压拟合公式满足冷却塔环向脉动风压拟合精度要求，即该统一脉动风压拟合公式可以较好地表达不同来流紊流度条件下冷却塔外表面脉动风压沿环向的分布模式。

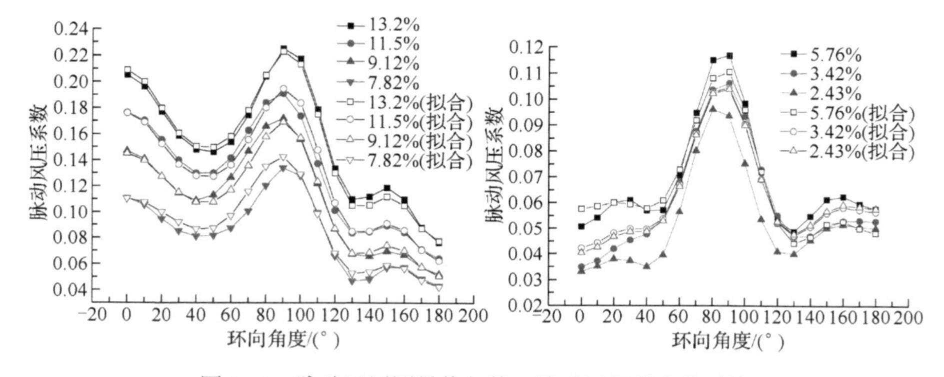

图 2.19　脉动风压测量值与统一脉动风压拟合值对比

现场实测中风压传感器测点均匀布置在塔筒中上部，在此高度处难以安装风速仪等设备来实时确定来流风状态，通常的做法是将风速仪安装在塔顶或者 10m 高度处，进而间接推测测点高度处的风速、紊流度等相关信息。由于塔筒不同高度处环向脉动风压系数与来流紊流度密切相关，在各国冷却塔表面风压现场实测中来流紊流度均未知的情况下，尝试利用基于风洞试验中不同来流紊流度条件下的统一脉动风压公式，对比分析现场实测和风洞试验结果。基于式（2.1）的反算，徐州彭城电厂实测迎风点脉动风压系数为 0.115，对应来流紊流度约为 7.32%；Ruscheweyh[80]、Davenport 和 Isyumov[82]及 Sageau[81]的迎风点脉动风压系数约为 0.2，对应的来流紊流度约为 12.52%；Sun 等[14]现场实测的迎风点脉动风压系数约为 0.245，对应的来流紊流度约为 15.2%。图 2.20～图 2.22 分别为徐州彭城电厂、Ruscheweyh、Davenport 和 Isyumov、Sageau 和 Sun 等的实测值与统一脉动风压公式计算结果的对比。可以看出：除了 Sageau 实测脉动风压与统一脉动风压公式拟合值有差别外，徐州彭城电厂、Ruscheweyh 和 Sun 等实测值以及 Davenport 和 Isyumov 的试验值与统一脉动风压公式拟合值差别不大，故可以定性地说明来流紊流度的不同是造成实测脉动风压系数产生差异的主要原因。

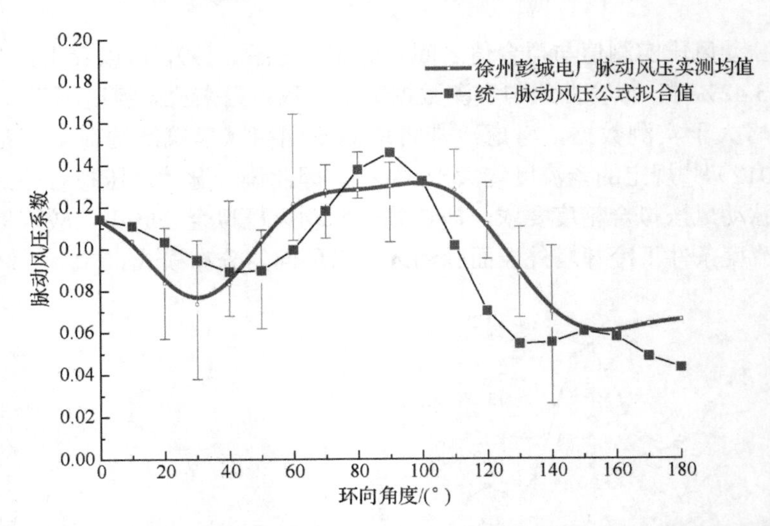

图 2.20 徐州彭城电厂脉动风压实测均值与统一脉动风压公式拟合值对比

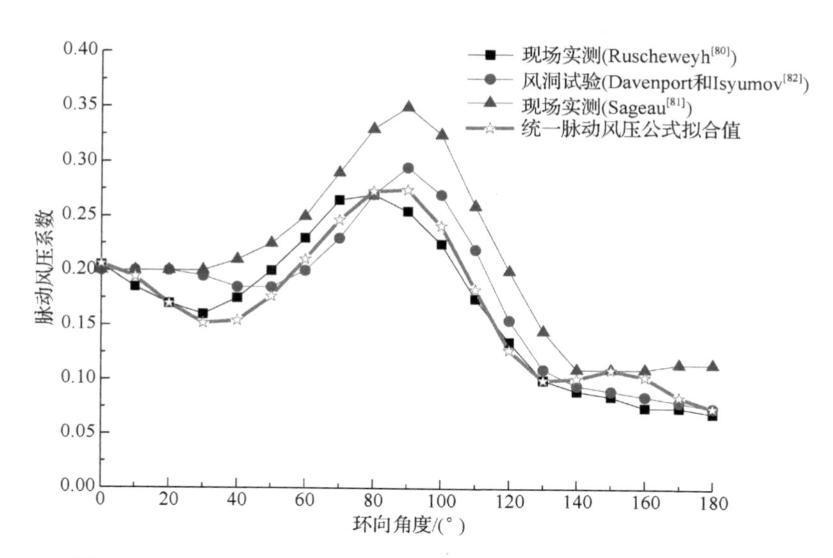

图 2.21　Ruscheweyh、Davenport 和 Isyumov 以及 Sageau 实测值与统一脉动风压公式拟合值对比

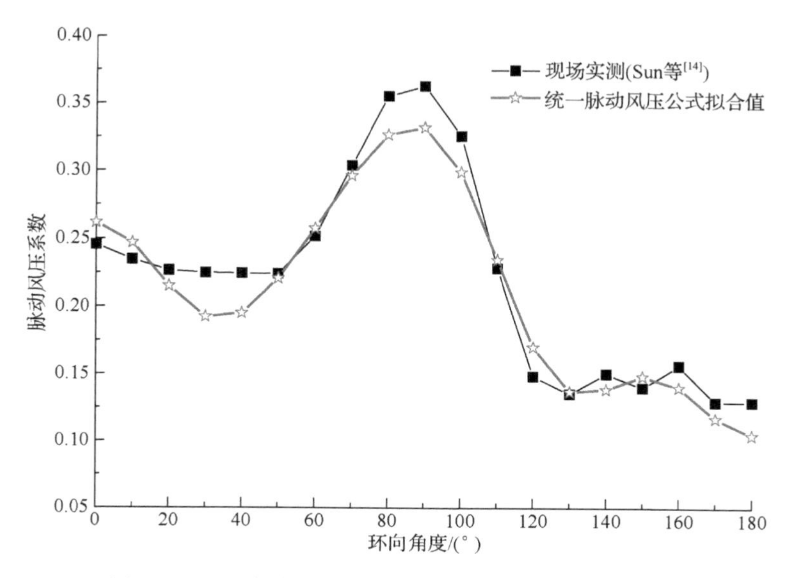

图 2.22　Sun 等实测值与统一脉动风压公式拟合值对比

2.5 小　结

本章系统阐述了徐州彭城电厂 166.68m 高大型冷却塔表面脉动风压现场实测工作内容，将实测获得的塔筒中部脉动风压环向分布与国内外已有的现场实测资料进行了对比分析。就基本趋势而言，脉动风压分布模式亦可划分迎风区、侧风区和尾流区，迎风区脉动风压随着圆周角的增加而减小，主要取决于来流紊流度；侧风区脉动风压先增大后减小，主要取决于侧风区旋涡脱落；尾流区脉动风压系数基本保持稳定。针对国内外脉动风压现场实测值的差异，结合风洞试验建立了基于来流紊流度的冷却塔统一脉动风压拟合公式，阐述了来流紊流度是造成国内外脉动风压实测结果存在差异的主要原因。

第 3 章　大型冷却塔台风风环境表面风荷载特性

随着全球气温变化，灾害性气候频发，风工程界的研究热点也逐渐从良态风下的结构风荷载与风效应研究转向极端气候下的结构风荷载与风效应研究。我国是全世界受极端气候影响较为严重的国家之一，近 30 年间多达 250 个台风登陆我国[84-85]，面对强台风发生频次增加、受灾程度加剧的趋势，大型冷却塔将不仅直面传统良态气候大风，而且深受强台风这类风灾气候的威胁，若继续沿用基于良态气候模式的极限状态抗风设计理论势必带来巨大的安全隐患。本章采用数值计算和物理风洞试验模拟台风风场特性，结合冷却塔刚性模型测压风洞试验探讨台风作用下大型冷却塔表面风荷载特性。

3.1　台风风场数值与物理模拟

3.1.1　台风工程模型

台风是产生于热带洋面上，具有暖心结构的强烈气旋，其旋涡的水平半径 R 为 500～1000km，分为风眼区、涡旋区和外层云带区；垂直高度 H 为 15～20km，分为低空流入层、上升气流层和高空流出层；伴随 10～50km/h 的水平整体移动速度（见图 3.1）。其中，台风的最大风速一般出现在风眼区与涡旋区交界的台风云墙的内侧，该区域也是暴雨最大的地方，因此云墙区是最容易产生灾害的狂风暴雨区，而风眼区则是风弱干暖的晴朗区。

由于特定场地条件下满足一定重现期的台风极值风速的实测数据有限，从 20 世纪 70 年代起，逐步构建了以热力学和流体动力学为基础来研究台风演变过程、能量分布、风场特征、雨量信息从而为台风预报提供参考的台风气象数值模型。但是，工程抗风研究仅关注台风风场中大气边界层内的风速场分布，气象模型用于工程结构抗风过于宏观复杂且计算量极大，因此 Chow[86]、Shapiro[87]、Meng 等[88]开始尝试开发一种计算简便且满足精度要求的工程台风模型。其中，基于扰动平衡方程的 Meng 等台风解析模型，不仅可以计算台风风场的风剖面信息，还可以获得风场中局部位置的风速时程，并通过等效粗糙度来考虑地面粗糙度和周边地形的影响，Meng 等采用该模型再现了 1991 年日本长崎的 3 次台风全过程。

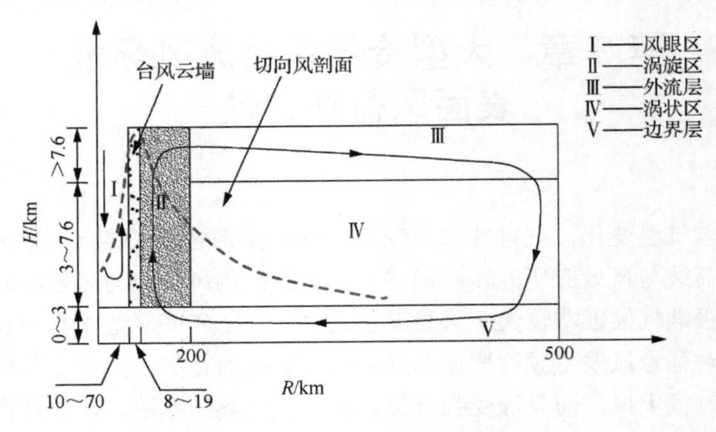

图 3.1　台风结构剖面图

基于扰动平衡方程的台风解析模型建立了空气微团向心力、科里奥利力、台风整体移动产生的附加力和边界层摩擦力的平衡微分方程：

$$\frac{\partial v}{\partial t}+v\nabla v=-\frac{1}{\rho}\nabla P-fkv+F \tag{3.1}$$

式中，v 为风速；t 为时间；ρ 为空气密度；P 为径向风压；f 为科里奥利参数，$f=2\Omega\sin\Psi$，Ω 为地球自转角速度，Ψ 为纬度；k 为拟合参数；F 为边界层摩擦力。

式（3.1）中的风速项 v 又可表示为梯度风速 v_g 和地表摩擦阻力引起的衰减风速 v' 的叠加：

$$v=v_g+v' \tag{3.2}$$

由于在台风边界层内径向风压梯度不随高度改变，同时在梯度层内边界层摩擦力可以近似忽略，所以将式（3.2）代入式（3.1），可展开成如下两式：

$$\frac{\partial v_g}{\partial t}+v_g\nabla v_g=-\frac{1}{\rho}\nabla P-fkv_g \tag{3.3}$$

$$\frac{\partial v'}{\partial t}+v'\nabla v'+v'\nabla v_g+v_g\nabla v'=-fkv'+F \tag{3.4}$$

在梯度层内，空气微团以台风的平移速度 c 运动，即式（3.3）中：

$$\frac{\partial v_g}{\partial t}=-c\nabla v_g \tag{3.5}$$

在边界层内，非定常项远小于空气微团的黏性项和惯性项，可以近似忽略，即式（3.4）中：

$$\frac{\partial v'}{\partial t}=0 \tag{3.6}$$

这样，式（3.3）和式（3.4）可以写成

$$(v_{\mathrm{g}}-c)\nabla v_{\mathrm{g}}=-\frac{1}{\rho}\nabla P-fkv_{\mathrm{g}} \tag{3.7}$$

$$v'\nabla v'+v'\nabla v_{\mathrm{g}}+v_{\mathrm{g}}\nabla v'=-fkv'+F \tag{3.8}$$

随着高度的增加，至边界层顶部时，由地表摩擦阻力引起的衰减风速 v' 减小至零，此时风速 v 等于梯度风速 v_{g} ，因此可得上边界条件：

$$v'|_{z'\to\infty}=0 \tag{3.9}$$

在地表附近，由空气剪切应力与阻力平衡可得下边界条件：

$$\rho k_{\mathrm{m}}\frac{\partial v'}{\partial z}|_{z'=0}=\rho C_{\mathrm{d}}|v_{\mathrm{s}}|v_{\mathrm{s}} \tag{3.10}$$

式中， z 与 z' 为竖向坐标［见图 3.2（a）］， $z=0$ 为地表面， $z'=0$ 为台风模型风速的起算高度； k_{m} 为涡流黏度系数； v_{s} 为空气的剪切速度； C_{d} 为阻力系数，当地表附近平均风速剖面满足对数分布时， C_{d} 可以表示如下：

$$C_{\mathrm{d}}=\frac{\kappa^2}{\left\{\ln\left[\left(z_{10}+h-d\right)/z_0\right]\right\}^2} \tag{3.11}$$

式中， κ 为卡门（Karman）常数，取 0.4； h 为地表平均粗糙度； $z_{10}=h+10$ ，是平均地面粗糙度以上 10m，也等于台风模型风速起算高度；d 是零位移平面高度，取 $d=0.75h$ ； z_0 是等效粗糙度，取 $h=Az_0^{0.86}$ ， A 取 11.4。

在台风梯度层内，将式（3.7）与式（3.8）沿水平方向分解成切向和径向分量，则

$$(v_{\mathrm{rg}}-c_{\mathrm{r}})\frac{\partial v_{\mathrm{rg}}}{\partial r}+\frac{v_{\theta\mathrm{g}}-c_{\theta}}{r}\cdot\frac{\partial v_{\mathrm{rg}}}{\partial\theta}-\frac{v_{\theta\mathrm{g}}^2}{r}+\frac{v_{\theta\mathrm{g}}c_{\theta}}{r}=-\frac{1}{\rho}\cdot\frac{\partial P}{\partial r}+fv_{\theta\mathrm{g}} \tag{3.12}$$

$$(v_{\mathrm{rg}}-c_{\mathrm{r}})\frac{\partial v_{\theta\mathrm{g}}}{\partial r}+\frac{v_{\theta\mathrm{g}}-c_{\theta}}{r}\cdot\frac{\partial v_{\theta\mathrm{g}}}{\partial\theta}+\frac{v_{\theta\mathrm{g}}v_{\mathrm{rg}}}{r}-\frac{v_{\mathrm{rg}}c_{\theta}}{r}=-fv_{\mathrm{rg}} \tag{3.13}$$

式中，下标 g 表示在梯度层内的量值；下标 θ 和 r 分别表示在水平方向沿切向和径向的量值［见图 3.2（b）］； $c_{\mathrm{r}}=c\cos(\theta-\beta)$ ； $c_{\theta}=c\sin(\theta-\beta)$ ； r 为距离台风中心的半径。

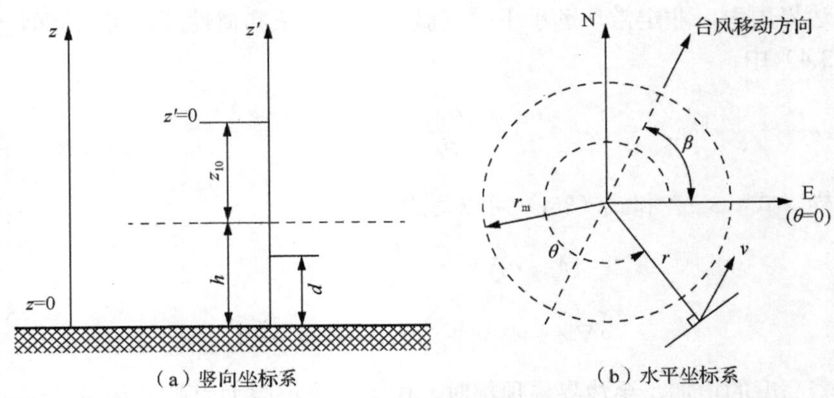

（a）竖向坐标系　　（b）水平坐标系

r_m为台风最大风速半径。

图 3.2　台风工程模型的计算坐标系

考虑梯度层内台风径向风速 v_{rg} 远小于切向风速 $v_{\theta g}$，因此式（3.12）等号左边的前两项可以近似忽略，这样在台风梯度层内 $v_{\theta g}$ 和 v_{rg} 可表示为式（3.14）和式（3.15）。一般情况下，可以近似认为在梯度层内 v_{rg} 为 0。

$$v_{\theta g}=\frac{1}{2}(c_\theta - fr)+\left[\left(\frac{c_\theta - fr}{2}\right)^2+\frac{r}{\rho}\frac{\partial P}{\partial r}\right]^{1/2} \tag{3.14}$$

$$v_{rg}=-\frac{1}{r}\int_0^r \frac{\partial v_{\theta g}}{\partial \theta}\mathrm{d}r \tag{3.15}$$

在台风边界层内，由地表摩擦阻力引起的衰减风速 v' 的水平径向分量 v'_r 和切向分量 v'_θ 小于梯度层内的对应分量，其对 θ 的一阶导数也同样小于梯度层内的对应分量，因此式（3.8）可进行如下线性化处理：

$$-\left(2\frac{v_{\theta g}}{r}+f\right)v'_\theta = k_m\frac{\partial^2 v'_r}{\partial z^2} \tag{3.16}$$

$$\left(\frac{\partial v_{\theta g}}{\partial r}+\frac{v_{\theta g}}{r}+f\right)v'_r = k_m\frac{\partial^2 v'_\theta}{\partial z^2} \tag{3.17}$$

引入如下符号：

$$\xi=\frac{\left(\dfrac{\partial v_{\theta g}}{\partial r}+\dfrac{v_{\theta g}}{r}+f\right)^{1/2}}{\left(2v_{\theta g}/r+f\right)^{1/2}} \tag{3.18}$$

$$\lambda=\frac{\left(\frac{\partial v_{\theta g}}{\partial r}+\frac{v_{\theta g}}{r}+f\right)^{1/4}\left(2\frac{v_{\theta g}}{r}+f\right)^{1/4}}{\left(2k_{m}\right)^{1/2}} \tag{3.19}$$

此时，式（3.16）与式（3.17）可表示为

$$2\lambda^{2}v_{\theta}''=\frac{\partial^{2}v_{r}''}{\partial z^{2}} \tag{3.20}$$

$$-2\lambda^{2}v_{r}''=\frac{\partial^{2}v_{\theta}''}{\partial z^{2}} \tag{3.21}$$

式中，$v_{\theta}''=v_{\theta}'$，$v_{r}''=-v_{r}'/\xi$。

将式（3.20）引入复数 i 并与式（3.21）叠加，有

$$\frac{\partial^{2}v''}{\partial z^{2}}-\left[(1+\mathrm{i})\lambda\right]^{2}v''=0 \tag{3.22}$$

在边界层内，满足式（3.9）的边界条件，可解得

$$v''=D\exp\left[-(1+\mathrm{i})\lambda z'\right] \tag{3.23}$$

式中，$D=D_{1}+\mathrm{i}D_{2}$，是边界层地表复常数。此时台风边界层内沿水平切向和径向的速度分量可以分别表示如下：

$$v_{\theta}'=\mathrm{e}^{-\lambda z'}\left[D_{1}\cos(\lambda z')+D_{2}\sin(\lambda z')\right] \tag{3.24}$$

$$v_{r}'=-\xi\mathrm{e}^{-\lambda z'}\left[D_{2}\cos(\lambda z')-D_{1}\sin(\lambda z')\right] \tag{3.25}$$

其中，

$$D_{1}=-\frac{\chi(\chi+1)v_{\theta g}-\chi v_{rg}/\xi}{1+(\chi+1)^{2}} \tag{3.26}$$

$$D_{2}=-\frac{\chi v_{\theta g}+\chi(\chi+1)v_{rg}/\xi}{1+(\chi+1)^{2}} \tag{3.27}$$

$$\chi=\frac{C_{d}}{k_{m}\lambda}\left|v_{s}\right|=\frac{C_{d}}{k_{m}\lambda}\sqrt{v_{\theta s}^{2}+v_{rs}^{2}} \tag{3.28}$$

式中，k_{m} 为涡流黏度系数，根据台风现场实测取值为 100m^2/s；计算 v_{θ}' 和 v_{r}' 采用迭代算法，初值可以选梯度风速 $v_{\theta g}$ 和 v_{rg}。

Meng 等模型中仅考虑台风气压场沿径向的变化，并采用霍兰德（Holland）模型描述台风的径向气压场分布 $P(r)$：

$$P(r)=P_{c}+\Delta P\exp\left[-\left(\frac{R_{\max}}{r}\right)^{\beta}\right] \tag{3.29}$$

式中，P_c为台风中心气压；$\Delta P = P_a - P_c$，为台风中心气压差，其中P_a为台风外围气压，即自然大气压；R_{max}为台风最大切向风速半径；r为距离台风中心的半径；β为径向风压分布系数。

由于大气压存在竖向梯度，台风的风压场沿高度也存在差异，基于 Holland 模型的台风三维风压分布模型[89]如下：

$$P(r,z) = P(r,0)\left[1 - \frac{g\kappa z}{R_d \theta_v}\right]^{1/\kappa} \tag{3.30}$$

式中，$P(r,0)$为 Holland 模型中海平面的径向气压分布；g为重力加速度，取 9.8m/s^2；R_d为干燥气体的气体常数，取 287.09J/（kg·K）；z为距离海平面的竖向高度；r为距离台风中心的半径；θ_v为未饱和湿空气的虚位温，取值见式（3.31）；κ为湿空气气体常数与定压比热容的比值，取值见式（3.32）。

$$\theta_v = (1 + 0.608q)T + \frac{\kappa g}{R_d} z \tag{3.31}$$

$$\kappa = \frac{7 \times (1 + 0.608q)}{2 \times (1 + 0.86q)} \tag{3.32}$$

$$q = \mathrm{RH} \times \frac{3.802}{P(z)} \mathrm{e}^{17.67T/(T+243.5)} \tag{3.33}$$

式中，q为比湿；RH 为相对湿度，取 90%；T为热力学温度，取 9.8℃/km。

3.1.2 台风风场随机参数模型

采用上述台风工程模型进行台风风场数值模拟时，需要确定以下几个物理参数：台风最大切向风速半径R_{max}、Holland 台风径向风压分布系数β、地面粗糙度z_0、台风中心定位坐标（北纬L_a、东经L_o）、台风整体移动速度c、台风中心气压差ΔP。

1）台风最大切向风速半径R_{max}

台风最大切向风速半径是指海平面上台风最大持续风速出现的位置相对台风中心的距离，是影响工程场地重现期内设计风速的重要参数，受观测资料和观测方法所限，过去对于该参数的选取存在较大的经验性和主观性。本章基于国家气象中心中尺度数值天气预报模型模拟台风桑美（Saomai 0608）1km 分辨率的 37h 数值获得的台风最大切向风速半径与台风中心气压差的函数关系式，见式（3.34）和式（3.35）。

$$E\left[\ln(R_{max})\right] = -38.36(\Delta P)^{0.02479} + 46.75 \tag{3.34}$$

$$\sigma\left(R_{\max}\right)=1.06\times10^{4}\left(\Delta P\right)^{-1.5178} \tag{3.35}$$

式中，$E(\ )$和$\sigma(\ )$分别代表均值和标准差；ΔP为台风中心气压差；不同方向（即风玫瑰图规定的 16 个方向）的$R_{\max}$服从正态分布或对数正态分布，平均变异系数为 35%。

2）Holland 台风径向风压分布系数β

台风径向风压分布系数β是 Holland 在 20 世纪 80 年代对台风风速与风压的实测数据进行拟合时提出的，其取值直接影响台风径向风压场和风速场分布，进而影响台风多发地区工程场地重现期内极值风速的估计精度。基于浙江省气象局提供的卡努（Khanun 0515）、韦帕（Wipha 0713）、罗莎（Krosa 0716）及莫拉克（Morakot 0908）4 个台风移动和登陆过程中我国沿海及内陆上千个气象站的风压、风速实测数据，获得了台风径向风压分布系数的计算公式，见式(3.36)和式(3.37)。

$$\beta=4.1025\times10^{-5}\left(\Delta P\right)^{2}+0.0293\times\Delta P+0.7959\times\ln\left(R_{\max}\right)-4.6010 \tag{3.36}$$

$$\sigma\left(\beta\right)=-0.0027\times\Delta P-0.1311\times\ln\left(R_{\max}\right)+0.8815 \tag{3.37}$$

式中，β服从正态分布且平均变异系数为 5%。

3）地面粗糙度z_0

z_0反映了地表对风产生的摩擦阻滞作用，是影响边界层风特性（包括平均风剖面、紊流度剖面、紊流积分尺度大小、梯度风高度等）的重要参数。《建筑结构荷载规范》（GB 50009—2012）[83]规定 A、B、C、D 4 类地貌的地面粗糙度分别为 0.01m、0.05m、0.3m、1.0m。本章将 4 类地貌下的地面粗糙度定义为均值为规范值、变异系数为 5%的均匀分布。

4）台风中心定位坐标（北纬L_{a}、东经L_{o}）、台风整体移动速度c、台风中心气压差ΔP

L_{a}、L_{o}、ΔP、c可以通过中国气象局提供的 1949～2015 年“热带气旋年鉴”（后文简称“年鉴”）获得[90]。其中，台风中心坐标存在 20～200km 的定位误差，取服从实测值为均值的正态分布，对北纬L_{a}和东经L_{o}的变异系数分别取 3.35%和 0.77%；c可由年鉴提供的间隔 6h、3h、1h 的热带气旋中心位置换算得到，并服从实测值为均值、变异系数为 25%的正态分布；ΔP根据年鉴取均值为实测值、变异系数为 10%的正态分布。

3.1.3　台风风场数值模拟

为验证台风工程模型用于我国沿海地区台风极值风场模拟的正确性，首先对 2005 年第 15 号强台风卡努（Khanun 0515）登陆前后 36h 上海崇明侯家镇（121.46°E、31.62°N）整点时刻的 10min（取整点时刻的前 5min 与后 5min）极值风速进行了模拟。其中，登陆前后台风中心气压差 ΔP 及定位坐标（北纬 L_a、东经 L_o）参考年鉴[90]，并通过换算得到台风整体移动速度 c；最大切向风速半径 R_{max} 根据式（3.34）采用平均值；Holland 台风径向风压分布系数 β 根据式（3.36）计算；侯家镇气象站为 B 类地貌，取地面粗糙度 z_0 为 0.05m。

图 3.3 给出了侯家镇气象站在台风卡努登陆前后 36h 的 10m 高度处整点时刻的 10min 极值风速模拟值与实测值对比。可以看出：台风工程模型可以较好地再现台风登陆前后风速的变化趋势，台风登陆时的最大风速模拟值与实测值吻合较好。

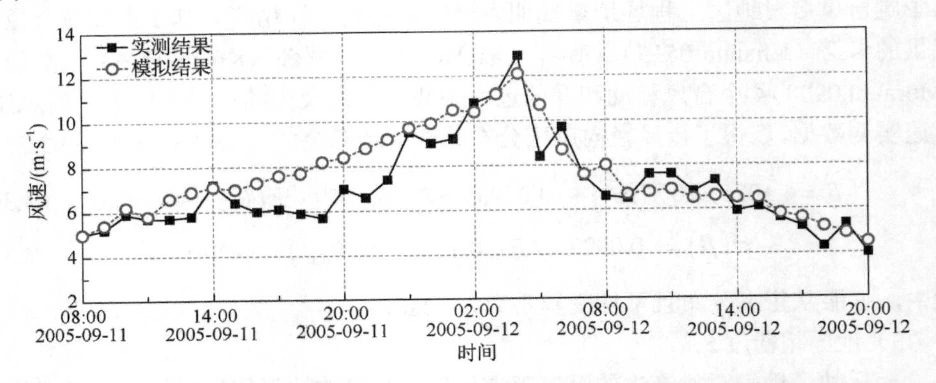

图 3.3　台风卡努登陆前后侯家镇气象站整点时刻 10min 极值风速的模拟值与实测值

根据侯家镇气象站 1971～2015 年间观测到的 57 次台风登陆前后 36～72h 的整点时刻 10min 风速记录，获得了每次台风整点时刻 10min 最大风速实测值，并与台风工程模型的计算结果进行了对比（见图 3.4），可以看出：风速模拟值与实测值吻合较好，也再次验证了该台风工程模型可用于我国沿海地区台风场极值风速的模拟。

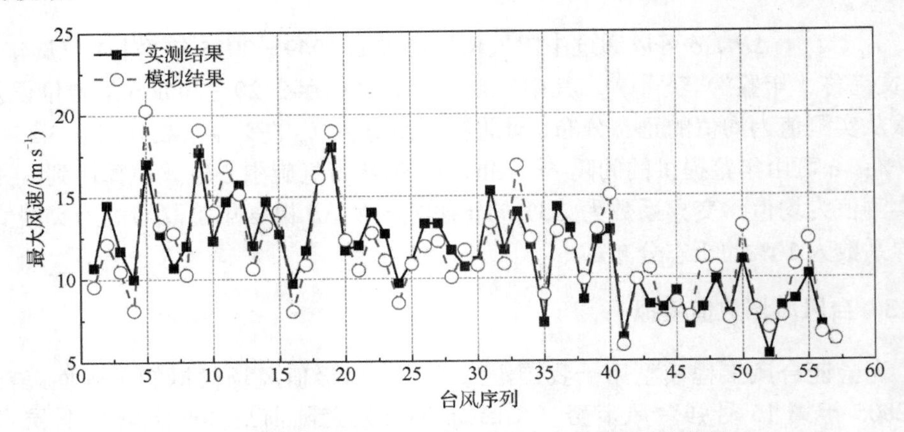

图 3.4　侯家镇气象站记录的 57 次台风实测值与模拟值

依据年鉴提供的 1949～2015 年间西北太平洋生成的 1589 次热带气旋信息，以上海为例，统计了城市中心 500km 范围内的历史台风路径资料，对框选的 500km 范围内的台风分别进行了 5000 次 Monte-Carlo（蒙特卡洛）模拟。表 3.1 给出了 A、B、C、D 4 类地貌下台风和荷载规范[83]良态风的 10m 高度处的平均风速、平均风剖面指数和对应的梯度风高度，可以看出：台风的梯度风高度在 1000m 以上，远大于荷载规范中良态风的梯度风高度，远大于建筑结构、桥梁桥面和桥塔的高度；台风的平均风剖面较陡，仅为相同地貌下良态风平均风剖面指数的 1/2（见图 3.5）。

表 3.1　上海市 4 类地貌下的台风和荷载规范良态风平均风风场特性

地貌	地面粗糙度/m	台风			荷载规范良态风		
		平均风剖面指数	梯度风高度/m	10m 高度处平均风速/(m·s^{-1})	平均风剖面指数	梯度风高度/m	10m 高度处平均风速/(m·s^{-1})
A	0.01	0.067	1300	34.98	0.12	300	33.61
B	0.05	0.097	1400	30.60	0.15	350	29.66
C	0.30	0.136	1600	24.94	0.22	450	21.88
D	1.00	0.165	1700	21.32	0.30	550	15.19

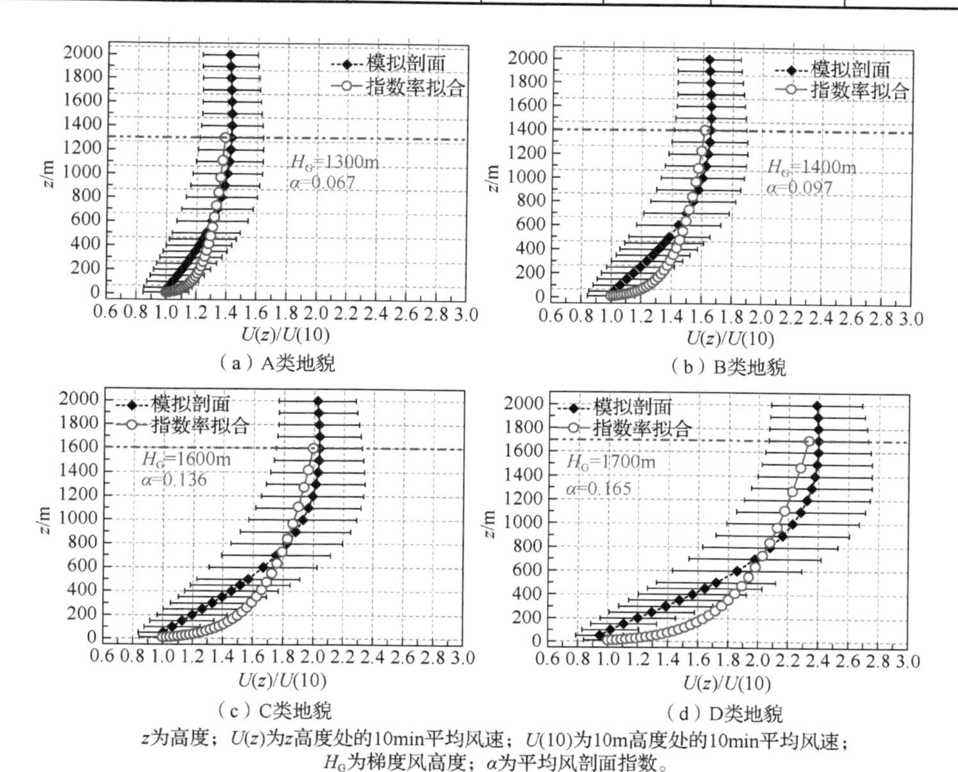

（a）A类地貌　（b）B类地貌　（c）C类地貌　（d）D类地貌

z为高度；$U(z)$为z高度处的10min平均风速；$U(10)$为10m高度处的10min平均风速；H_G为梯度风高度；α为平均风剖面指数。

图 3.5　上海市 4 类地貌下的台风平均风剖面

3.1.4 台风风场物理风洞模拟

由于依靠格栅、尖劈及粗糙元紊流边界层的紊流度沿高度衰减过快、紊流积分尺度难于模拟、风速谱易出现畸变等不足，本节台风风场的模拟采用了日本宫崎大学的三维多风扇主动控制风洞（见图 3.6）。该风洞是由 11×9 个独立送风机阵列组成的直流式、多段可拼接主动控制式风洞，试验段宽 2.538m、高 1.804m，风速可调范围为 0～15m/s，来流正弦风速变动上限为 9m/s，风速变化幅值为 ± 3.5m/s，最大波动频率为 5Hz。风洞的 99 个风扇可由计算机独立控制，通过输入控制数据实现各风扇的不同转动。试验中风速的测量采用澳大利亚 TFI 公司的 Coral Probe 测速仪，探针头部带有 4 个探测孔，可探测风洞流场 3 个方向的风速时程，测量频率为 0～3000Hz，有效量程为 2～100m/s。

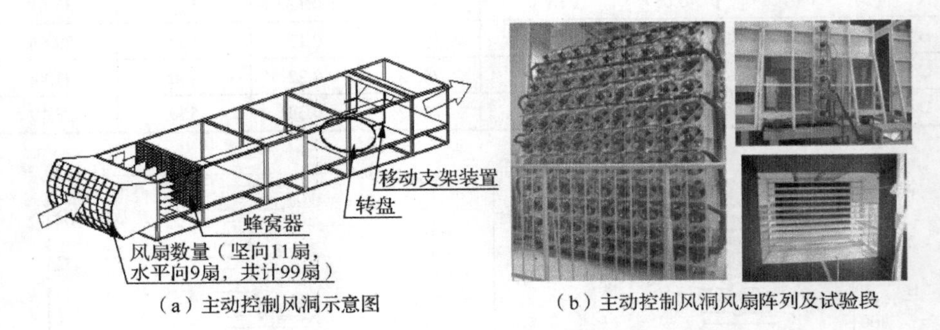

（a）主动控制风洞示意图　（b）主动控制风洞风扇阵列及试验段

图 3.6　日本宫崎大学三维多风扇主动控制风洞

台风脉动风场主动控制风洞模拟时，选用 Karman 谱作为台风的顺风向脉动风速谱［见式（3.38）］[91]，台风的紊流度剖面借鉴 Sharma 和 Richards[92]基于良态风的修正公式［见式（3.39）］，紊流积分尺度参考了日本 AIJ 规范[93]［见式（3.40）］。

$$S_{\mathrm{u}}(f)=\frac{4\cdot I_{\mathrm{u}}^{2}\cdot L_{\mathrm{u}}^{\mathrm{x}}\cdot U}{\left(1+70.8\dfrac{f\cdot L_{\mathrm{u}}^{\mathrm{x}}}{U}\right)^{\frac{5}{6}}} \tag{3.38}$$

式中，S_{u} 为 Karman 谱函数；f 为频率；U 为顺风向平均风速；I_{u} 为顺风向紊流度；$L_{\mathrm{u}}^{\mathrm{x}}$ 为顺风向紊流积分尺度。

$$I_{\mathrm{u,Typhoon}}(z)=c\cdot I_{10}\cdot\left(\frac{z}{10}\right)^{-\alpha} \tag{3.39}$$

式中，$I_{\mathrm{u,Typhoon}}$ 为台风风场中 z 高度处的紊流度；c 为 Sharma 修正系数，A、B、C、D 4 类地貌下分别取 1.60、1.48、1.36 和 1.24；I_{10} 为良态风风场中 10m 高度

处的名义紊流度，4 类地貌下的取值分别为 12%、14%、23%和 39%；α 为地面粗糙度指数，4 类地貌下分别为 0.12、0.15、0.22 和 0.30。

$$L_{\mathrm{u}}^{\mathrm{x}}=\begin{cases}100 & z\leqslant 30\mathrm{m}\\ 100\times\left(\dfrac{z}{30}\right)^{0.5} & 30\mathrm{m}<z<H_{\mathrm{G}}\end{cases} \tag{3.40}$$

主动控制风洞模拟风场的缩尺比为 1∶600，眼镜蛇三维脉动风速探头从 5cm 一直测量到 160cm 高，测点间隔为 5cm，采样频率为 1000Hz。模拟过程中仅需 3～5 次反馈调整即可获得满意的风场，与被动模拟中根据经验摆放格栅、尖劈和粗糙元相比，多风扇主动控制风洞模拟不仅效率高、实现快，而且风场生成的理论依据也更强。图 3.7 和图 3.8 给出了多风扇主动控制风洞模拟出的 4 类地貌下的台风风场特性，可以看出：①多风扇主动控制风洞模拟出的平均风剖面与目标剖面几乎一致；②主动控制风洞模拟出了随高度沿指数变化的紊流度剖面以及试验所需的台风风场的高紊流度，克服了被动风洞中紊流度随高度衰减过快的问题；③主动控制风洞模拟出了顺风向紊流积分尺度超过 1m 的大尺度涡，可以模拟出建筑结

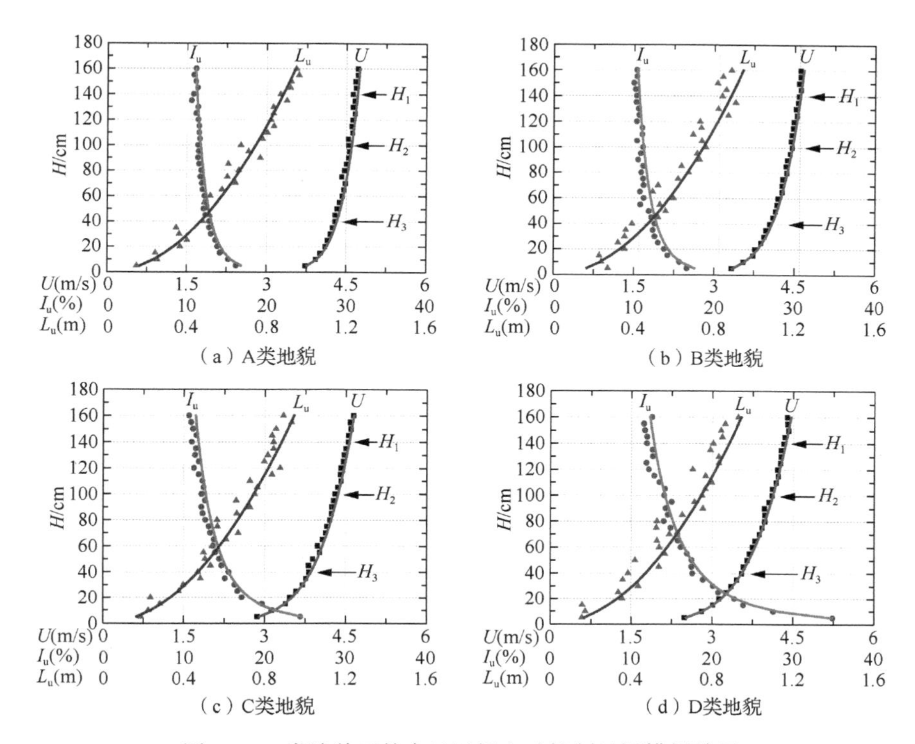

（a）A类地貌　（b）B类地貌　（c）C类地貌　（d）D类地貌

图 3.7　4 类地貌下的台风风场主动控制风洞模拟结果

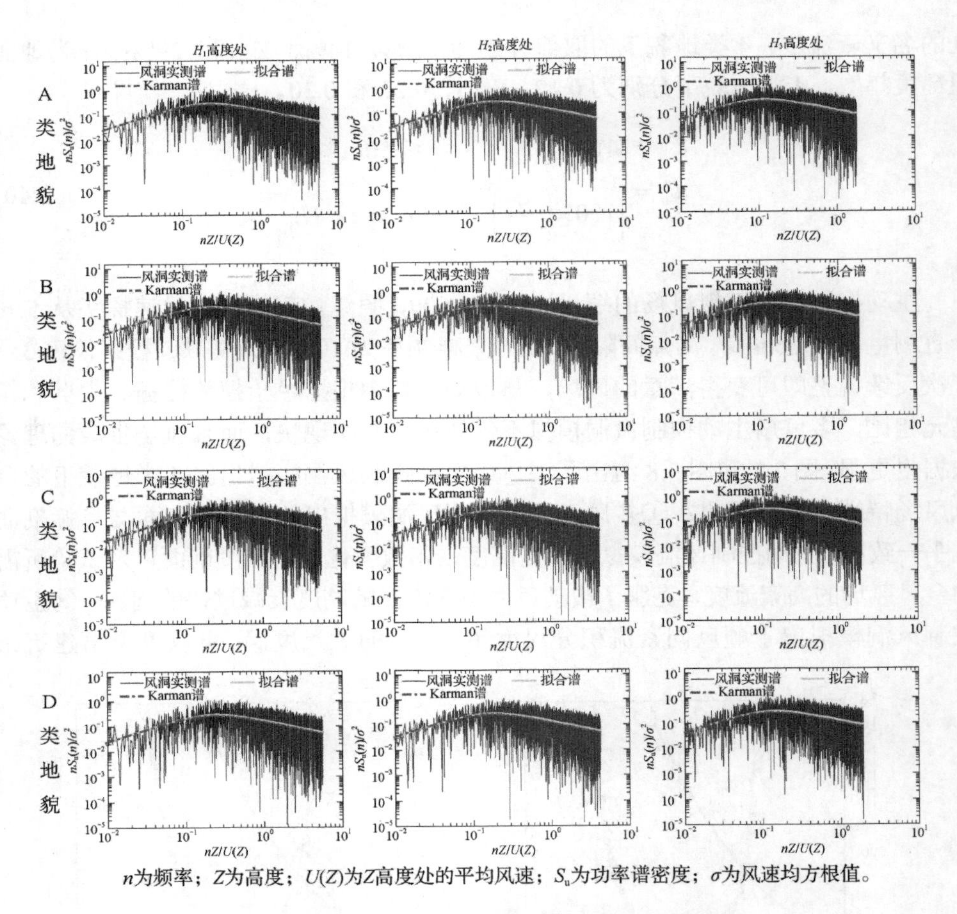

n为频率；Z为高度；$U(Z)$为Z高度处的平均风速；S_u为功率谱密度；σ为风速均方根值。

图 3.8　主动控制风洞模拟的顺风向脉动风速谱

构、桥梁等大比例模型风洞试验所需的大尺度涡，克服了被动风洞中紊流积分尺度较小且难以调整的问题，而且模拟出的紊流积分尺度随着高度的增加而增大，与实际大气环境相符，克服了被动风洞中紊流积分尺度沿高度几乎不变或者逐渐减小这种与真实环境相悖问题；④主动控制风洞模拟出的不同高度处的脉动风速谱满足目标 Karman 谱要求，克服了被动风洞中因离地面高度增加导致脉动风速谱出现畸变的问题。因此，多风扇主动控制风洞模拟可快速、高效、准确地实现目标风场平均风剖面、紊流度剖面、紊流积分尺度剖面和脉动风速谱的模拟，可以实现被动风洞中难以模拟的高紊流和大尺度涡。

彩图 3.8

3.2　冷却塔刚性模型测压风洞试验

3.2.1　冷却塔刚性测压模型

测压风洞试验的原型结构为某215m高超大型冷却塔，具体尺寸如表3.2所示。为了研究塔筒内、外表面风压特性，设计加工了同步测内、外压刚性模型，考虑宫崎大学三维多风扇主动控制风洞的试验段尺寸（宽 2.538m×高 1.804m）和风洞阻塞率要求，模型的几何缩尺比定为 1∶600，阻塞率为 1.36%（<5%）。模型（见图 3.9）采用铝锭并通过数控铣床加工而成，不仅保证了加工精度，而且使模型具有足够的强度和刚度，从而在试验风速下不发生变形和振动。内、外压测点对应布置在模型的内、外两层曲面之间［见图 3.10（a）］，沿子午向共 8 层测点［见图 3.10（b）］，每层沿环向每隔 10° 等间距布置 36 个测点，模型内、外表面共计 576 个测压点。为了实现模型表面 576 个测压点的同步测量，选用了美国 PSI 公司的 DTC Initium 电子式动态压力扫描阀。试验中的风压采样频率设为 300Hz，采样时长为 600s，每个测点共记录 180000 个数据。风压符号约定为相对筒壁向内为正、向外为负，即压力为正、吸力为负。

表 3.2　某 215m 冷却塔原型结构尺寸

参数	数值	塔筒外形和壁厚/m
淋水面积/m²	18300	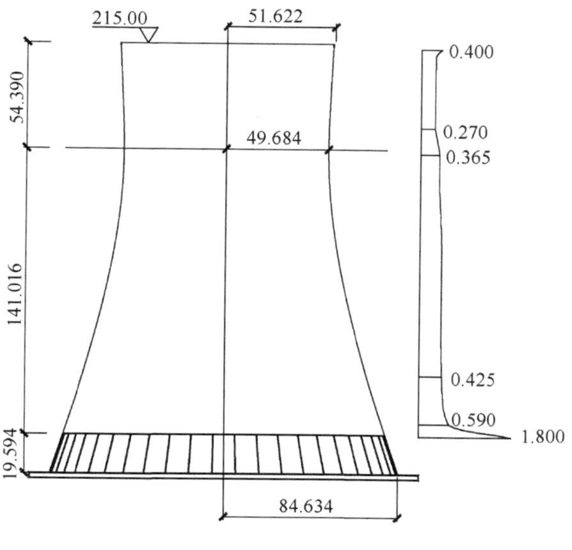 215.00　51.622　54.390　49.684　141.016　19.594　84.634　0.400　0.270　0.365　0.425　0.590　1.800
塔高/m	215	
塔筒喉部高度/m	160.610	
塔筒喉部半径/m	49.684	
进风口高度/m	19.594	
进风口半径/m	78.213	
塔顶半径/m	51.622	
零米标高半径/m	84.634	
最小壁厚/m	0.270	
支柱形式	一字柱	
支柱对数	23	
支柱截面形式	矩形	
支柱截面尺寸	3.0m（沿环向）×1.8m（沿径向）	
环基尺寸	7.75m（宽度）×2.5m（高度）	
环基中心半径/m	85.434	

图 3.9　1：600 刚性测压模型

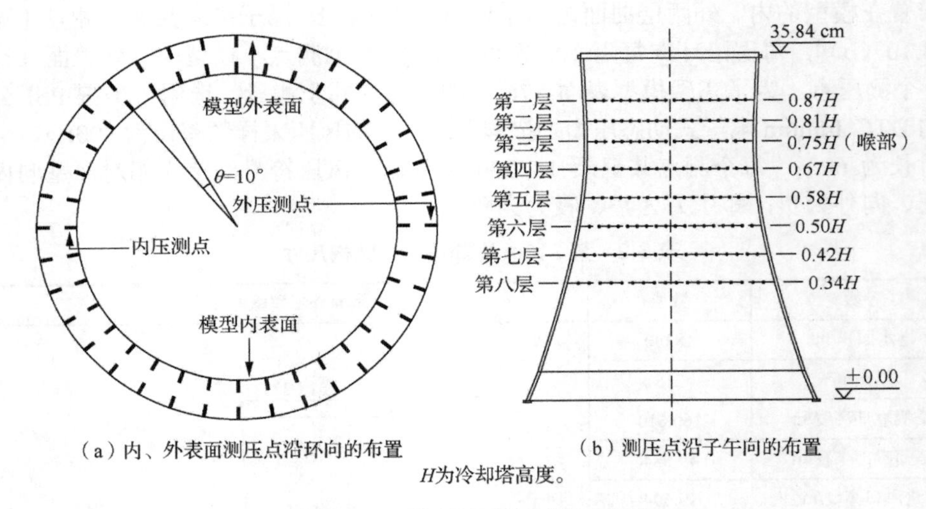

（a）内、外表面测压点沿环向的布置　　（b）测压点沿子午向的布置

H为冷却塔高度。

图 3.10　模型测压点布置示意图

3.2.2　雷诺数效应模拟

大型冷却塔原型结构在设计风速下的雷诺数约为 10^8，风洞试验中由于采用模型缩尺和风速缩尺导致试验雷诺数比实际情况小 2～3 个数量级，为了再现原型结构超高雷诺数下的表面绕流特性，一般采用改变冷却塔模型表面粗糙度来实现亚临界雷诺数下模拟跨临界钝体绕流的特性[94]。常用的改变模型表面粗糙度的方法有表面打磨或刻线、粘贴丝线或粗糙纸带，其中表面粘贴粗糙纸带法由于制作方便、更改厚度容易而广泛使用[23]。试验中采用在冷却塔外表面相邻测压点间粘贴通长的粗糙纸带来实现表面粗糙度的模拟［见图 3.11（a）］。其中，每层纸带宽 b=3mm，每层纸带厚 k=0.1mm，粗糙元的厚度为 e，相邻粗糙元的间距为 a［见

图 3.11（b）]，选用《火力发电厂水工设计规范》（DL/T 5339—2018）[4]中的冷却塔外表面平均风压八项式曲线作为标准［见式（3.41）]，模拟过程着重于最大风压系数 C_{Pmax}、最小风压系数 C_{Pmin}、尾流风压系数 C_{Pb}、零风压系数角度 θ_0、最小风压系数角度 $\theta_{\min}$、分离角度 θ_{Pb} 等参量。图 3.12 给出了台风 B 类风场下冷却塔外表面 8 层测压点平均风压系数在不同地面粗糙度下的分布。可以看出：三层纸带时雷诺数模拟效果较好，对应 8 层测点的平均相对地面粗糙度 e/a=0.02。

$$C_{\mathrm{p}}(\theta)=\sum_{k=0}^{7}\alpha_k\cos(k\theta) \tag{3.41}$$

式中，$C_{\mathrm{p}}(\theta)$ 是环向风压系数［定义见式（3.42）］的均值；$\alpha_0 \sim \alpha_7$ 分别为−0.4426、0.2451、0.6752、0.5356、0.0615、−0.1348、0.0014 和 0.0650。

$$C_{\mathrm{p}}(t,\theta,z)=\frac{p(t,\theta,z)-p_{\infty}(z)}{\rho\overline{U(z)}^2/2} \tag{3.42}$$

式中，$C_{\mathrm{p}}(t,\theta,z)$ 为 z 高度处环向角度 θ 下的风压系数时程；$p(t,\theta,z)$ 为 z 高度处环向角度 θ 下的风压时程；$p_{\infty}(z)$ 为 z 高度处的静压；ρ 为空气密度；$\overline{U(z)}$ 为 z 高度处的平均风速，当选某个特定高度处的平均风速，如塔顶高度处 $\overline{U(H_{\mathrm{top}})}$ 时，$C_{\mathrm{p}}(t,\theta,H_{\mathrm{top}})$ 为风压系数时程。

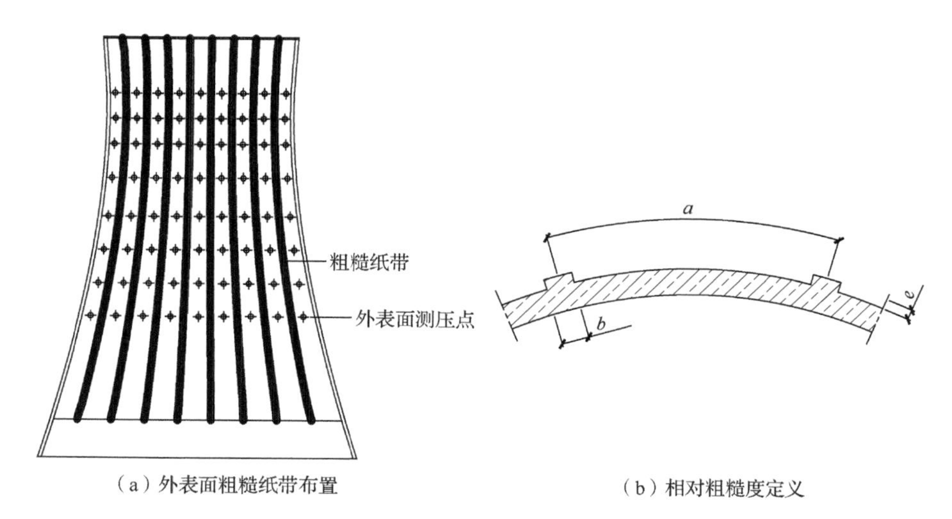

（a）外表面粗糙纸带布置　　（b）相对粗糙度定义

图 3.11　冷却塔雷诺数效应模拟方法

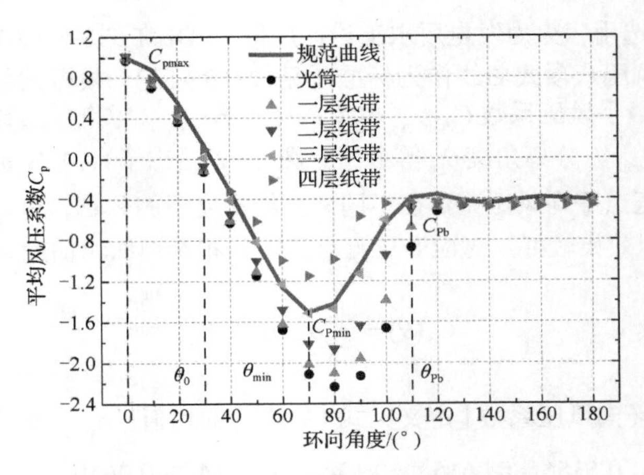

图 3.12　雷诺数效应模拟结果

雷诺数效应模拟不仅要保证模型表面静态风压分布与原型结构相似，也要尽可能保证引起结构风振响应的动态绕流的相似性，其中斯特劳哈尔数，即 *Sr*［见式（3.43）］，是重要的模拟参数。当雷诺数大于 10^6 时，类圆柱结构的尾流中虽然紊流成分较为突出，但仍会出现有规律的旋涡脱落，此时的 *Sr* 稍大于 0.2[95]。李鹏飞等[22]通过对比冷却塔尾流脱落的风速频谱与升力系数时程频谱发现两种方式得到的尾流脱落的卓越频率相近。图 3.13 给出了整体升力系数时程［见式（3.44）］的频谱变换结果。可以看出：整体升力系数时程的功率谱密度均在 5.316Hz 处存在峰值，此时塔筒表面不同高度处对应的 *Sr* 大于 0.2。

$$Sr = \frac{f \cdot D}{\overline{U}} \tag{3.43}$$

式中，*Sr* 为斯特劳哈尔数；f 为旋涡脱落频率；D 为特征尺寸，对于双曲圆截面冷却塔可选喉部直径；$\overline{U}$ 为平均来流风速。

$$C_{\mathrm{L}} = \frac{\sum_{i=1}^{n} C_{\mathrm{p}i} A_i \sin(\theta_i)}{A_{\mathrm{T}}} \tag{3.44}$$

式中，C_{L} 为整体升力系数时程；n 为冷却塔模型表面测压点总数；$C_{\mathrm{p}i}$ 为测压点 i 的风压系数；A_i 为测压点 i 所对应的附属面积；θ_i 为测压点 i 与风向的夹角；A_{T} 为冷却塔塔筒沿风向的夹角。

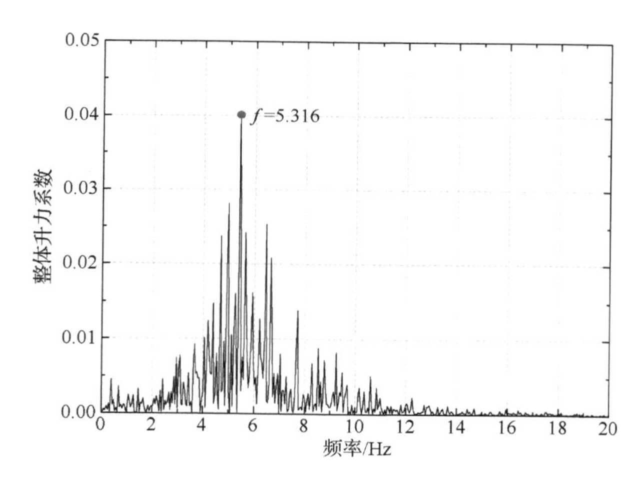

图 3.13　整体升力系数时程频谱

3.2.3　测压管路频响补偿

在测压试验中，模型表面的风压信号需要通过由不锈钢连接管和 PVC 软管构成的测压管路传递给压力扫描阀（见图 3.14）。其中，平均风压作为静态风压在传输过程中并不发生幅值变化，而脉动风压由于测压管路内气体的摩擦阻力会导致压力幅值的衰减，当脉动压力信号的频率与管路中空气柱的固有频率接近时又会发生共振，导致幅值增大；同时，扫描阀接收到的压力信号在时间上滞后于被测物体表面的风压信号导致相位差的出现，因此，扫描阀测得的脉动压力信号在幅值和相位上相比真实风压存在畸变，需要进行测压管路的频响修正。

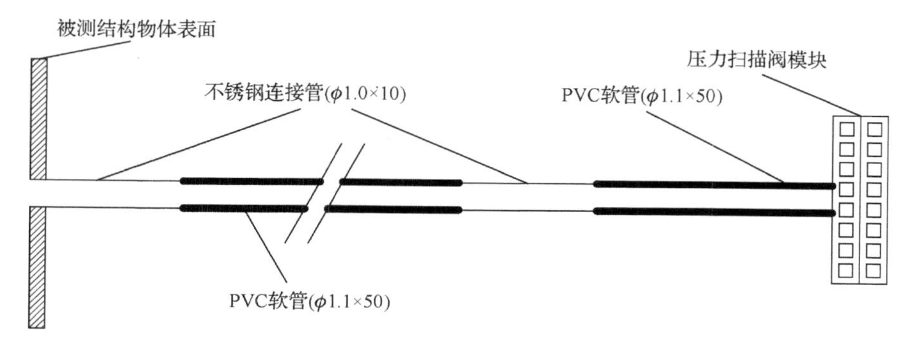

图 3.14　测压管路示意图（单位：mm）

当前应用最广的测压管路频响修正方法是反演修正法，其基本原理如式（3.45），反演修正法又包含试验法与理论计算。邹云峰[96]研究表明：试验获得的频响修正曲线与基于流体管道耗散模型的理论修正曲线几乎一致，因此试验中脉动风压均采用了基于流体管道耗散模型的理论修正曲线进行频响修正。

$$H(w)=\frac{Y(w)}{X(w)} \tag{3.45}$$

式中，$H(w)$ 为管路的频响修正函数；$Y(w)$ 为扫描阀测得的脉动风压时程 $Y(t)$ 的傅里叶变换；$X(w)$ 为结构表面真实脉动风压时程 $X(t)$ 的傅里叶变换。

流体管道耗散模型由于同时考虑了流体的黏性和热传递效应而被认为是流体管道频率特性分析的精确模型[97]，采用该模型计算测压管路频响修正函数主要用到如下公式：

$$H(\mathrm{i}w)=1/\mathrm{ch}[\chi(s)\cdot l] \tag{3.46}$$

式中，ch[*]为双曲余弦函数；$\chi(s)$ 为传播常数，见式（3.47），$s=\mathrm{i}w$ 为拉氏变量或称复频率，$\mathrm{i}=\sqrt{-1}$；l 为测压管路的长度。

$$\chi(s)=\sqrt{Z(s)\cdot Y(s)} \tag{3.47}$$

式中，$Z(s)$ 为串联阻抗，见式（3.48）；$Y(s)$ 为并联导纳，见式（3.49）。

$$Z(s)=\frac{\rho_0 s}{\pi r_0^2}\left[1-\frac{2J_1\left(\mathrm{i}r_0\sqrt{\frac{s}{v_0}}\right)}{\mathrm{i}r_0\sqrt{\frac{s}{v_0}}J_0\left(\mathrm{i}r_0\sqrt{\frac{s}{v_0}}\right)}\right]^{-1} \tag{3.48}$$

$$Y(s)=\frac{\pi r_0^2}{\rho_0 a_0^2}s\left[1+\frac{2(\gamma-1)J_1\left(\mathrm{i}r_0\sqrt{\frac{\sigma_0 s}{v_0}}\right)}{\mathrm{i}r_0\sqrt{\frac{\sigma_0 s}{v_0}}J_0\left(\mathrm{i}r_0\sqrt{\frac{\sigma_0 s}{v_0}}\right)}\right] \tag{3.49}$$

式中，ρ_0 为空气密度，取 1.293kg/m^3；r_0 为管路内径；J_0、J_1 分别为零阶和一阶第一类贝塞尔（Bessel）变换；v_0 为空气的运动黏度，取为 1.48×10^{-5}Pa/s；γ 为空气比热比，取为 1.4；a_0 为声音传播速度，取为 340m/s；σ_0 为普朗特数，取为 0.75。

图 3.15（a）和（b）分别给出了试验中所用的长 60cm、内径为 1.1mm 的测压管对应的幅值、相位修正曲线。可以看出：当频率小于 25Hz 时，幅值无须修正；在 25～110Hz 范围内，幅值随着频率的增大而增大；在 110～150Hz 范围内，幅值随着频率的增大而减小；相位差随着频率的增大近似线性递减。

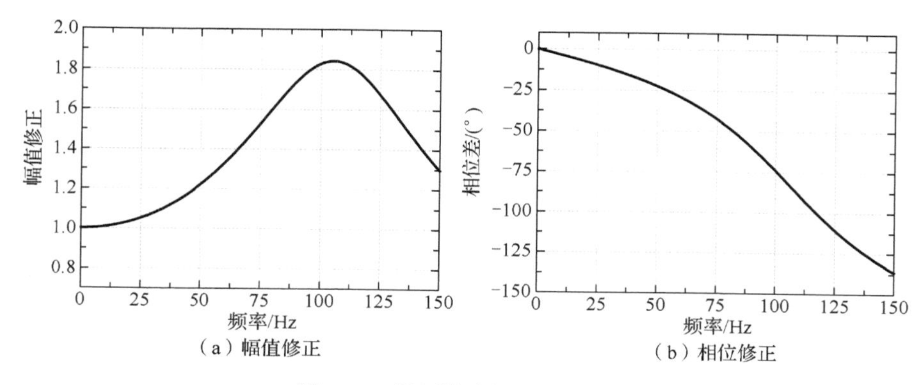

（a）幅值修正　（b）相位修正

图 3.15　测压管路频响修正曲线

图 3.16 对比了频响修正前后塔筒内、外表面脉动风压的差异。可以看出：内压和外压在频响修正前后脉动值差异很小，这是由于内、外压的风压谱能量主要集中在 0～10Hz，在该频段内由管路导致的幅值衰减在 1.008 倍以内，相位差在 4° 以内，频响畸变可以近似忽略不计。

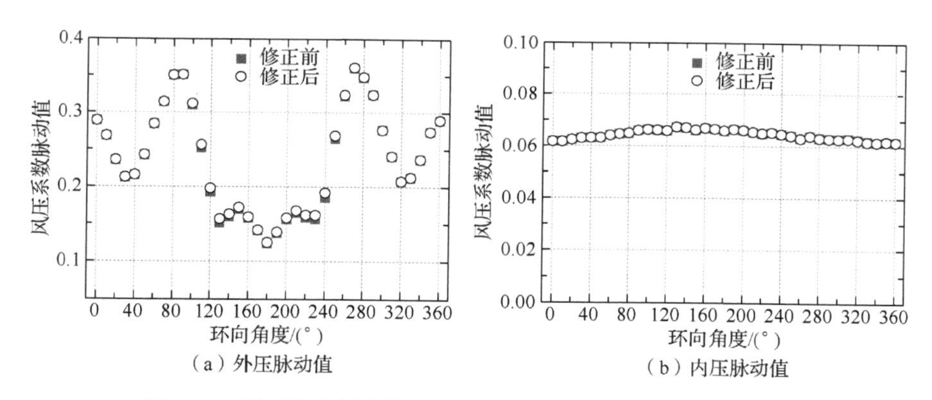

（a）外压脉动值　（b）内压脉动值

图 3.16　测压管路频响修正前后塔筒内、外表面脉动风压对比

3.3　台风作用冷却塔表面风荷载特性

3.3.1　平均风压和脉动风压

冷却塔作为典型的三维绕流结构，在塔底和塔顶风压表现出明显的端部效应，受边缘效应的影响，塔顶与塔底归一化的平均风压与脉动风压在迎风区与侧风区的极值均小于中部截面（$0.35H$～$0.85H$，其中 H 为塔高），而且端部的筒壁较中部厚，因此结构设计时一般采用塔筒中部风压。

图 3.17 对比了台风和良态风作用下塔筒不同高度处的塔筒外表面平均风压分布，与良态风［《建筑结构荷载规范》（GB 50009—2012）[83]规定的 A、B、C 3 类地貌风场］相同，台风下的外表面平均风压也可采用《火力发电厂水工设计规范》（DL/T 5339—2018）[4]中的平均风压八项式曲线描述。图 3.18 给出了台风下塔筒不同高度处的塔筒外表面脉动风压实测值和基于实测的统一脉动风压公式的拟合值［详见第 2 章中的公式（2.3）］。可以看出：台风风环境下，冷却塔外表面脉动风压环向分布仍能采用基于来流紊流度的统一脉动风压分布公式描述。

对于塔筒内表面风压而言，一般来说，沿环向和子午向均匀分布，且对塔筒内雷诺数效应不敏感，其数值大小仅与填料层的透风率有关，透风率越小，塔筒内部吸力越大，即负压越大。图 3.19 给出了台风 B 类风场下的内压均值与脉动值分布，其中，内表面风压系数以塔顶风压作为参考风压，结论与前人研究成果一致[22]，即内压均值、脉动值沿环向、子午向分布均匀，在 30%的透风率下，内压均值约为塔筒顶部风压的−0.40 倍，脉动值约为塔筒顶部风压的 0.07 倍。图 3.20 对比了台风和良态风下塔筒喉部位置内压均值与脉动值沿环向的分布，台风风环境下内压均值略有减小，脉动值略有增大。

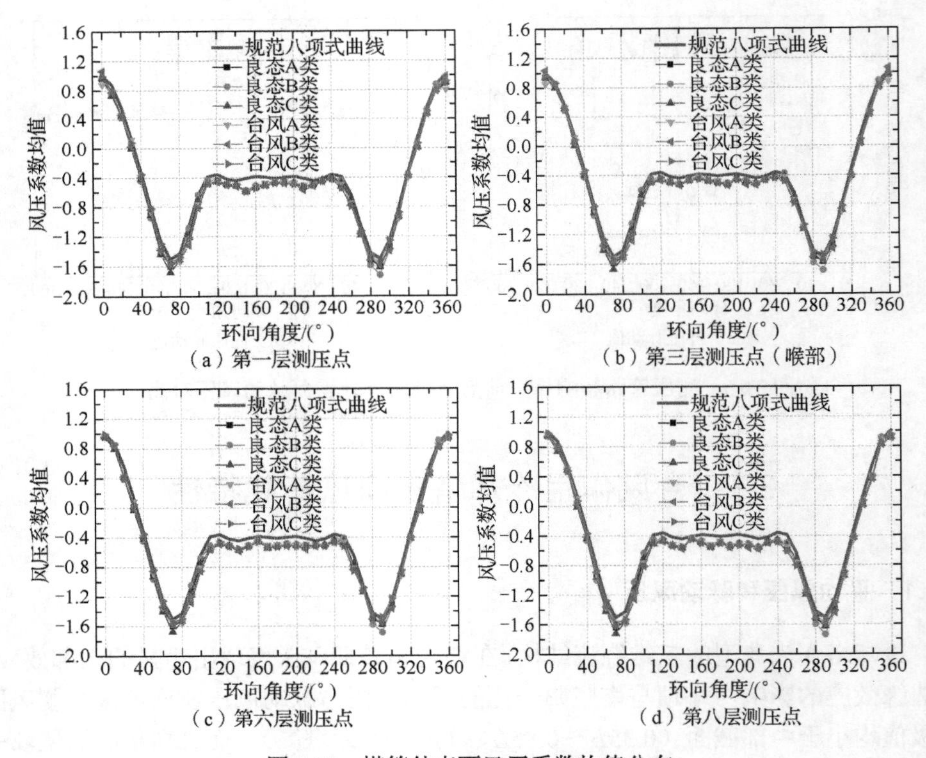

（a）第一层测压点　（b）第三层测压点（喉部）

（c）第六层测压点　（d）第八层测压点

图 3.17　塔筒外表面风压系数均值分布

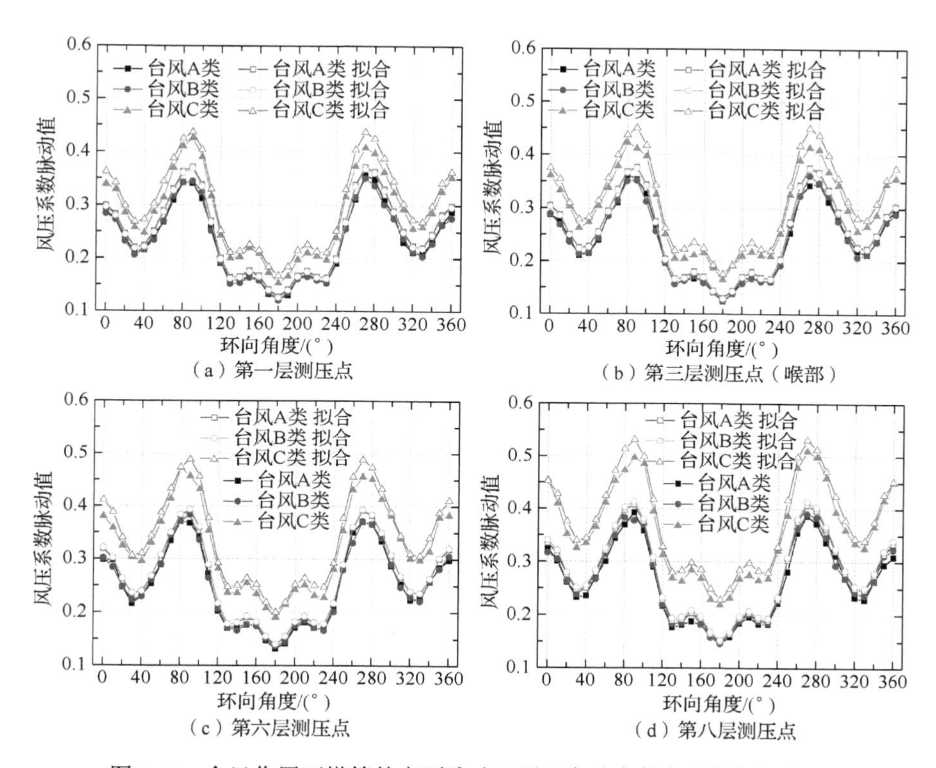

图 3.18　台风作用下塔筒外表面脉动风压环向分布的实测值与拟合值

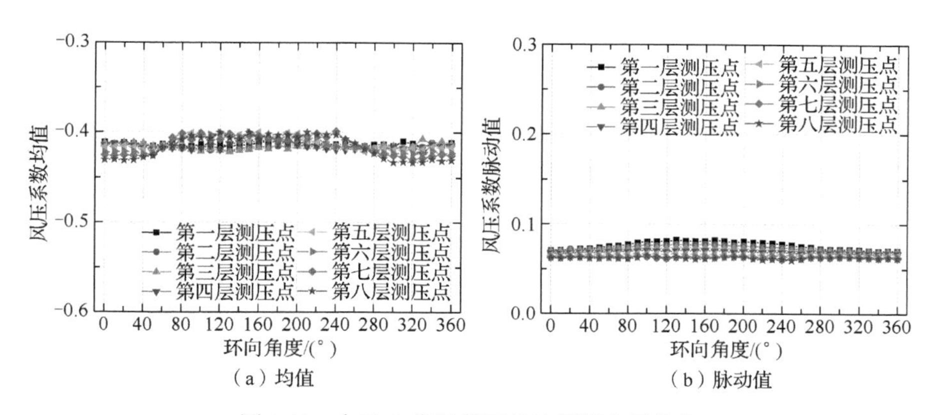

图 3.19　台风 B 类风场下的冷却塔内压分布

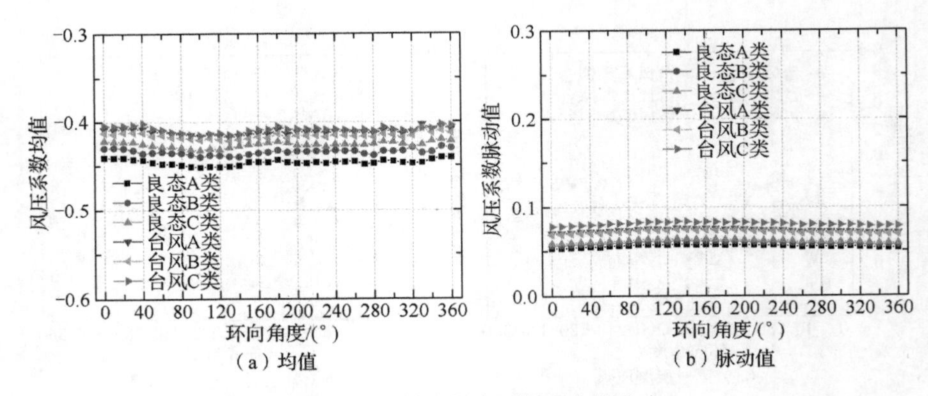

（a）均值　（b）脉动值

图 3.20　塔筒喉部内压沿环向的分布

3.3.2　风压相关性

风压相关性反映了结构周边紊流形态的演变，结构表面风压测压点之间、测压点与整体气动力间的相关性可用相关系数描述：

$$\rho_{\mathrm{xy}} = \frac{E[(x - E_x)(y - E_y)]}{\sigma_{\mathrm{x}}\sigma_{\mathrm{y}}} \tag{3.50}$$

式中，ρ_{xy} 为相关系数；E_x、E_y 和 σ_{x}、σ_{y} 分别为气动力时程 $x(t)$、$y(t)$ 的期望和方差。

此外，结构抗风设计时若不考虑风压的相关性，即各点风压同步达到最大值，不仅与实际情况不符，还会得到偏于保守的结果。张军锋等[98]将塔筒表面沿环向划分为“相关区域”（$0°\leqslant|\theta|<100°$）和“非相关区域”（$100°\leqslant|\theta|\leqslant180°$），沿子午向划分为“强相关区”（$0°\leqslant|\theta|<100°$）、“中等相关区”（$100°\leqslant|\theta|<150°$）和“弱相关区”（$150°\leqslant|\theta|\leqslant180°$）。

风荷载作用下的冷却塔极值响应主要发生在迎风区驻点（0°位置）和侧风区负压极值点（70°位置），图 3.21 给出了台风 B 类风场下塔筒表面不同高度处在这两个位置的环向相关系数分布。相关系数分布类似冷却塔外表面平均风压系数分布，且不同高度处的风压环向相关系数差异较小，说明塔筒中部风压环向相关性基本不受高度影响；迎风区正压极值点和侧风区负压极值点强相关，即迎风面压力越大，侧风面吸力也越大；迎风点和负压极值点均与背风区尾流负压弱相关，这是由于塔筒表面绕流在 120°附近发生脱落，形成的气流屏障隔断了来流与背风尾流。图 3.22 对比了台风和良态风下塔筒喉部风压环向相关系数分布，台风作用下最大正压与最大负压的相关性高于良态风，C 类地貌下的环向相关系数大于 A 类和 B 类地貌，说明来流紊流度越大，最大正压与最大负压的环向相关性越强。虽然塔筒下部来流紊流度大于塔筒中上部，但从图 3.21 中可以看出，塔筒下部最大正压与最大负压的相关性较塔筒中上部稍强，说明风压环向相关性不仅受来流影响，也与冷却塔形体特征有关。

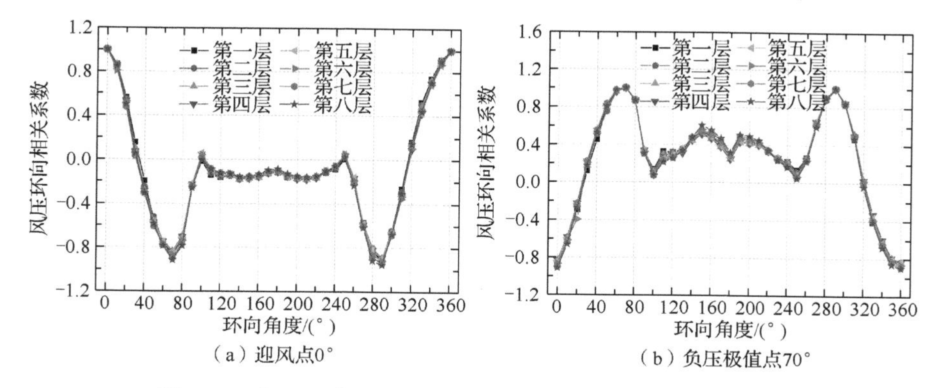

图 3.21　台风 B 类风场下不同高度处外压环向相关系数分布

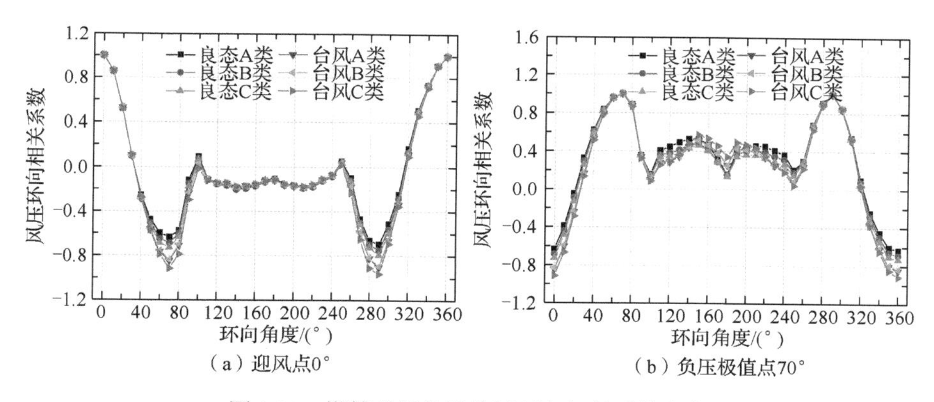

图 3.22　塔筒喉部位置外压环向相关系数分布

图 3.23 对比了台风和良态风下以喉部风压为参考点的风压子午向相关系数分布，从迎风区至侧风区子午向相关系数随着距离的增加近似线性递减，从旋涡分离点至尾流区相关系数沿子午向迅速减小并趋于平稳；除旋涡分离点外，从迎风区至侧风区再到背风区，来流紊流度越大，子午向相关性越强，而在旋涡分离点，子午向相关性反而随着来流紊流度的增大而减小。图 3.24 给出了台风 B 类风场下环向不同风压测压点与相同环向角度下喉部风压的子午向相关系数，从子午向相关系数沿环向分布来看，子午向相关性在迎风点和负压极值点两处位置最强，在旋涡分离点处最弱。

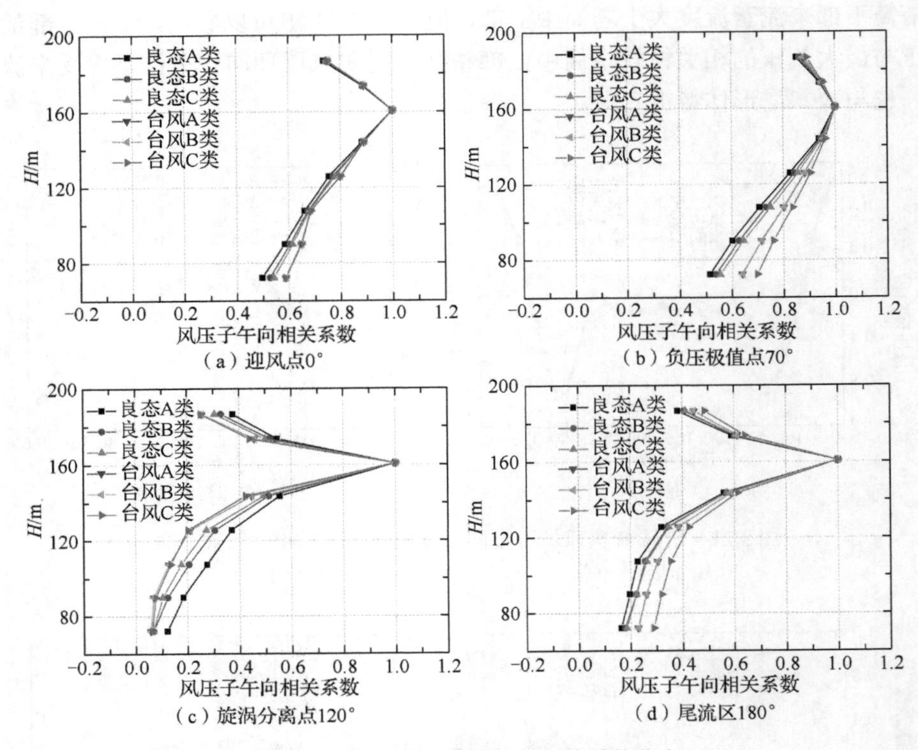

图 3.23　外表面风压子午向相关系数分布

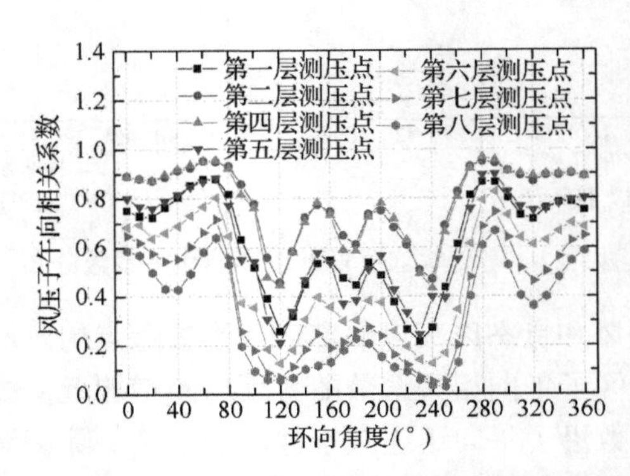

图 3.24　台风 B 类风场下子午向相关系数沿环向的分布

图 3.25 给出了台风 B 类风场下环向各测压点风压与整体基底内力的相关系数，与整体阻力的相关系数分布类似于平均风压环向分布，在迎风点和负压极值点的相关性最强，且塔筒下部的相关性强于塔筒中上部；与整体升力的相关性则明显弱于与整体阻力的相关性。图 3.26 对比了台风和良态风作用下塔筒喉部风压

与整体基底内力的相关系数分布，随着来流紊流度的增大，风压与整体阻力的相关性越强，与整体升力的相关性越弱。

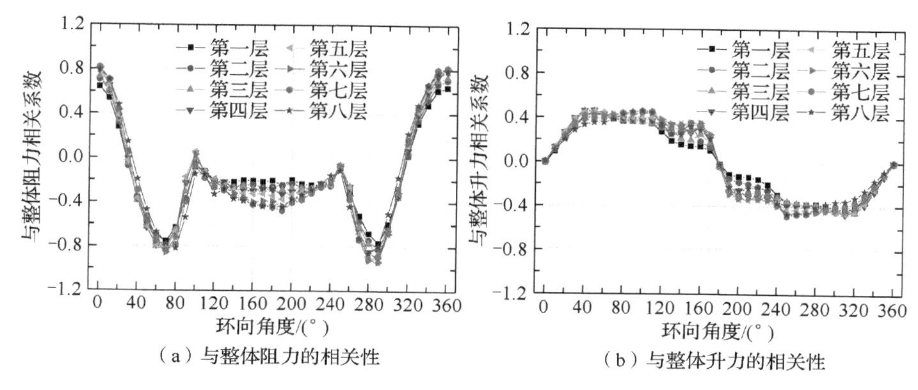

（a）与整体阻力的相关性　　（b）与整体升力的相关性

图 3.25　台风 B 类风场下外压与整体基底内力的相关系数分布

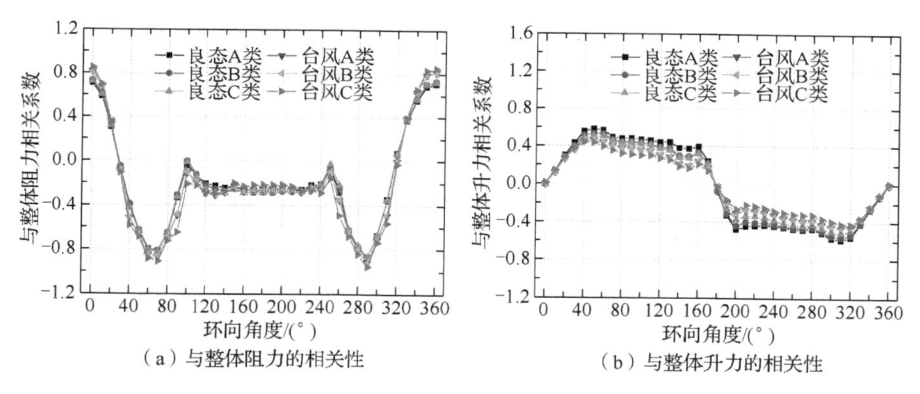

（a）与整体阻力的相关性　　（b）与整体升力的相关性

图 3.26　塔筒喉部位置外压与整体基底内力的相关系数分布

对于冷却塔内表面风压而言，内压沿环向的相关系数均在 0.8 以上，呈强相关，且相关系数不随高度变化（见图 3.27）；内压的环向相关性不受塔筒外部来流紊流度的影响，不同风环境下的内压环向相关系数几乎相同（见图 3.28）。内压沿子午向的相关系数随着距离的增大逐渐减小，且相关性随着来流紊流度的增大而增大（见图 3.29）；从迎风点 0° 至背风区 180° 子午向相关性略有降低（见图 3.30）。虽然内压沿环向、子午向均为强相关，但是内压与由内压积分获得的整体基底内力的相关性却很弱（见图 3.31），同时受来流紊流度的影响也很小（见图 3.32）。

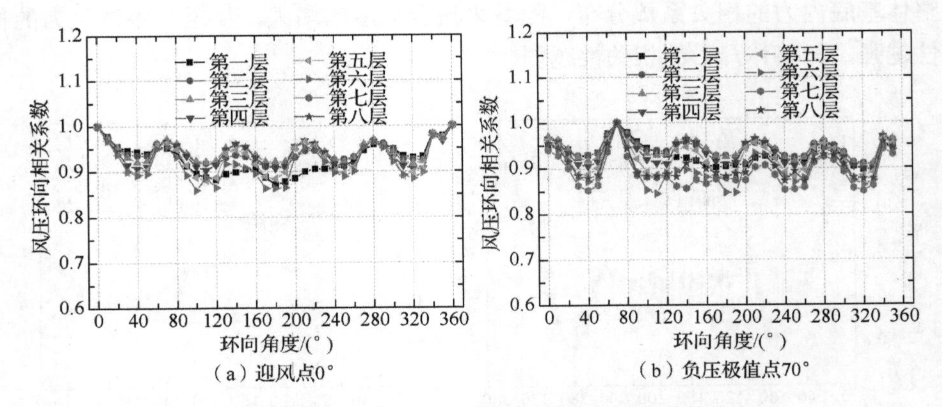

图 3.27　台风 B 类风场下内压沿环向的相关系数分布

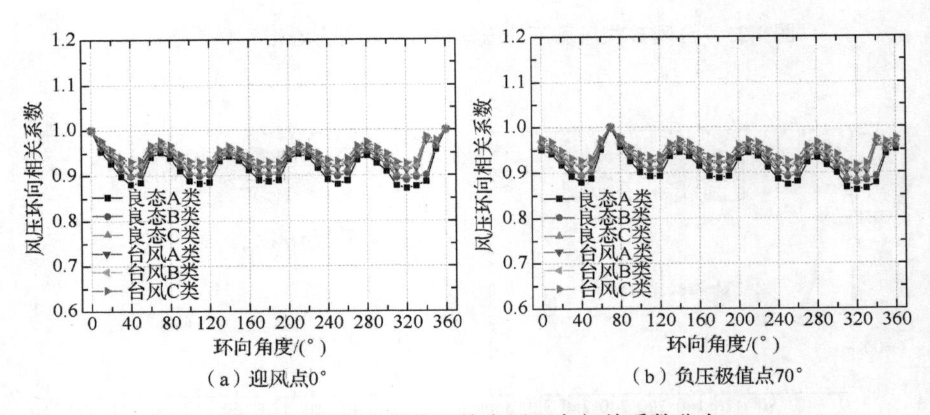

图 3.28　塔筒喉部位置的内压环向相关系数分布

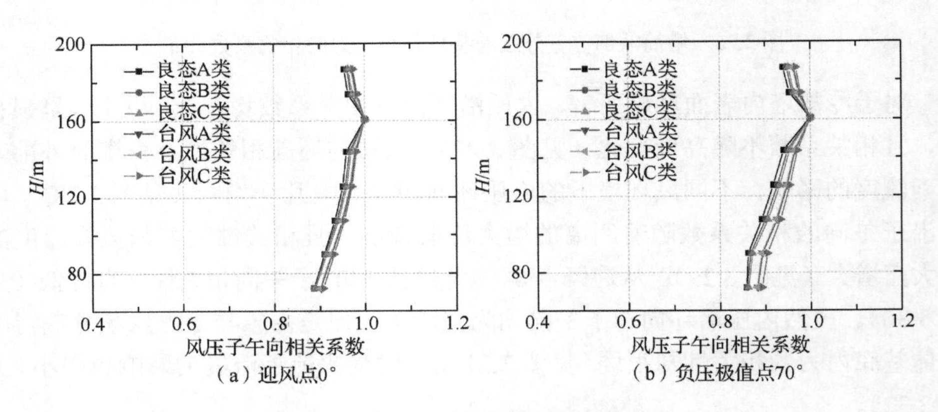

图 3.29　内压沿子午向的相关系数分布

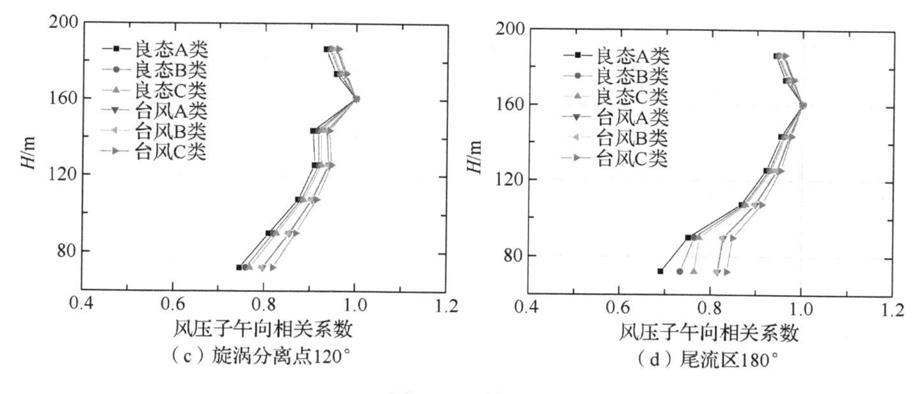

（c）旋涡分离点120°

（d）尾流区180°

图 3.29（续）

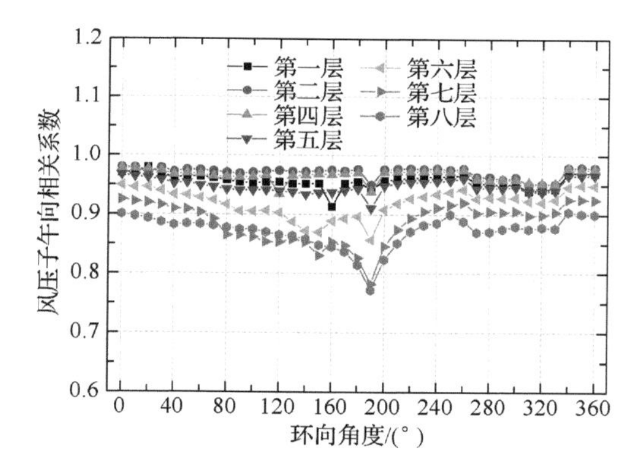

图 3.30 台风B类风场下子午向相关系数沿环向分布

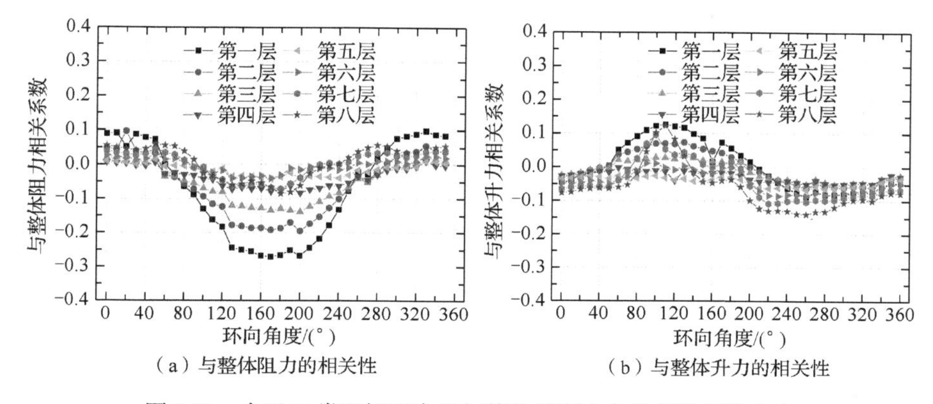

（a）与整体阻力的相关性

（b）与整体升力的相关性

图 3.31 台风B类风场下内压与整体基底内力的相关系数分布

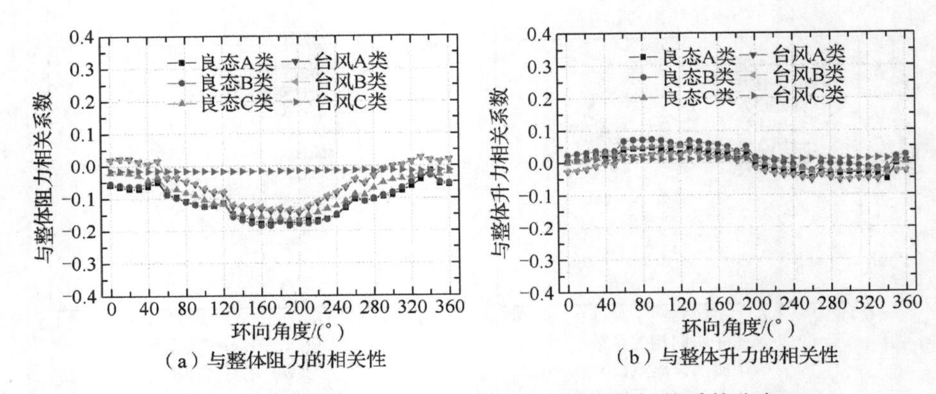

（a）与整体阻力的相关性　（b）与整体升力的相关性

图 3.32　塔筒喉部的内压与整体基底内力的相关系数分布

3.3.3　非高斯特性

非高斯特性最早用于描述低矮房屋、高层建筑和大跨屋盖在迎风边缘和屋盖拐角处脉动风荷载的概率模型，此区域内由于来流分离和旋涡脱落的影响，风压时程呈现非对称性并带有大幅脉冲，采用传统的高斯风压模型来描述不仅与实际情况相悖，而且会产生较大的极值估计偏差。传统的高斯风压仅需要前两阶统计矩（如均值和方差）就可对其概率分布进行描述，而非高斯风压则需要用到第三、四阶统计矩。其中，第三阶统计矩称为偏度［见式（3.51）］，是统计数据非对称分布程度的体现。高斯分布的偏度为 0，表现为概率密度函数两侧尾部长度对称；偏度小于 0 即左偏态，表现为左边的尾部较右边长，说明样本中存在少量数值较小的数据；偏度大于 0 即右偏态，表现为右边的尾部较左边长，说明样本中存在少量数值较大的数据［见图 3.33（a）］。第四阶统计矩称为峰度［见式（3.52）］，是样本概率密度函数在均值处峰值高低的表征。高斯分布的峰度为 3，峰度大于 3 表明概率分布较高斯分布尖削，反之，则概率分布较高斯分布平坦［见图 3.33（b）］。

$$S=\frac{E\left(X-\mu\right)^3}{\sigma^3} \tag{3.51}$$

$$K=\frac{E\left(X-\mu\right)^4}{\sigma^4} \tag{3.52}$$

式中，S、K 分别为偏度和峰度；μ、σ 分别为风压信号时程 X 的均值和标准差。

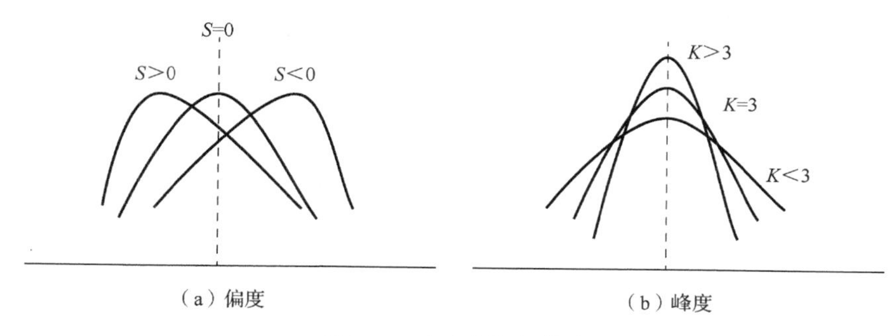

（a）偏度　　（b）峰度

图 3.33　非高斯特性描述

Ke 和 Ge[99]将 $|S|>0.2$ 或 $K>3.5$ 作为划分冷却塔表面风荷载高斯/非高斯分布的标准，并将良态风作用下冷却塔外表面迎风区划分为高斯区，侧风区划分为非高斯区，尾流区划分为高斯区。图 3.34 给出了台风风场下塔筒喉部位置的偏度和峰度沿环向的分布，可以看出：台风风环境 3 类地貌下冷却塔外表面风压沿环向均表现出非高斯特性。究其原因：迎风区的外压直接受来流紊流度的影响，来流紊流度越大，风压非高斯性越强；侧风区的外压主要受特征紊流度的影响，这些由微小旋涡不断累积形成的、有组织的、大尺度旋涡将导致侧风区尤其是旋涡分离点附近的风压存在强相关性，并且从良态风至台风这种相关性逐渐增强（见图 3.35），说明来流紊流度影响了侧风区特征紊流的形态，来流紊流度越大，越容易在侧风区形成强相关性的分离涡；而在尾流区，风压脉动量较小，非结构设计控制荷载，并且旋涡分离所形成的气流屏障导致风压的空间相关性急剧下降，但是受周边环境噪声影响较大从而呈现非高斯特性。

相比于外表面，塔筒内气流流动稳定，尤其在填料层的“整流”作用下，塔筒内气动力沿环向和子午向更是分布均匀，从内压的概率密度分布来看，整个塔筒内表面均为风压高斯区域，并与外界来流紊流特性无关。

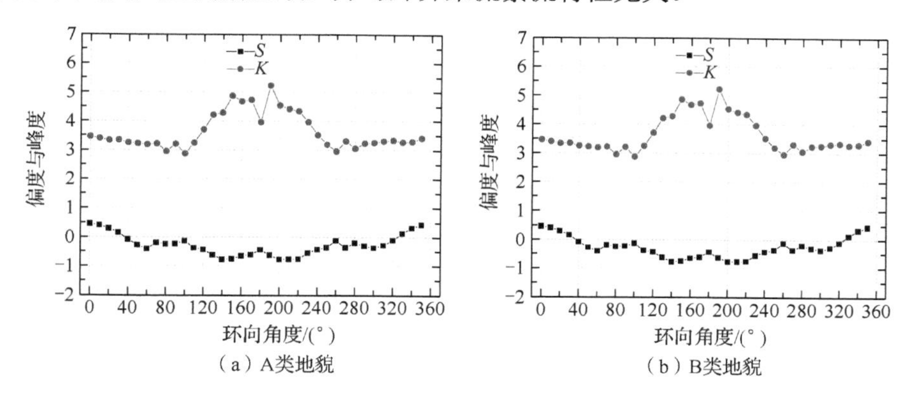

（a）A类地貌　　（b）B类地貌

图 3.34　台风风场下塔筒喉部非高斯特性

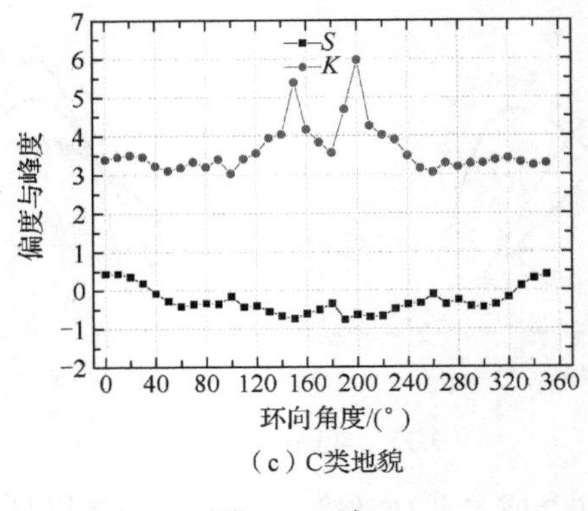

（c）C类地貌

图 3.34（续）

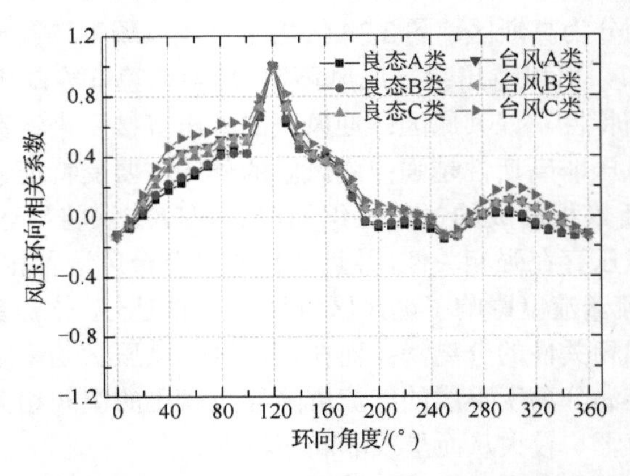

图 3.35　旋涡分离点处外压的环向相关系数分布

3.3.4　峰值因子

冷却塔在进行风荷载作用下的强度与稳定验算时须采用风荷载的极值。目前，对于极值风荷载的估计方法主要分为两类：一类是基于极值理论的估计方法，另一类是峰值因子法及其改进方法。前者从随机过程中选取相互独立的极值样本，采用极值理论建立概率模型，进而得到具有特定概率保证率的极值，该方法虽然精确，但是需要大规模的独立样本，工程应用不便[100-104]。后者则以 Davenport[102]提出的峰值因子法为雏形，该方法假定风荷载服从高斯分布，利用高斯过程的零值穿越理论获得峰值因子［见式（3.53）］。针对非高斯风压，Kareem 和 Zhao[103]将其转换为考虑高阶统计量的高斯过程的埃尔米特（Hermite）多项式［见式（3.55）～式（3.60）］，从而将经典的峰值因子法运用到非高斯过程中。Sadek 和 Simiu[104]基于转换过程将三参数伽马分布拟合的非高斯过程映射为标准高斯过程（见图 3.36），再通过高斯过程建立的极值 I 型分布求出指定分位点的极值，反算非高斯过程的极值［见式（3.61）］。

$$g=[2\ln(v_0T)]^{1/2}+\frac{\gamma}{[2\ln(v_0T)]^{1/2}} \tag{3.53}$$

$$v_0=\left\{\frac{\int_0^\infty n^2S_{\rm Y}(n){\rm d}n}{\int_0^\infty S_{\rm Y}(n){\rm d}n}\right\}^{1/2} \tag{3.54}$$

式中，g 为峰值因子；v_0 为高斯过程过零率；T 为观测时距；$\gamma=0.5772$，为欧拉常数；$S_{\rm Y}(n)$ 为风荷载时程的功率谱密度；n 为频率。

$$\begin{aligned}g_{n\rm G}=\kappa\Bigg\{&\left(\beta+\frac{\gamma}{\beta}\right)+h_3\left[\beta^3+2\gamma-1+\frac{1.98}{\beta^2}\right]\\&+h_4\left[\beta^3+3\beta(\gamma-1)+\frac{3}{\beta}\left(\frac{\pi^2}{6}-\gamma+\gamma^2\right)+\frac{5.44}{\beta^3}\right]\Bigg\}\end{aligned} \tag{3.55}$$

$$\beta=\sqrt{2\ln(v_0T)} \tag{3.56}$$

$$\kappa=\frac{1}{\sqrt{1+2h_3^{\ 2}+6h_4^{\ 2}}} \tag{3.57}$$

$$h_3=\frac{\gamma_3}{6}\left[\frac{1-0.015|\gamma_3|+0.3\gamma_3^{\ 2}}{1+0.2\gamma_4}\right] \tag{3.58}$$

$$h_4=h_{40}\left[1-\frac{1.43\gamma_3^{\ 2}}{\gamma_4}\right] \tag{3.59}$$

$$h_{40}=\frac{[1+1.25\gamma_4]^{1/3}-1}{10} \tag{3.60}$$

式中，γ_3 为非高斯过程的偏度系数；γ_4 为非高斯过程的峰度系数。

$$y_{{\rm pk},T}^{\max,i}=\sqrt{2\ln\frac{-v_{0,\rm y}T}{\ln F_{{\rm Ypk},T}^i}}\ \ 或\ \ y_{{\rm pk},T}^{\min,i}=-\sqrt{2\ln\frac{-v_{0,\rm y}T}{\ln F_{{\rm Ypk},T}^i}} \tag{3.61}$$

式中，$y_{{\rm pk},T}^{\max,i}$、$y_{{\rm pk},T}^{\min,i}$ 分别为非高斯过程的极大值与极小值；$v_{0,\rm y}$ 为映射后的标准高斯过程的过零率；T 为观测时距；$F_{{\rm Ypk},T}^i$ 为基于高斯过程建立的极值 I 型分布在指定分位点的累计概率值。

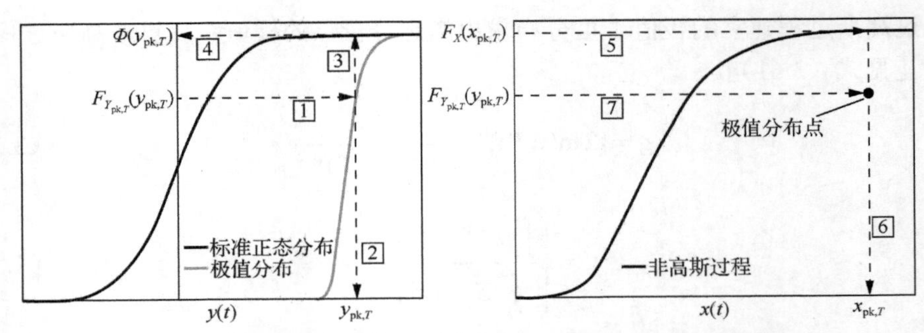

$x_{pk,T}$表示非高斯过程的极值分位点；$F_X(x_{pk,T})$是$x_{pk,T}$对应的累计概率；
$y_{pk,T}$表示标准正态分布的极值分位点；$\Phi(y_{pk,T})$是$y_{pk,T}$对应的累计概率。

图 3.36　Sadek 和 Simiu 法的转换过程

峰值因子法虽然使用方便，却无法对所估计的峰值因子 g 给出确定的保证率，导致结构表面不同位置的极值风压估计值或偏于保守或偏于危险，为此吴太成[105]提出了峰值因子的目标概率法，原理如下：

令 P_{obj} 为指定的目标概率保证率，C_{pt} 为测压点的风压时程样本，$\overline{C_{\text{pt}}}$ 为样本均值，C_{pobj} 为指定目标概率保证率的风压极值，有下式成立：

$$P\left\{\left|C_{\text{pt}}-\overline{C_{\text{pt}}}\right|\leqslant\left|C_{\text{pobj}}-\overline{C_{\text{pt}}}\right|\right\}=P\left\{\left|C_{\text{pt}}-\overline{C_{\text{pt}}}\right|\leqslant C_{\text{probj}}\right\}=P_{\text{obj}} \tag{3.62}$$

令 $C_{\text{probj}}=\left|C_{\text{pobj}}-\overline{C_{\text{pt}}}\right|$，则

$$P\left\{\left|C_{\text{pt}}-\overline{C_{\text{pt}}}\right|\leqslant C_{\text{probj}}\right\}=P_{\text{obj}} \tag{3.63}$$

采用迭代法逐步逼近，先给定 C_{probj} 一个较小的初值 C_{probj0}，再按一定增量 δ（δ 可设为风压时程均方根值 σ_{pt} 的 10^{-5} 倍）的 k 倍逐渐增大。

$$C_{\text{probj}k}=C_{\text{probj0}}+k\cdot\delta \tag{3.64}$$

当 k 增大至 M 时，满足 $\left|C_{\text{probj}M}-C_{\text{probj}}\right|\leqslant\varepsilon$。其中，$\varepsilon$ 为目标误差，可设为 10^{-6}，此时，具有指定保证率 P_{obj} 的峰值因子 g_{obj} 表示如下：

$$g_{\text{obj}}=\frac{C_{\text{probj}}}{\sigma_{\text{pt}}}\approx\frac{C_{\text{probj}M}}{\sigma_{\text{pt}}}=\frac{\left|C_{\text{probj0}}+M\cdot\delta\right|}{\sigma_{\text{pt}}} \tag{3.65}$$

分别采用 Davenport 法、Hermite 法、Sadek 和 Simiu 法以及目标概率法对台风环境下的外压峰值因子进行计算（见图 3.37），可以看出：无论是适用于高斯过程的 Davenport 法，还是适用于非高斯过程的 Sadek 和 Simiu 法、Hermite 法，在对外压峰值因子进行估计时均偏大，尤其是 Sadek 和 Simiu 法、Hermite 法所计算出的峰值因子相比目标概率法差异更加明显，这将导致所估计的外压极值过于保

守；当外压峰值因子取 2.0～3.5 时，其保证率就能达到 95%～99.5%，这与张相庭[106]的研究结果相符，即当峰值因子取 2.0～2.5 时极值风压的保证率就能达到 97.73%～99.38%。

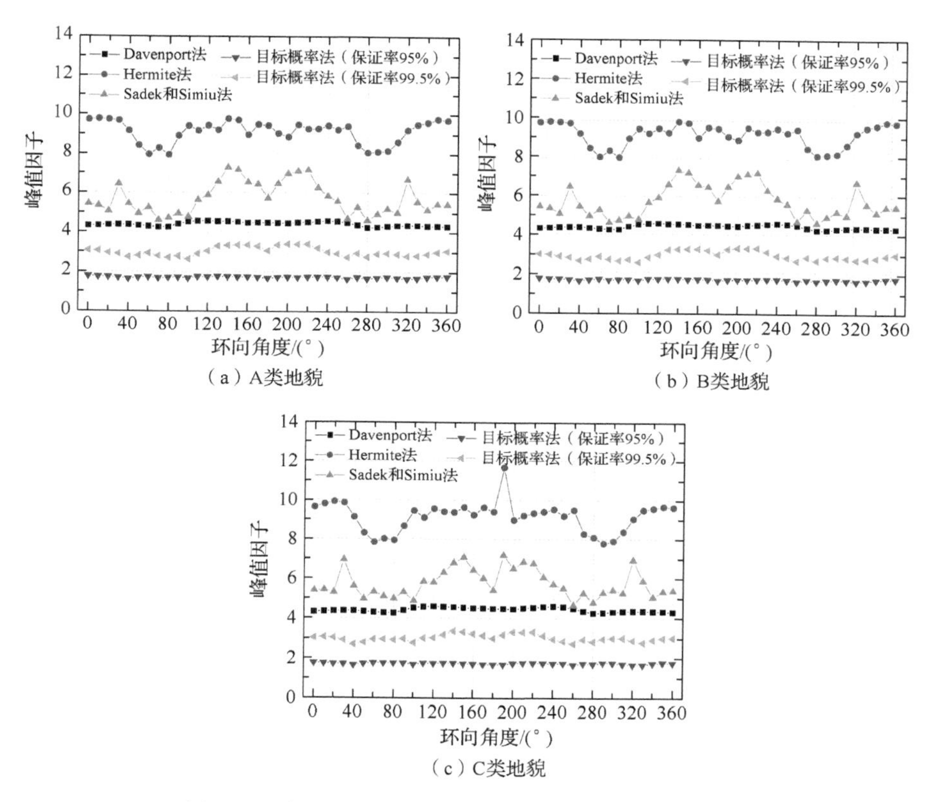

图 3.37　台风风场下塔筒喉部的外压峰值因子估计值

台风风场 3 类地貌下的内表面风压的概率峰值因子沿环向、子午向分布均匀，具有 95%、99.5%保证率的概率峰值因子分别为 1.6 和 2.6；同时，台风和良态风下的峰值因子差异较小，几乎不受塔外来流的影响。

3.4　台风作用冷却塔极值风荷载

冷却塔表面极值风荷载是塔筒内外表面风压共同作用效果的叠加，是内外表面净压的极值，等于外压与内压矢量和的最不利工况。目前，在冷却塔表面风荷载计算时往往给予外压很大的权重，甚至存在不考虑内压的情况，这会使得塔筒迎风区的风荷载偏小，侧风区的风荷载偏大，从而导致与真实风荷载分布差异较大。在考虑内压的组合中，德国规范 VGB-R610ue[18]规定冷却塔表面风荷载等于外压极值减去内压均值；英国 BS4485 规范[79]规定冷却塔表面风荷载等于外压极值减去内压极值；而 Chen 等[28]则建议在计算冷却塔表面风荷载时考虑内外表面风压与净压的相关性。本节采用 6 种不同的内外压组合来拟合塔筒表面静力作用风荷载［见式（3.66）～式（3.71）］。

组合一：
$$\widehat{C}_{\mathrm{pR}}=\widehat{C}_{\mathrm{pE}} \tag{3.66}$$

组合二：
$$\widehat{C}_{\mathrm{pR}}=\widehat{C}_{\mathrm{pE}}-\overline{C}_{\mathrm{pI}} \tag{3.67}$$

组合三：
$$\widehat{C}_{\mathrm{pR}}=\widehat{C}_{\mathrm{pE}}-\widehat{C}_{\mathrm{pI}} \tag{3.68}$$

组合四：
$$\widehat{C}_{\mathrm{pR}}=\rho_{\mathrm{ER}}\cdot\widehat{C}_{\mathrm{pE}}-\widehat{C}_{\mathrm{pI}} \tag{3.69}$$

组合五：
$$\widehat{C}_{\mathrm{pR}}=\widehat{C}_{\mathrm{pE}}-\rho_{\mathrm{IR}}\cdot\widehat{C}_{\mathrm{pI}} \tag{3.70}$$

组合六：
$$\widehat{C}_{\mathrm{pR}}=\rho_{\mathrm{ER}}\cdot\widehat{C}_{\mathrm{pE}}-\rho_{\mathrm{IR}}\cdot\widehat{C}_{\mathrm{pI}} \tag{3.71}$$

式中，$\widehat{C}_{\mathrm{pR}}$ 为风压极值；$\widehat{C}_{\mathrm{pE}}$、$\widehat{C}_{\mathrm{pI}}$ 分别为外压和内压的极值；$\overline{C}_{\mathrm{pI}}$ 为内压均值；ρ_{ER}、ρ_{IR} 分别为塔筒表面某一位置外压与净压、内压与净压的相关系数。

对于极值风压的计算，常用阵风因子法或峰值因子法，但是上述方法均存在如下不足：第一，不能获得具有一致保证率的极值风压；第二，没有考虑风荷载间的相关性，即塔筒表面不同位置的风压同步达到最大值，这与实际情况不符。因此，本节采用了具有特定概率保证率并考虑相关性的极值风压公式［见式（3.72）］。

$$\widehat{C}_{\mathrm{p}}=\overline{C}_{\mathrm{p}}+g_{\mathrm{obj}}\cdot\rho_{\mathrm{cir}}\cdot\sigma_{\mathrm{p}} \tag{3.72}$$

式中，$\widehat{C}_{\mathrm{p}}$ 为风压极值；$\overline{C}_{\mathrm{p}}$ 为风压均值；g_{obj} 为风压的概率峰值因子，峰值因子的概率保证率可以取为 99.5%；ρ_{cir} 为风压的环向相关系数，在单塔风荷载计算时取与迎风点 0° 的相关系数和与负压极值点 70° 的相关系数的包络；σ_{p} 为风压脉动值。

从 6 种不同的内外压组合对塔筒喉部位置的台风和良态风静力作用风荷载分布的拟合结果来看（见图 3.38 和图 3.39）：良态风作用下，冷却塔极值风荷载与组合二（即外压极值减内压均值）和组合三（即外压极值减内压极值）均吻合较好，这是良态风作用下内压脉动性较小的缘故。台风作用下，由于台风的高紊流度导致内压的脉动值略有增大，使得冷却塔极值风荷载与组合二（即外压极值减内压均值）吻合较好，而组合三计算出的风荷载在背风区的吸力偏小。因此，无论是台风作用下还是良态风作用下，冷却塔表面极值风荷载分布模式可以表示为外压极值减去内压均值，这也说明了德国规范 VGB-R610ue[18]中的冷却塔表面风荷载定义更为合理。3 类地貌下，冷却塔台风静力作用风荷载在迎风区的压力和侧风区的吸力大于良态风静力作用风荷载，尾流区的风荷载在两类风环境下差异较小。

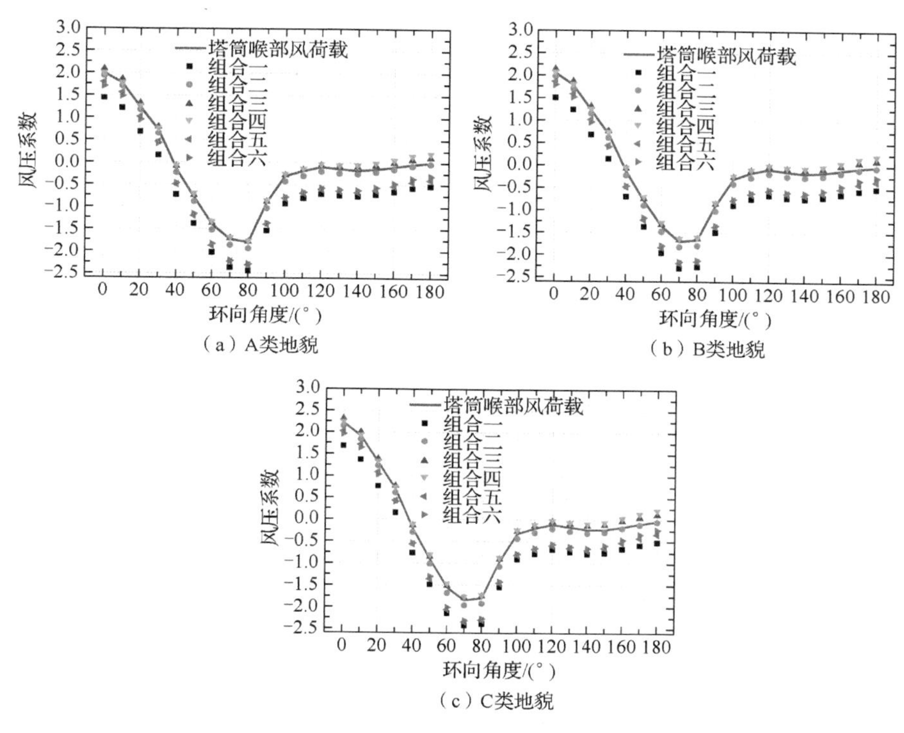

图 3.38　良态风作用下冷却塔表面极值风荷载分布

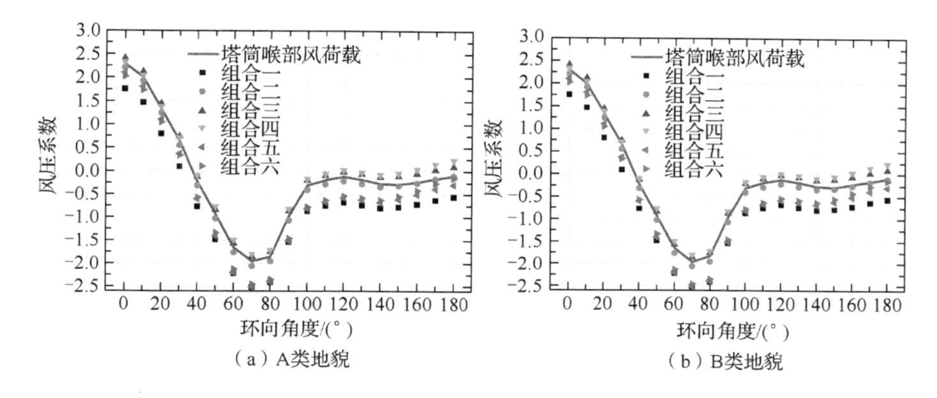

图 3.39　台风作用下冷却塔表面极值风荷载分布

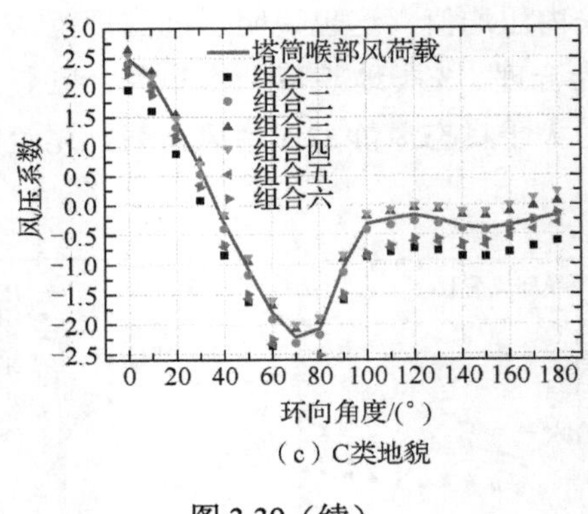

（c）C类地貌

图 3.39（续）

3.5　小　　结

本章基于台风工程模型和台风风场随机参数模型，对台风风场进行了 Monte-Carlo 模拟，并采用宫崎大学三维多风扇主动控制风洞快速、高效、准确地实现了台风风场的物理模拟。基于某 215m 超大型冷却塔内、外表面同步测压刚性模型风洞试验获得了塔筒内外表面风压信息，探讨了平均风压、脉动风压、风压相关性、非高斯特性和峰值因子的分布特性，给出了台风作用冷却塔表面极值风荷载分布模式。

第 4 章　大型冷却塔龙卷风风环境表面风荷载特性

龙卷风作为一种常见的极端风气候，是大气中区域性的小尺度强烈涡旋，与台风相比，龙卷风突发性强、持续时间短，导致气象卫星难以对其进行有效预报；同时龙卷风巨大的能量集中在小于 1000m 的狭小区域内，使得其出现时不仅带有很强的瞬时风速和气压下降，还伴有闪电、冰雹、强降雨等强对流天气，破坏力极大。迄今为止，我国还未建立一个涵盖龙卷风强度、频度、气象条件和灾害情况的权威数据库。但是在长江口三角洲、苏北、鲁西南、豫东平原和雷州半岛等龙卷风的易发区，已建、待建和规划了一批火电甚至核电大型冷却塔，而国内外对于大型冷却塔抗龙卷风设计鲜有研究。本章采用龙卷风模拟器再现了龙卷风风场特性，基于大型冷却塔龙卷风风洞试验研究了冷却塔龙卷风作用表面风荷载特性，从而为大型冷却塔结构抗龙卷风设计提供指导和依据。

4.1　龙卷风风场特性

龙卷风导致的结构破坏主要有 3 种：①强风导致的结构整体破坏，其中最大切向风速是导致强风灾害的主要原因，根据切向风速的大小和破坏程度，可将龙卷风分为 F0～F5 共 6 个等级（见表 4.1）；②伴随龙卷风的负压带来的结构整体破坏或屋顶结构破坏；③风致飞散物造成的二次破坏。

表 4.1　龙卷风的 Fujita（藤田）级数分类

等级	风速/（$m\cdot s^{-1}$）	破坏程度	出现概率/%	破坏现象
F0	18～32	轻度	53.5	烟囱损坏、商店招牌毁坏、树枝吹断
F1	33～50	中度	31.6	屋顶被吹走、行驶车辆刮离路面
F2	51～70	较严重	10.7	大树连根拔起、货车刮离地面
F3	71～91	严重	3.4	房屋屋顶及墙面被刮走、火车脱轨、森林树木连根拔起、重型卡车被掀翻
F4	92～115	毁灭性	0.7	房屋被夷为平地、树木被刮至上百米高空、小汽车被刮飞、空中大件横飞
F5	116～141	极度	0.1	房屋完全吹毁、路面沥青被刮走、汽车大小的物件在空中横飞

龙卷风风场可以采用切向风速、径向风速、轴向风速和气压降 4 个参量来描述；其中，切向风速是龙卷风的旋转速度，是最主要的速度分量；径向风速是气流从外围向龙卷风涡核中心汇聚的速度；轴向风速是龙卷风风场中气流上升的速度；气压降是龙卷风出现时与周围大气存在的气压差，也是造成结构破坏的主要因素。

龙卷风风场特性研究主要有理论分析、现场实测、数值模拟和物理试验 4 种方法。理论分析主要利用气压梯度力、惯性离心力和黏性力三力平衡的动力学方程组建立龙卷风风速场二维和三维模型，其中最经典的是 Rankine（兰金）涡核模型。该模型是忽略了龙卷风轴向速度的二维涡核解析模型［见式（4.1）］，将旋转的流场按涡核半径分为内、外两个涡核区，内部强迫涡区的切向速度 U 与径向距离成正比，外部自由涡区的切向速度 U 与径向距离成反比。另有学者在 Rankine 模型中引入指数 α 来表征自由涡区中的切向风速随径向距离的衰减程度［见式（4.2）］，图 4.1 为归一化处理后的 Rankine 模型中的切向速度分布。

$$U=\begin{cases}\dfrac{r}{r_c}U_{\max} & 0<r\leqslant r_c\\[2mm] \dfrac{r_c}{r}U_{\max} & r>r_c\end{cases} \tag{4.1}$$

$$U=\begin{cases}\dfrac{r}{r_c}U_{\max} & 0<r\leqslant r_c\\[2mm] \left(\dfrac{r_c}{r}\right)^{\alpha}U_{\max} & r>r_c\end{cases} \tag{4.2}$$

式中，r 为相对龙卷风涡核中心的距离；$U_{\max}$ 为龙卷风最大切向速度；r_c 为龙卷风涡核半径，即最大切向速度出现的位置。

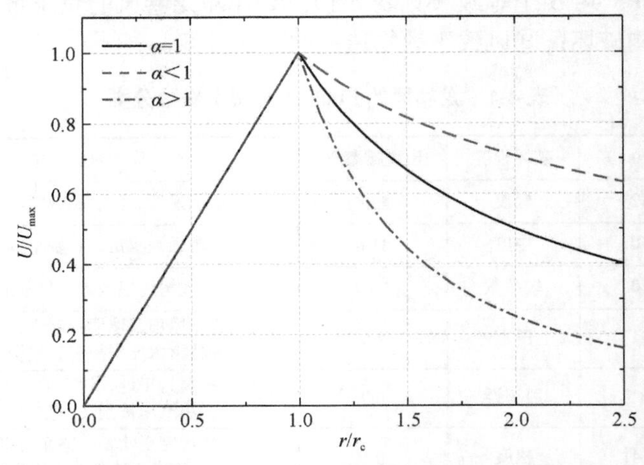

图 4.1 归一化处理后的 Rankine 模型中的切向速度分布

龙卷风产生的时间随机性和地域随机性导致实测的实施难度较大，而且“追风”也具有很高的危险性，因此有关龙卷风实测的文献很少。1998 年 5 月 30 日，Alexander 和 Wurman[107]在美国南达科他州的 Spencer（史宾赛）采用移动雷达观测到了龙卷风切向风速沿径向和高度方向的分布（见图 4.2）；1999 年 5 月 3 日，Lee 和 Wurman[108]采用 DOW 移动雷达观测到了俄克拉何马州马尔霍尔（Mulhall）出现的 F4 级龙卷风的切向风速分布（见图 4.3）。由两次切向风速的实测结果可以看出：龙卷风涡核半径内，切向风速随着径向距离的增加先增大再减小；涡核半径外，切向风速随着径向距离的增加而减小；切向风速在涡核半径处最大。这种切向风速的分布规律与 Rankine 模型相同。随着高度的增加，龙卷风涡核半径处的最大切向风速有减小的趋势，最大切向风速对应的涡核半径有增大的趋势，这也说明了龙卷风涡核呈漏斗型。从 Spencer 龙卷风的切向风速沿高度的分布来看：在距离龙卷风涡核中心相同的径向位置处，低空的龙卷风切向风速大于高空。

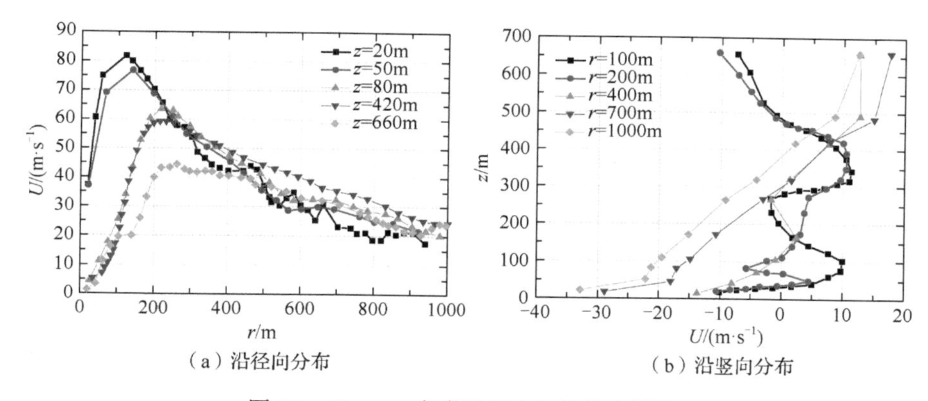

（a）沿径向分布　　（b）沿竖向分布

图 4.2　Spencer 龙卷风切向风速的实测值

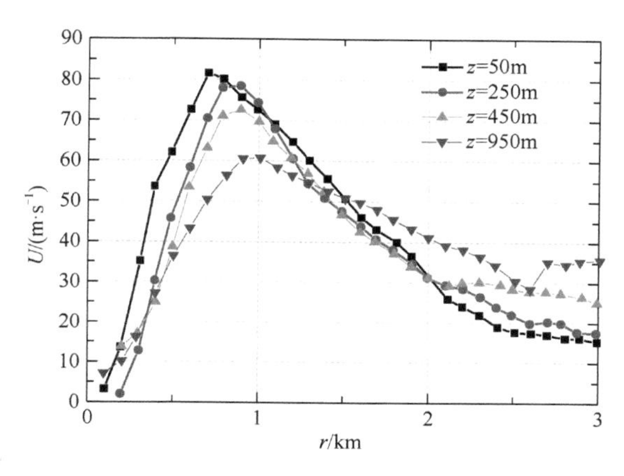

图 4.3　Mulhall 龙卷风切向风速的实测值

2003 年 6 月 24 日，Lee 等[109]在美国南达科他州的 Manchester（曼彻斯特）观测到了 F4 级龙卷风的气压降分布（见图 4.4），实测的气压降沿径向的分布规律与 Rankine 模型［见式（4.3）］相同，气压降 P 的绝对值在涡核中心最大，随着相对龙卷风涡核中心距离的增大，气压降逐渐减小。

$$\frac{P}{P_{\min}}=\begin{cases}-\dfrac{1}{2}\left(2-\dfrac{r^2}{r_c^2}\right) & 0<r\leqslant r_c\\ -\dfrac{1}{2}\dfrac{r_c^2}{r^2} & r>r_c\end{cases}\tag{4.3}$$

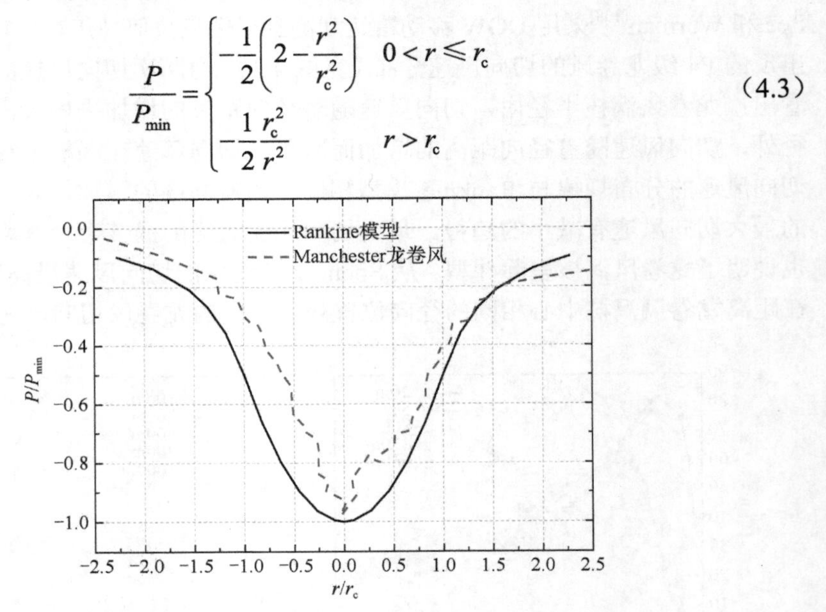

图 4.4　Manchester 龙卷风气压降的实测值

4.2　龙卷风风场物理模拟

4.2.1　龙卷风物理模拟设备

最早的龙卷风模拟器是 20 世纪 70 年代由 Chang[110]开发的。随后，Ward[111]基于 Chang 的理念将控制风机安装在了模拟器顶部用来产生上升气流，并在操作平台四周设置导流板来产生旋转气流［见图 4.5（a）］，这种 Ward 型龙卷风模拟器成为当前应用最为广泛的龙卷风模拟系统，如得克萨斯理工大学［见图 4.5（b）］、京都大学、东京工艺大学中的 Ward 型龙卷风模拟器；但 Ward 型模拟器无法模拟龙卷风的水平移动，因此 Haan 等[112]对 Ward 型模拟器进行了改进，将风扇和导流板均安装在了模拟器的顶部，并通过移动台架来模拟龙卷风的水平移动，目前仅有爱荷华州立大学［见图 4.6（a）］和同济大学［见图 4.6（b）］[113]拥有这种新型的龙卷风模拟设备。同济大学新型龙卷风模拟器由 3 个同轴圆筒构成，风机和导流板布置在模拟器顶部，空气经风机吸收通过导流板和外围圆筒扩散，从而在升降平台和蜂窝网间形成龙卷风涡旋（见图 4.7）。该模拟器的主要参数包括：上升气流半径（r_0=250mm）、升降平台高度（H=150～550mm）、导流板角度（θ_V=10°～60°）、风机最大转速（n=3500r/min）、最大流量（Q=4.8m^3/s）、最大水平移动速度（V_m=0.4m/s）和最大水平移动幅度（L_m=2.8m）。试验中通过改变导流板的角度和升降平台的高度来模拟不同尺度的龙卷风，通过改变风机的转速来模拟不同流量、不同风速的龙卷风，通过改变水平方向移动速度来模拟不同移动速度的龙卷风，从而实现自然界真实龙卷风的模拟。

与龙卷风模拟器配套的风场测量设备是 TFI 公司的 Coral Probe 测速仪。该测速仪包含三维脉动风速测试系统和动态压力测量系统，可用于龙卷风的三维风速场和气压场的测量。该探头的量程为 100m/s，风向角为±45°锥体，测量精度随风速、风向角而异，当风速小于 20m/s 时，风向角介于±24°范围内，风速误差介于±0.3m/s 范围内，风向角误差介于±1°范围内。

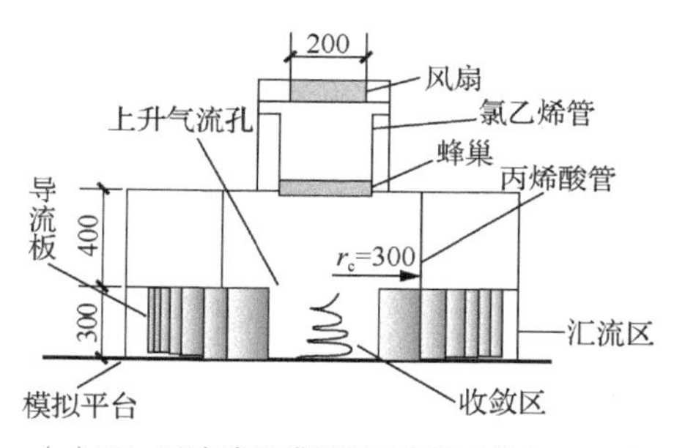

（a）Ward型龙卷风模拟器示意图（单位：mm）

（b）得克萨斯理工大学Ward型模拟器

图 4.5　Ward 型龙卷风模拟器

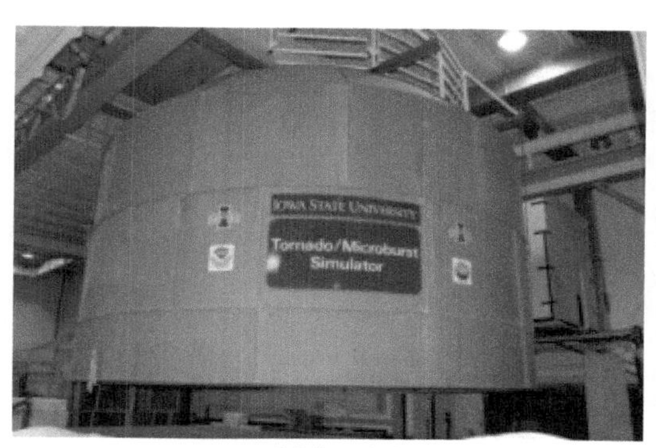

（a）爱荷华州立大学

（b）同济大学

图 4.6　新型龙卷风模拟器

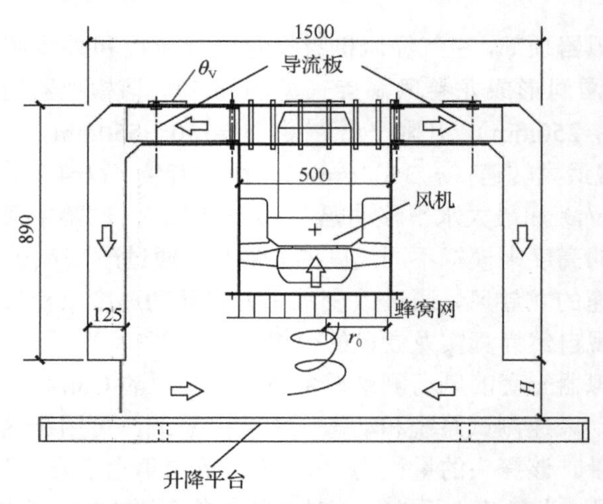

图 4.7　同济大学新型龙卷风模拟器示意图（尺寸单位：mm）

4.2.2　龙卷风涡流比

龙卷风作为具有三维强切变旋转效应的小尺度强烈涡旋，涡流比是衡量龙卷风径向对流旋转动量交换的量，是影响龙卷风的涡核结构（见图 4.8）和形态特征[114]（见图 4.9）的重要参数。该参数与径向雷诺数共同控制流场的动力学特性

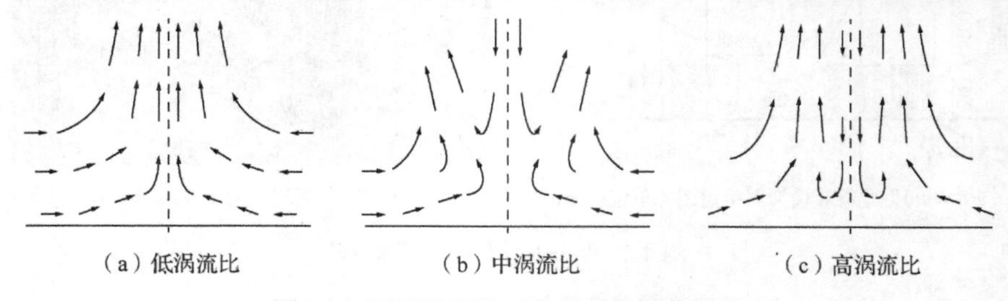

图 4.8　不同涡流比下的龙卷风涡核结构

（a）低涡流比

（b）中涡流比

（c）高涡流比

图 4.9　不同涡流比下的龙卷风形态特征

［见式（4.4）和式（4.5）］。一般来说，龙卷风物理模拟时不仅要求涡核结构的几何尺寸满足相似比要求，而且风场的涡流比和 Re_{t} 也要与全尺度的龙卷风相似，龙卷风足尺的 Re_{t} 一般介于 10^9～10^{11}，但 Church 等[115]研究表明：试验模拟时 Re_{t} 相比涡流比重要性次之，只要 Re_{t} 足够使流场为紊流即可。

$$S=\frac{r_0\Gamma}{2Qh_{\mathrm{d}}} \tag{4.4}$$

$$Re_{\mathrm{t}}=\frac{Q}{H\nu} \tag{4.5}$$

式中，S 为涡流比；Re_{t} 为径向雷诺数；r_0 为特征半径；Γ 为环流强度；Q 为单位轴向长度的体积流量；h_{d} 为入流层高度；ν 为空气运动黏性系数。

对于 Ward 型龙卷风模拟器，可通过调节升降平台高度 H 和导流板角度 θ_{V} 来改变涡流比［见式（4.6）］。试验中将升降平台高度固定在 H=300mm，通过调节导流板角度（θ_{V} =20°～60°）（见图 4.7）来改变龙卷风的涡流比（S=0.15～0.72）。

$$S=\frac{r_0}{2H}\tan\theta_{\mathrm{V}} \tag{4.6}$$

4.2.3　龙卷风风场特性

龙卷风的风场特性可通过切向风速 U、径向风速 V、轴向风速 W 和气压降 P 4 个参量来描述。其中，切向风速是龙卷风最主要的速度分量，气压降则是造成结构破坏的最主要因素。

图 4.10 给出了 S=0.72 时龙卷风切向风速 U 分布，其中，相对龙卷风涡核中心的距离 r 和竖向高度 h 均由 r_0 进行量纲归一化。可以看出：龙卷风涡核半径 r_{c}（同一高度沿 r 方向最大切向风速 $U_{\max}$ 的位置）沿 h 呈漏斗型分布，整个风场的最大切向速度出现在龙卷风底部靠近地表的涡核半径位置；沿 r 方向，切向速度呈 W 型分布，从涡核中心向外 U 先增大再减小，在 r_{c} 处达到最大值（见图 4.11）。图 4.12 将 5 种涡流比下的 U 与 Spencer[107]和 Mulhall[108]两次龙卷风的实测值进行了对比，其中，U 与 r 分别由 $U_{\max}$ 和 r_{c} 进行量纲归一化。可以看出：试验值与实测值吻合较好，也说明了该模拟器可以较好地模拟龙卷风的切向风速场。

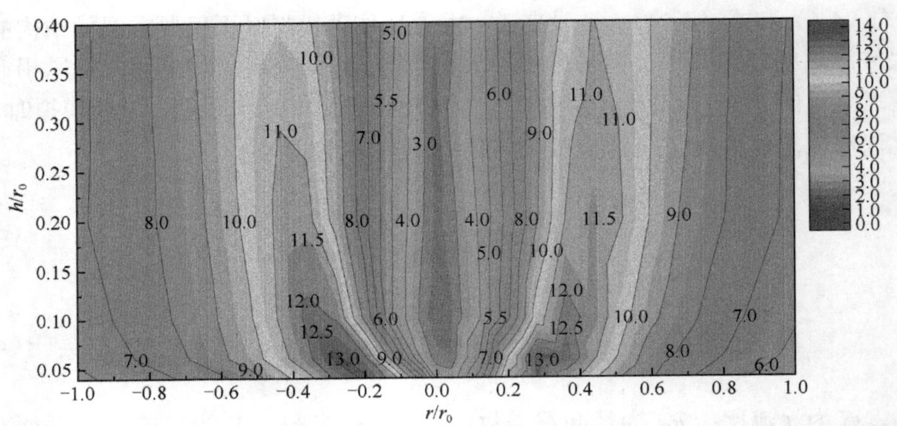

图 4.10　S=0.72 时龙卷风切向风速分布（单位：m/s）

彩图 4.10

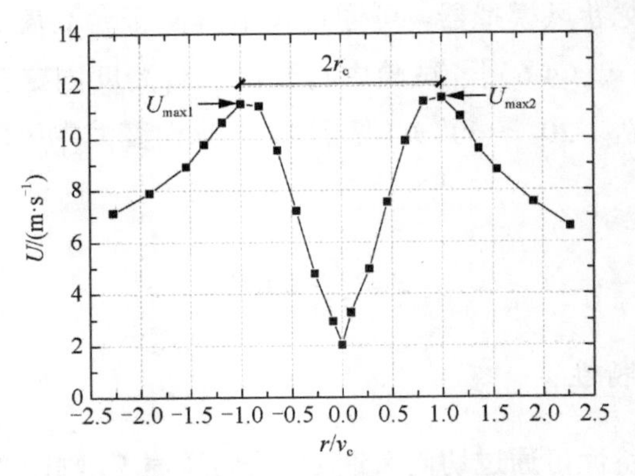

图 4.11　龙卷风切向风速呈 W 型分布

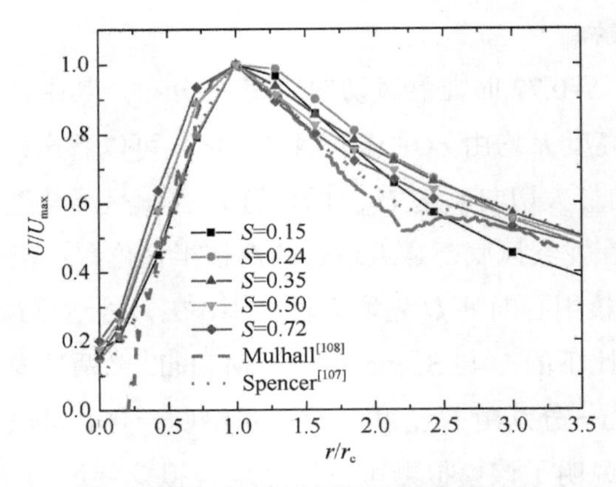

图 4.12　切向风速试验值与实测值对比

从龙卷风涡核中心（r/r_c=0）、涡核半径内（r/r_c=−0.27）、涡核半径上（r/r_c=−1）、涡核半径外（r/r_c=−1.55、r/r_c=−1.91）5 个位置的切向风速 U 沿高度方向的剖面可以看出：涡核半径内，U 随高度的增加而减小并逐渐趋于定值，出现该分布是龙卷风呈漏斗状的涡核结构导致的，当高度较低时，最大切向风速出现的涡核半径较小，随着高度的增加，最大切向风速出现的涡核半径逐渐增大；涡核半径处，U 随高度的增加先增大再减小；涡核半径外，U 随高度的增加而增大并趋于定值，类似于剪切流的风剖面（见图 4.13）。

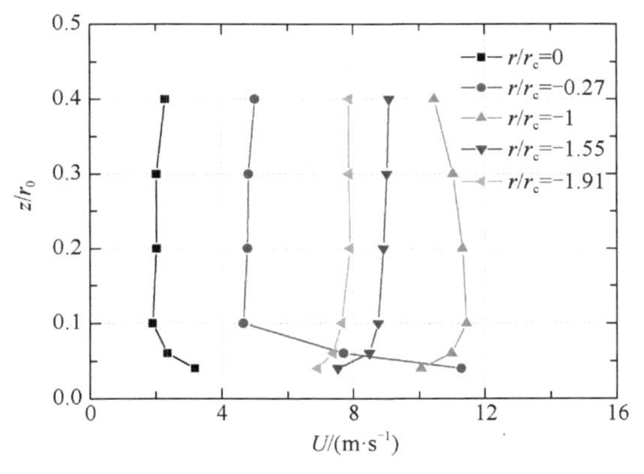

图 4.13　切向风速沿高度的变化

图 4.14 给出了切向风速 U 随涡流比 S 的变化。随着 S 的增大，切向风速最大值出现的位置距涡核中心越来越远，说明 S 的增大使涡核半径变大；同时，龙卷风最大切向风速 U_{max} 随着涡流比 S 的增大而增大并趋于稳定，且低涡流比下 U_{max} 的增幅大于高涡流比下（见图 4.15）。

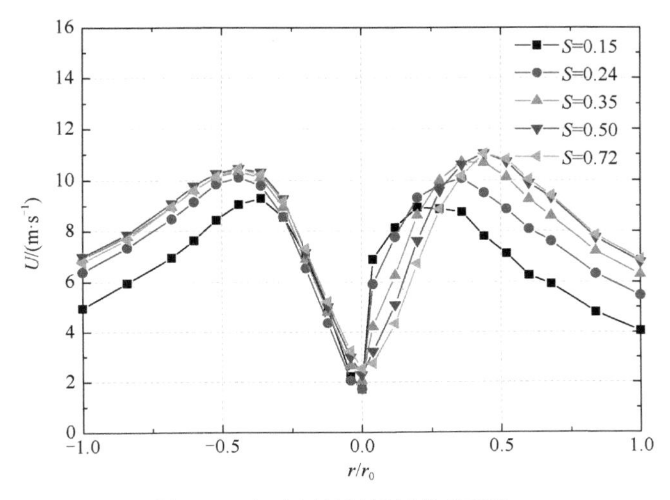

图 4.14　切向风速随涡流比的变化

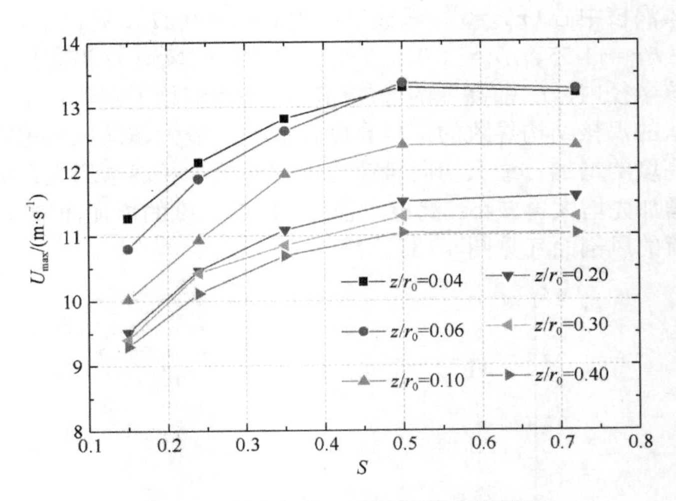

图 4.15　最大切向风速随涡流比的变化

径向风速 V 表示龙卷风周围气流向涡核中心汇聚的速度。图 4.16 给出了 S=0.72 时的 V 分布，正/负值分别表示气流从四周流出/流向涡核中心。可以看出：涡核中心以外，气流向龙卷风中心汇聚；涡核中心附近，气流从中心向外流出；V 的最大值出现在龙卷风底部靠近地表附近。轴向风速 W 表示龙卷风风场中气流上升的速度。图 4.17 给出了 S=0.72 时的 W 分布，正/负值分别表示上升/下降气流。可以看出：涡核半径处上升气流速度最大，涡核半径外气流下降；由于涡流比较大，涡核中心出现了下降气流。

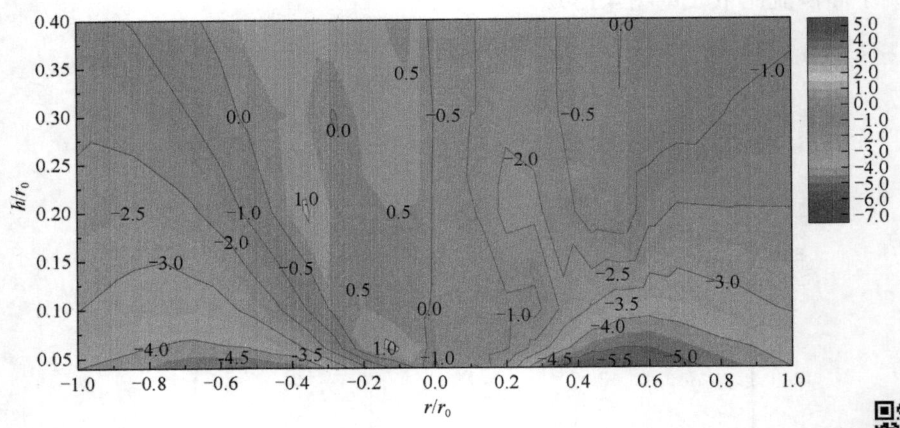

图 4.16　S=0.72 时龙卷风径向风速分布（单位：m/s）

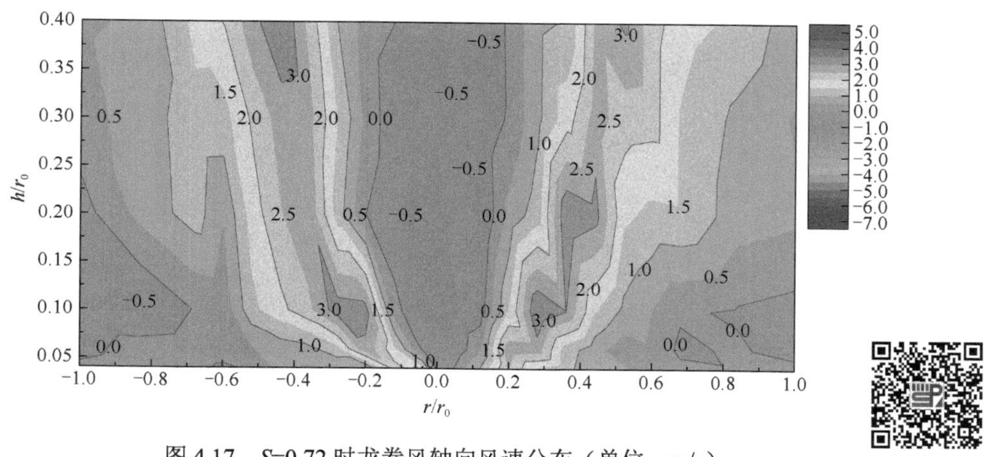

图 4.17　S=0.72 时龙卷风轴向风速分布（单位：m/s）

彩图 4.17

为了显示龙卷风二维涡核结构，将 V 和 W 进行矢量求和。图 4.18 分别给出了 5 种涡流比下的涡核结构，可以看出：低涡流比下，龙卷风涡核结构中只有上升气流，为单核；高涡流比下，涡核中心出现了明显的下降气流，为双核龙卷风；因此，涡流比增大，龙卷风从单核向双核转变；同时，涡核中心两侧的空气流速不对称，说明了龙卷风涡核结构的不对称。

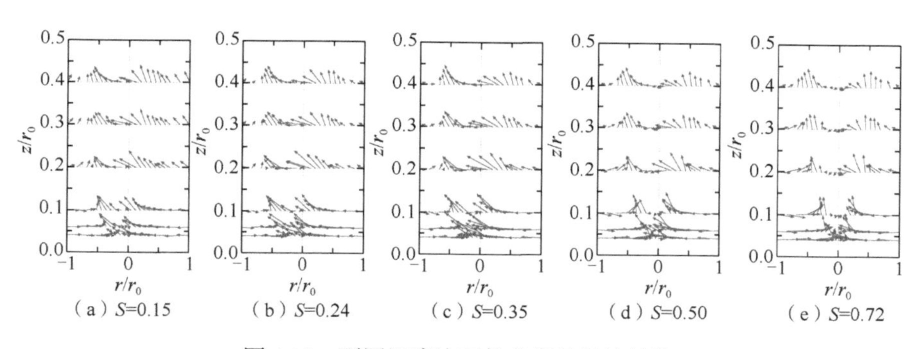

图 4.18　不同涡流比下的龙卷风涡核结构

图 4.19 给出了 S=0.72 时的气压降 P 分布，可以看出：涡核中心气压降最大，距离涡核中心越远，气压降越小。将 5 种涡流比下的气压降与 Rankine 理论模型和 Manchester 实测值[109]进行对比（见图 4.20），分布形式上试验值与实测值吻合较好，均为非对称 V 型分布，Rankine 模型则为对称 V 型分布；数值上试验值与 Rankine 模型较为接近，但与实测值存在一定偏差，这是由于试验中无法再现某个特定的龙卷风。从 P 随 S 的变化来看：S 越大，P 越大，说明涡流比越大，龙卷风中心的负压越强，龙卷风产生的吸力越大。

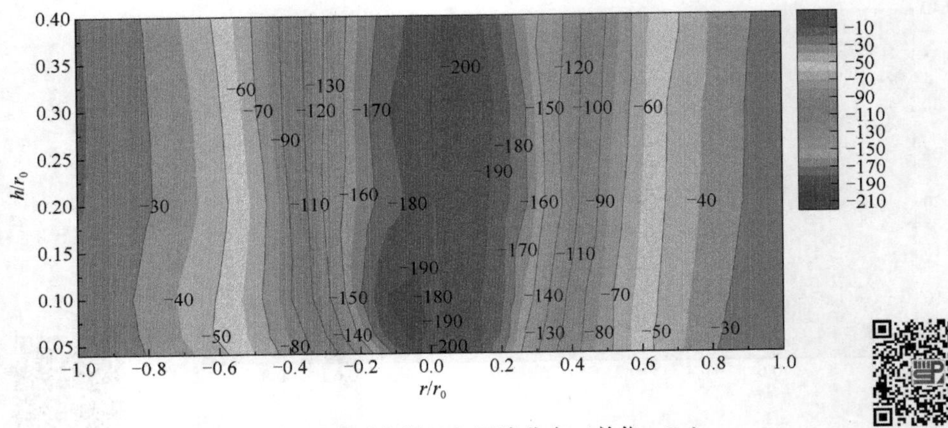

图 4.19 S=0.72 时龙卷风气压降分布（单位：Pa）

彩图 4.19

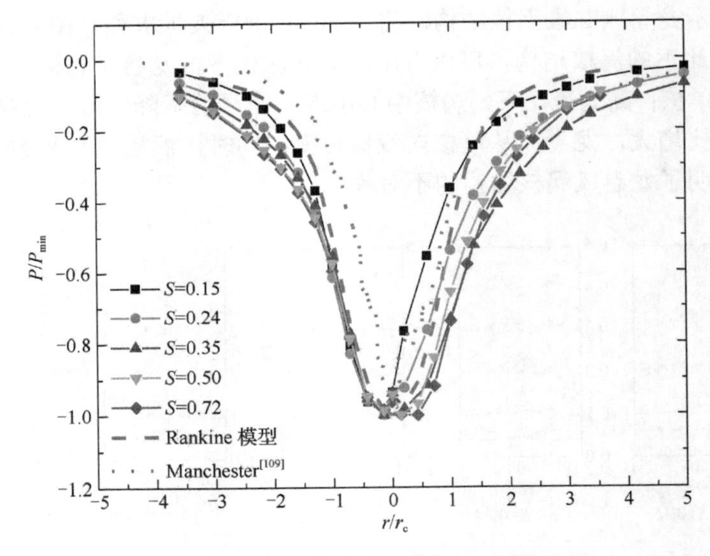

图 4.20 龙卷风气压降随涡流比的变化

4.3 龙卷风作用冷却塔整体风荷载特性

4.3.1 刚性模型测力试验

在传统的大气边界层风洞试验中，风荷载作用下的冷却塔整体基底内力包括顺风向的阻力和垂直顺风向的升力，整体风荷载可以通过测力天平直接测得，也可以通过表面风压积分获得。在龙卷风作用下，冷却塔整体风荷载应考虑沿水平方向的整体合力、绕水平轴的倾覆力矩、沿竖向的上拔力和绕竖轴的扭矩。图 4.21 为几何缩尺比 λ_L 为 1/1500 的刚性测力模型。模型采用铝锭并通过数控铣床加工而成，保证了模型在具有足够刚度的同时质量足够轻，采用锤击激振法获得的模型基频为 88.36Hz，满足测力试验模型频率要求。

图 4.21　1∶1500 刚性测力模型

测力设备采用 ATI 公司 Nano43 F/T 六分量测力天平（见图 4.22）。该天平测力的量程为 9N，测量力矩的量程为 125N·m，测量精度均为 1%。试验时信号的采样频率为 600Hz，采样时间为 60s。

图 4.22　Nano43 F/T 六分量测力天平

冷却塔整体风荷载采用整体基底内力系数作度量，定义如下：

$$C_{\mathrm{f}} = \frac{f}{\rho U_{\max}^2 A/2} \tag{4.7}$$

式中，f 为天平测出的力 F 或者力矩 M，包括垂直龙卷风移动方向的力 F_X、沿龙卷风移动方向的力 F_Y、沿竖向的力 F_Z、绕 X 轴的力矩 M_X（即沿龙卷风移动方向的水平倾覆力矩）、绕 Y 轴的力矩 M_Y（即垂直龙卷风移动方向的水平倾覆力矩）

和绕 Z 轴的扭矩 M_Z，对应的无量纲系数分别为 C_{F_X}、C_{F_Y}、C_{F_Z}、C_{M_X}、C_{M_Y} 和 C_{M_Z}；水平力 F_X 和 F_Y 的矢量和定义为水平合力 F_T，对应的无量纲系数为 C_{F_T}；水平倾覆力矩 M_X 和 M_Y 的矢量和定义为水平倾覆合力矩 M_T，对应的无量纲系数为 C_{M_T}。计算力时 A 为冷却塔沿龙卷风移动方向的投影面积，计算力矩时 A 为冷却塔沿龙卷风移动方向的投影面积与特征尺寸的乘积，计算 M_X 和 M_Y 时特征尺寸为冷却塔高度，计算 M_Z 时特征尺寸为塔筒喉部直径。ρ 为空气密度。U_{max} 为龙卷风最大切向速度。力和力矩的正方向定义见图 4.23。

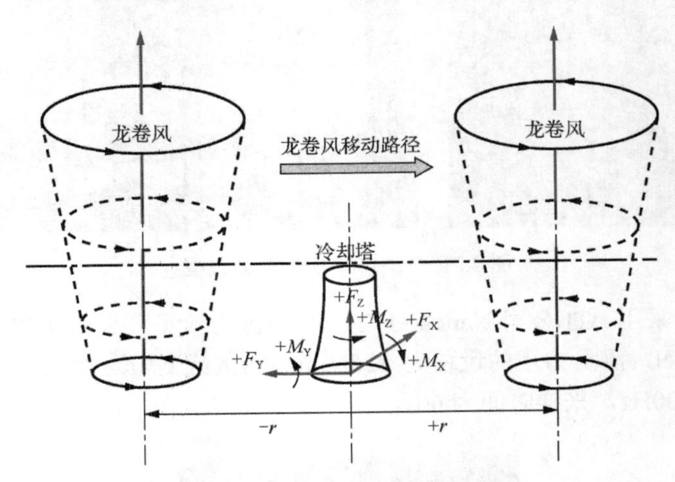

图 4.23　力和力矩的正方向定义

4.3.2　整体风荷载分布

图 4.24（a）和（b）分别给出了水平力 F_X、F_Y 随冷却塔与龙卷风相对距离 r 的分布，可以看出：随着龙卷风从左侧逐渐靠近冷却塔，F_X、F_Y 先增大再减小，当冷却塔位于龙卷风一侧的涡核半径处时最大，当冷却塔位于龙卷风涡核中心时最小；随着龙卷风向右侧逐渐远离冷却塔，F_X、F_Y 呈先增大再减小，当冷却塔位于龙卷风另一侧的涡核半径处时最大，随着冷却塔远离涡核半径，水平力逐渐减小。由于水平力由龙卷风切向速度和径向速度共同产生，其中又以切向风速的影响最大，而龙卷风涡核半径处的切向速度最大，从而使位于涡核半径处的冷却塔所受水平力最大。图 4.24（c）给出了竖向力 F_Z 随 r 的分布，与 F_X、F_Y 的分布不同，当冷却塔位于龙卷风涡核中心时 F_Z 最大，这是因为 F_Z 由龙卷风轴向速度和气压降共同产生，其中又以气压降的作用占主导，龙卷风涡核中心处的气压降最大，从而使位于涡核中心处的冷却塔所受竖向力最大。

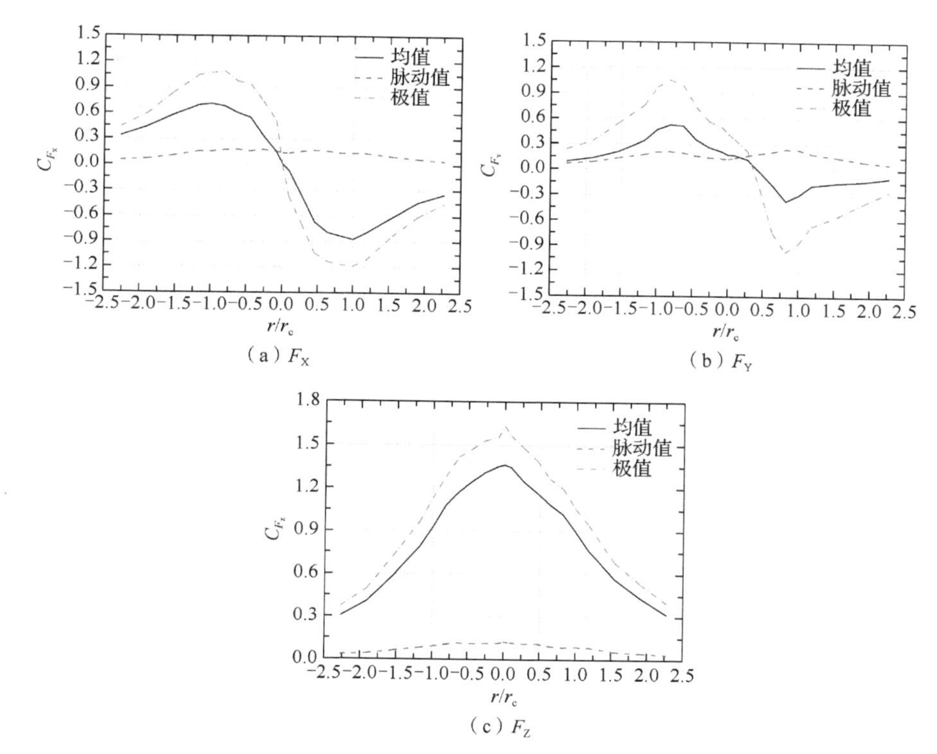

（a）F_X　（b）F_Y　（c）F_Z

图 4.24　冷却塔整体基底内力随相对龙卷风距离的变化

为了比较切向风速和气压降对龙卷风风场中不同位置处的冷却塔整体力的影响程度，将水平合力 F_T 与竖向力 F_Z 的极值进行了对比（见图 4.25）。可以看出：当冷却塔位于龙卷风涡核中心时，整体力中由气压降产生的 F_Z 占主导；随着冷却塔相对龙卷风从涡核中心向涡核半径移动的过程中，冷却塔所受的切向速度逐渐增大，气压降逐渐减小，导致 F_T 逐渐增大，F_Z 逐渐减小；当冷却塔位于涡核半径时，F_T 大于 F_Z，说明切向速度对冷却塔整体力的影响大于气压降；随着冷却塔相对龙卷风向涡核半径外移动，龙卷风风场中的切向速度与气压降均减小，此时 F_T 大于 F_Z，说明当冷却塔位于龙卷风涡核半径外时，切向速度对冷却塔基底内力的影响仍大于气压降。

图 4.26 给出了 M_X、M_Y、M_Z 随 r 的分布。由于 M_X、M_Y 分别由 F_Y、F_X 产生，因此 M_X、M_Y 与对应的 F_Y、F_X 的分布规律相同，当冷却塔位于涡核半径时 M_X、M_Y 最大，当冷却塔位于龙卷风涡核中心时 M_X、M_Y 最小。M_Z 由龙卷风旋转产生，龙卷风涡核中心的旋转最强，导致冷却塔位于涡核中心时的 M_Z 最大。由于 M_X、M_Y 的无量纲化采用塔筒高度作为特征尺寸，M_Z 的无量纲化采用塔筒喉部直径作为特征尺寸，M_Z 约为 M_X、M_Y 的 1/10～1/8，因此，龙卷风荷载作用下冷却塔所受的扭转效应相比水平倾覆效应可以近似忽略。

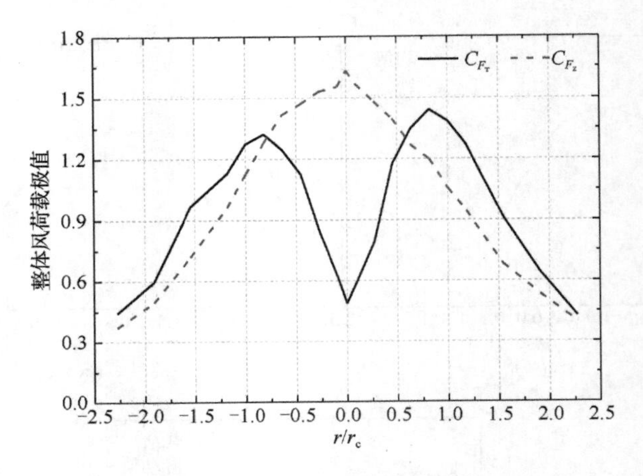

图 4.25　F_T 与 F_Z 的极值对比

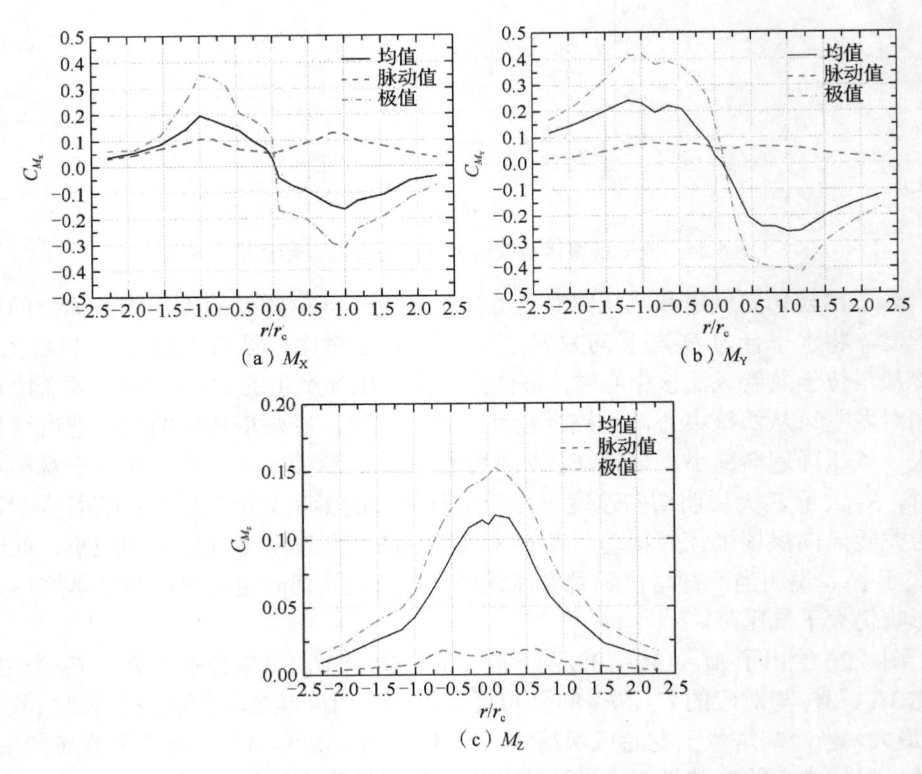

图 4.26　冷却塔整体基底力矩随相对龙卷风距离的变化

图 4.27 分别给出了 F_T（F_X 与 F_Y 的合力）、F_Z、M_T（M_X 与 M_Y 的合力矩）和 M_Z 随涡流比 S 的变化，可以看出：当冷却塔位于龙卷风涡核半径内时，低涡流比

下的基底内力大于高涡流比下的；当冷却塔位于龙卷风涡核半径外时，低涡流比下的基底内力小于高涡流比下的。考虑到冷却塔位于龙卷风涡核半径时的整体基底内力最大，因此低涡流比下的冷却塔所受整体风荷载最大。

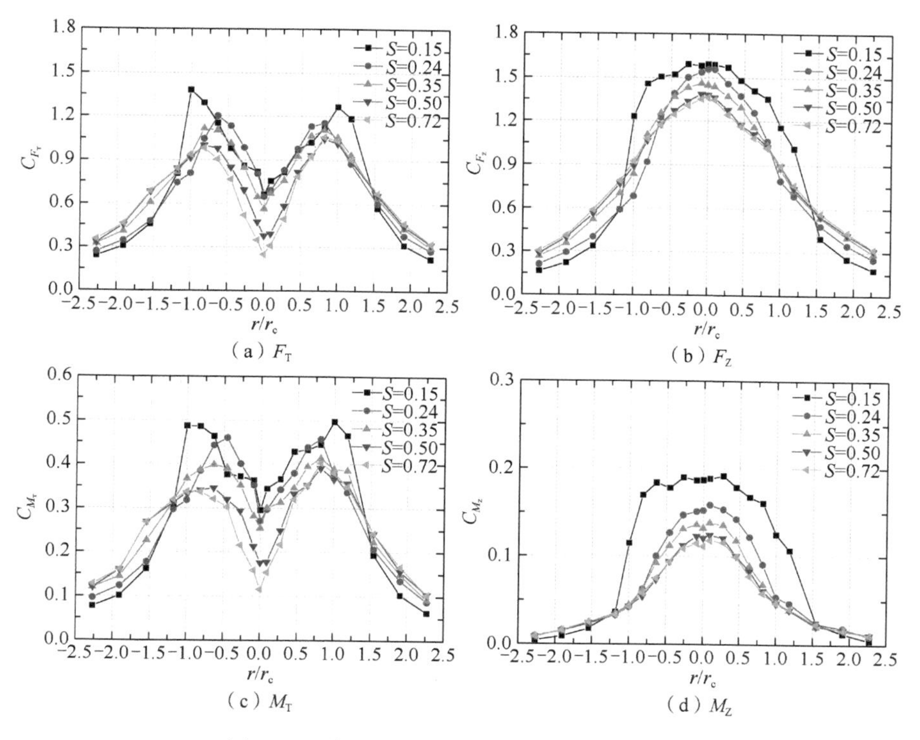

图 4.27　冷却塔整体风荷载随涡流比的变化

4.4　龙卷风作用冷却塔表面风压特性

4.4.1　刚性模型测压试验

为了获得龙卷风作用下冷却塔表面风压特性，采用铝锭并通过数控铣床加工了几何缩尺比 λ_L 为 1/1500 的刚性测压模型［见图 4.28（a)]，在模型外表面沿子午向均匀布置了 6 层测压点［见图 4.28（b)]，在具有代表性的塔筒喉部位置（即第二层测压点高度）布置了内压测点，每层沿环向每隔 30° 等间距布置 12 个测压点［见图 4.28（c)]，整个塔筒表面共计 84 个测压点，其中，外压测点 72 个，内压测点 12 个。在龙卷风风洞试验中，由于缺乏基于实测的雷诺数效应模拟准则，同时涡流比对冷却塔表面风压的影响远大于雷诺数效应，即雷诺数效应相比于龙卷风涡流比是次要因素，因此测压和测力模型均采用了光滑外表。

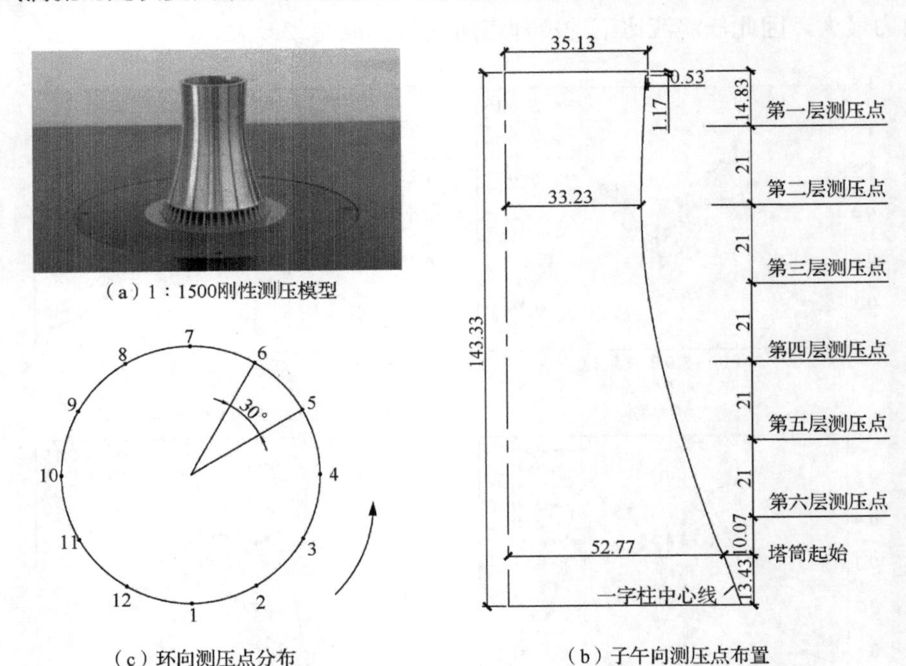

（a）1：1500刚性测压模型

（c）环向测压点分布

（b）子午向测压点布置

图 4.28 测压模型表面测压点布置

测压设备采用 PSI 公司的 DTC Initium 电子式动态压力扫描阀。试验中风速比 λ_U=1：10，对应的频率比 λ_f =150：1。风压的采样频率为 600Hz，换算到原型结构的有效频率为 2Hz，该有效频率包含了 80 阶以上的结构自振频率。每个测压点的采样时间为 60s。风压符号约定为压力为正、吸力为负。

风压系数定义如下：

$$C_p(t,\theta,z)=\frac{p(t,\theta,z)-p_\infty}{\rho U_{\max}^2/2} \tag{4.8}$$

式中，$p(t,\theta,z)$ 为 z 高度处环向角度 θ 下的风压时程；$U_{\max}$ 为龙卷风最大切向速度；p_∞ 为远离风场的静压。

4.4.2 外表面风荷载

图 4.29 给出了冷却塔位于龙卷风风场中不同位置时（涡核中心 r/r_c=0、涡核半径内 r/r_c=−0.27、涡核半径上 r/r_c=−1、涡核半径外 r/r_c=−1.91）的塔筒外表面平均风压分布［测压点编号见图 4.30（a），冷却塔与龙卷风相对位置见图 4.30（b）～

(e)]。其中，最显著的特征是龙卷风作用下塔筒外表面均为负压，这与良态风、台风下冷却塔外表面在迎风区为正压，在侧风区、背风区为负压存在明显差异，而这种差异来源于龙卷风的气压降。当冷却塔位于龙卷风涡核中心时，外压沿环向近似均匀分布，此处的塔筒外压基本仅受气压降的影响；随着冷却塔逐渐远离龙卷风涡核中心，切向速度的影响逐渐增大，切向来流如同剪切流作用在塔筒外表面，使外压呈现类似《火力发电厂水工设计规范》（DL/T 5339—2018）[4]中的平均风压分布形式（或称八项式曲线风压分布形式），并产生了迎风区“驻点”；当冷却塔相对龙卷风从涡核半径内向涡核半径外移动时（即 r/r_c 从-0.27 到-1 再到-1.91 的过程中），由切向来流产生的塔筒外表面“驻点”从 3 号点向 1 号点移动，同时环向风压的波动性先增大再减小，并在冷却塔位于龙卷风涡核半径时最大。

从外表面脉动风压分布来看(见图 4.31)：当冷却塔位于龙卷风涡核半径处时，外压的脉动值最大，这由涡核半径附近切向速度和气压降的脉动性均为最大导致。但图 4.31（d）中塔筒下部在 r/r_c=-0.27 处脉动值就达到最大，这与龙卷风漏斗型涡核结构和双曲冷却塔的截面形态有关，龙卷风下部涡核半径小，而双曲冷却塔底部直径大，此处的塔底直径已接近龙卷风在该高度处的涡核半径。

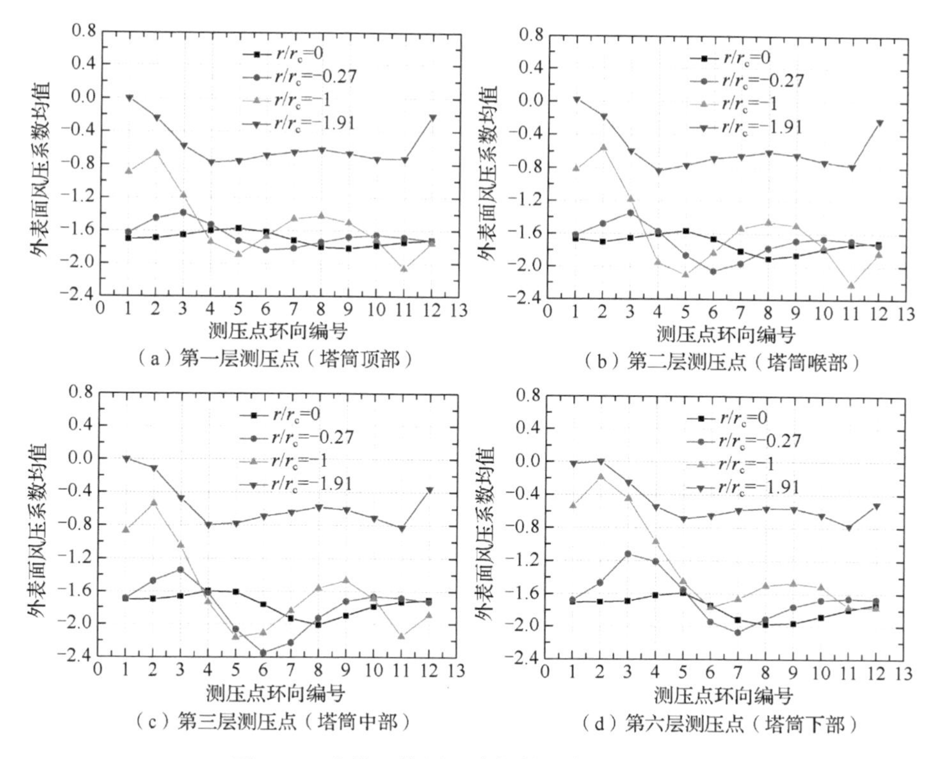

（a）第一层测压点（塔筒顶部）　（b）第二层测压点（塔筒喉部）

（c）第三层测压点（塔筒中部）　（d）第六层测压点（塔筒下部）

图 4.29　龙卷风作用下冷却塔外表面风压均值

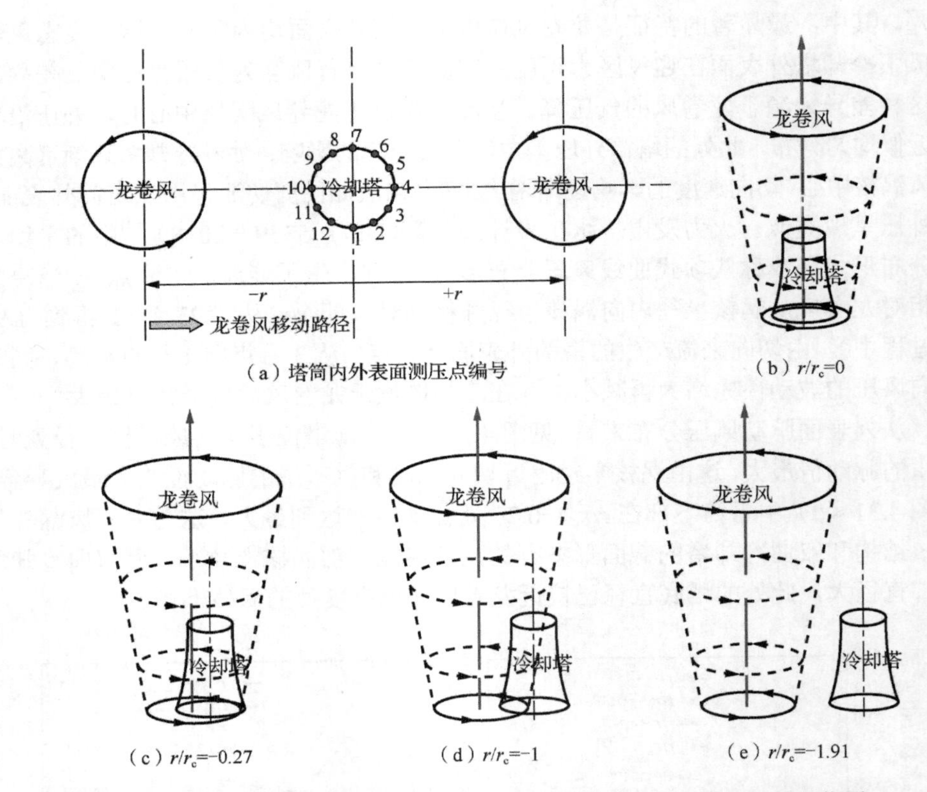

图 4.30　塔筒内外表面测压点沿环向的编号以及冷却塔与龙卷风的相对位置

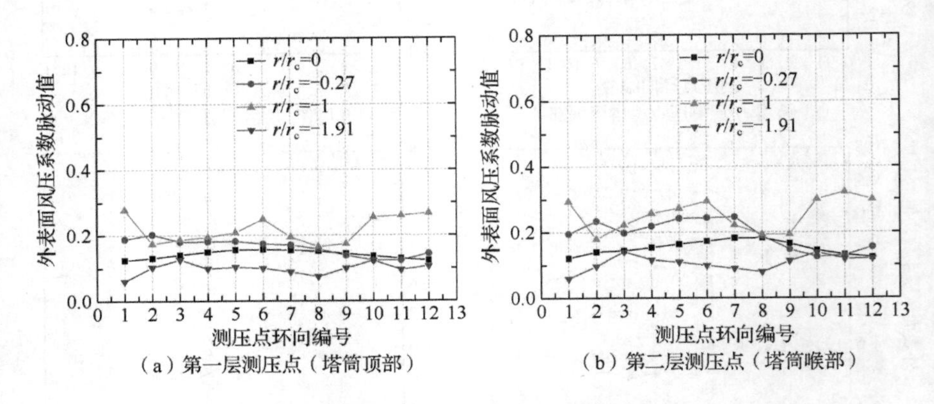

图 4.31　龙卷风作用下冷却塔外表面风压脉动值

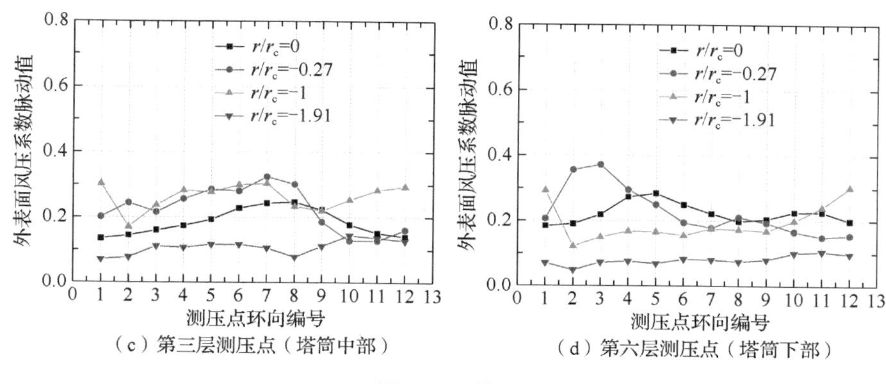

（c）第三层测压点（塔筒中部）　　（d）第六层测压点（塔筒下部）

图 4.31（续）

将 1 号点定义为环向 0° 角，该点可以近似看作切向来流的驻点，分别计算 2～12 号点与 1 号点的环向相关系数（见图 4.32）。随着冷却塔逐渐远离龙卷风涡核中心，风压沿环向的相关系数逐渐呈 W 型分布，60°～90°（即 3～4 号点）和 270°～300°（即 10～11 号点）处的风压与驻点风压的相关性较强，这两个区域可以看作切向来流在塔筒表面绕流形成的侧风区，但是相比台风、良态风下塔筒表面侧风区风压与驻点风压的相关性要小，这是由于风场中径向来流与轴向来流对切向绕流的抑制作用；同时，W 型分布并不对称，涡核外一侧（即 60°～90°）的相关性大于涡核内的一侧（即 270°～300°），这也是由于涡核内龙卷风的径向速度和轴向速度大于涡核外，导致涡核内的径向来流和轴向来流相比涡核外更强。

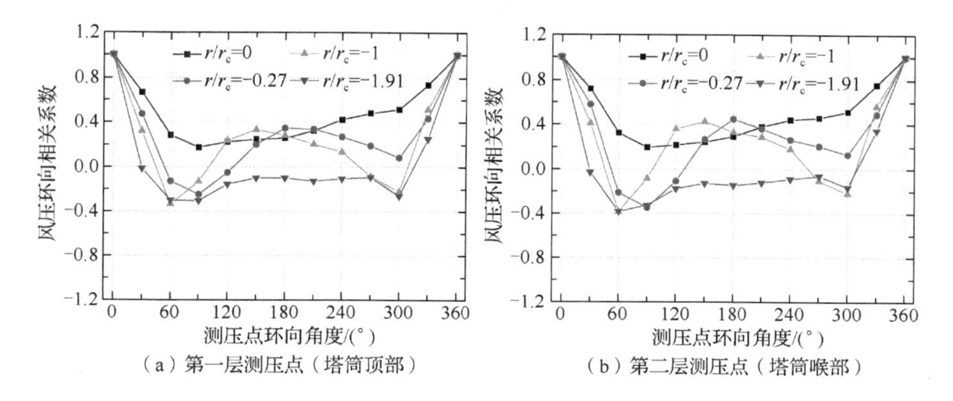

（a）第一层测压点（塔筒顶部）　　（b）第二层测压点（塔筒喉部）

图 4.32　外压环向相关系数分布

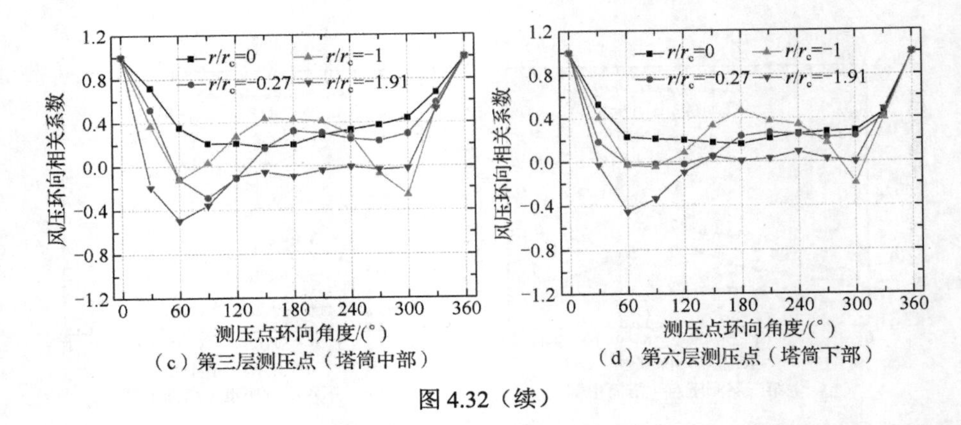

（c）第三层测压点（塔筒中部）　（d）第六层测压点（塔筒下部）

图 4.32（续）

以第一层测压点风压（即塔顶风压）作为参考风压的子午向相关系数随着距离的增大而减小（见图 4.33），当冷却塔位于龙卷风涡核中心时，风压沿子午向的相关性最强，这是由于此处的塔筒风压主要由气压降产生，而当冷却塔相对龙卷风位于涡核中心之外的其他位置时，塔筒表面风压是气压降和龙卷风三维风速场共同作用的结果。

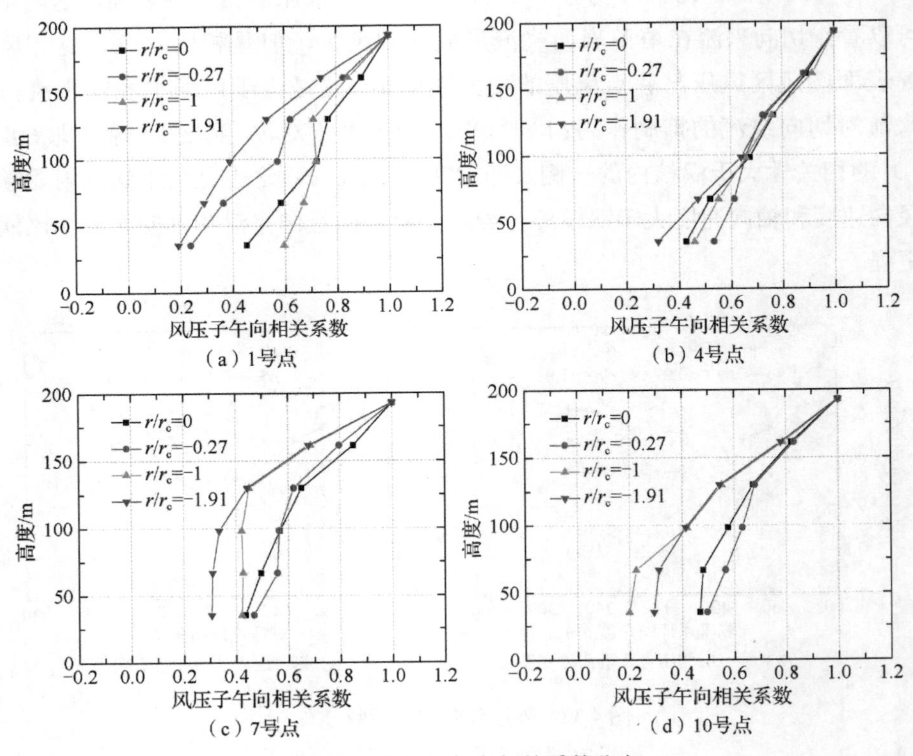

（a）1号点　（b）4号点

（c）7号点　（d）10号点

图 4.33　外压子午向相关系数分布

根据塔筒外表面所有测压点风压的偏度-峰度关系（见图 4.34）可以看出：龙卷风作用下塔筒外压的概率密度曲线相比高斯分布呈负偏态高峰度，即“负偏尖削”的非高斯分布；随着冷却塔相对龙卷风从涡核中心向外，风压整体的非高斯性先增大再减小，当冷却塔位于龙卷风涡核半径内时最大。

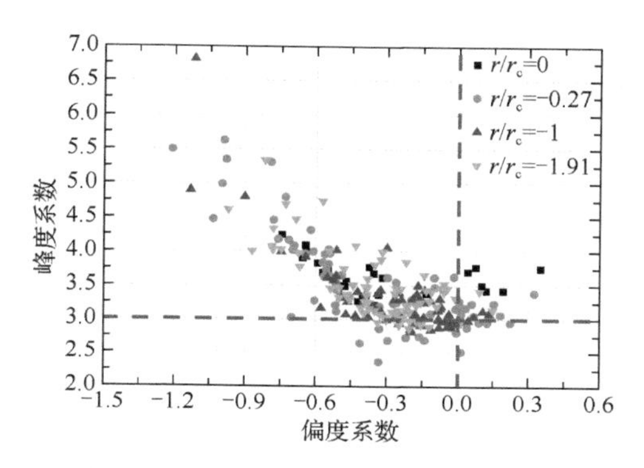

图 4.34　外压的偏度-峰度分布曲线

分别采用第 3 章中的 Davenport 法、Sadek 和 Simiu 法、Hermite 法以及具有 95%、99.5%保证率的目标概率法对龙卷风作用下外压的峰值因子进行估计（见图 4.35）。可以看出：Davenport 法、Sadek 和 Simiu 法以及 Hermite 法计算出的外压峰值因子均偏大，因此用于估计龙卷风作用下的外压极值均过于保守；当冷却塔位于龙卷风风场中不同位置时，具有 95%保证率的外压概率峰值因子约为 1.7，具有 99.5%保证率的外压概率峰值因子在 2～3 之间。

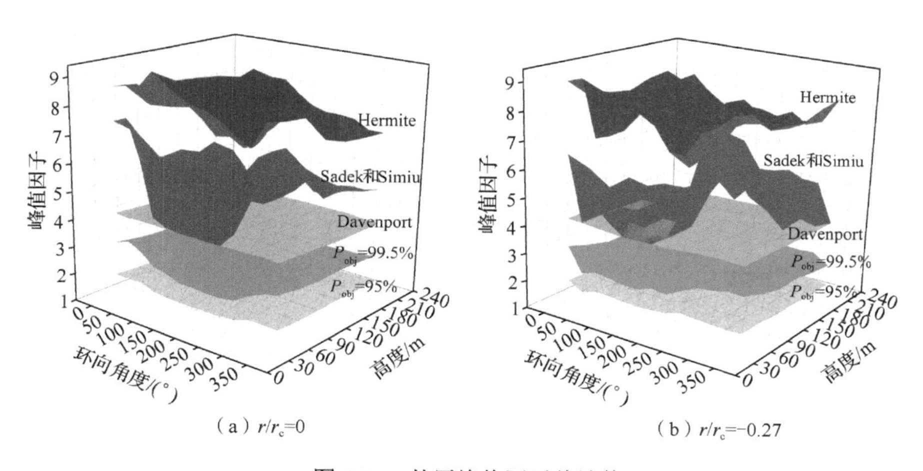

（a）r/r_c=0　（b）r/r_c=−0.27

图 4.35　外压峰值因子估计值

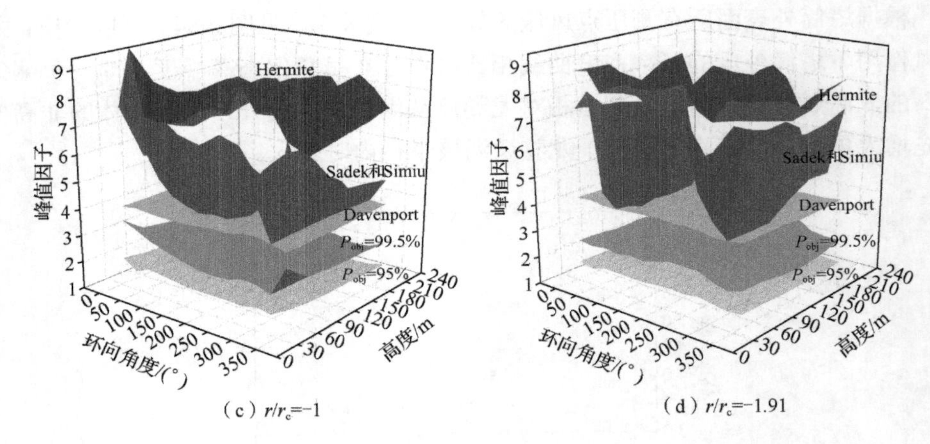

（c）r/r_c=−1　（d）r/r_c=−1.91

图 4.35（续）

4.4.3　内表面风荷载

图 4.36 给出了 S=0.72 时冷却塔相对龙卷风涡核中心不同距离的环向内压分布，其中，r 由 r_c 进行量纲归一化。由图可以看出：内压均值和脉动值沿环向分布均匀，当冷却塔位于龙卷风涡核中心（r/r_c=0）时，内吸力最大，内压的脉动性也最强，随着冷却塔逐渐远离龙卷风涡核中心，内吸力逐渐减小；同时，与平均值相比，内压脉动值较小，说明内压时程的波动性较小；内压的分布特征说明其受塔筒外部龙卷风三维风场的影响较小，主要受龙卷风气压降的影响。

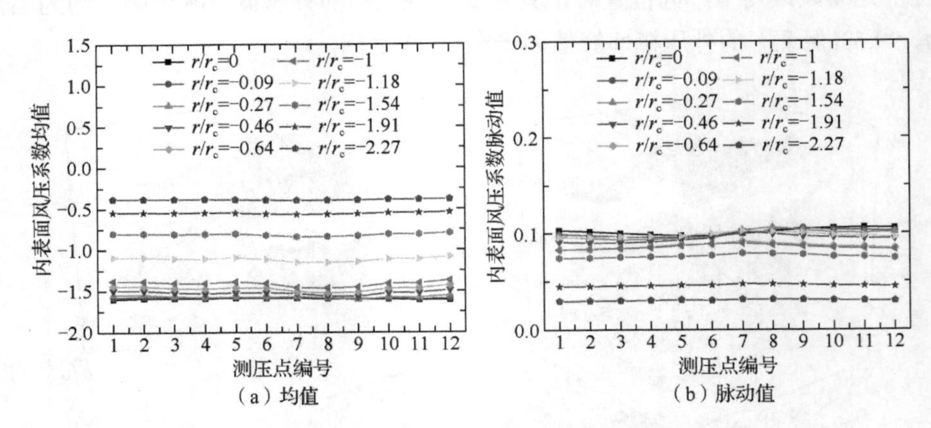

（a）均值　（b）脉动值

图 4.36　S=0.72 时龙卷风作用下冷却塔内表面风压分布

图 4.37 给出了不同涡流比龙卷风下的冷却塔内压分布，其中，内压均值/脉动值是对相同 r_m（龙卷风与冷却塔相对距离）处环向 12 个内压测点平均/脉动内压系数取算术平均值。从均值分布来看：当冷却塔位于龙卷风涡核半径内（$0 \leqslant |r/r_c| \leqslant 1$）

时，内压系数绝对值随着 S 的增大而减小，即 S 越大，内吸力越小；当冷却塔位于龙卷风涡核半径以外（$|r/r_c|>1$）时，内压系数绝对值随着 S 的增大而增大，即 S 越大，内吸力越大。从脉动值分布来看：$0\leqslant|r/r_c|\leqslant1$ 的内压脉动性最大，$|r/r_c|>1$ 的内压脉动性迅速减小，同时，低涡流比龙卷风作用下的内压脉动性大于高涡流比龙卷风作用下的。

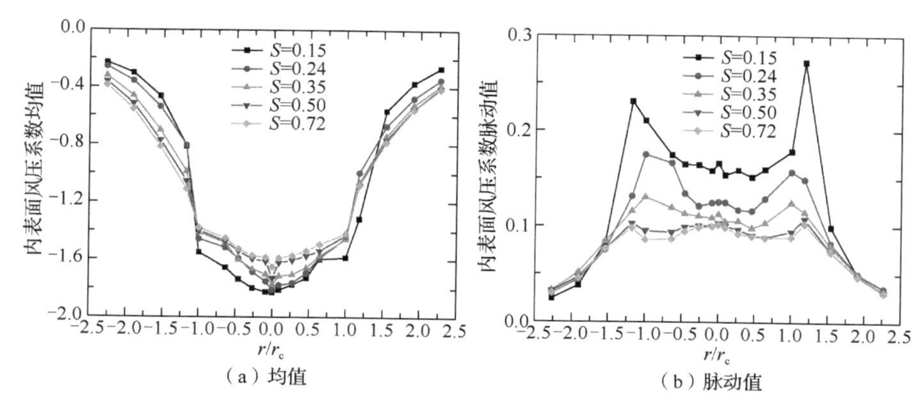

图 4.37　不同涡流比龙卷风作用下冷却塔内表面风压分布

从 S=0.72 时所有内压测点与 1 号测压点间的环向相关系数分布来看［见图 4.38（a）］，随着测压点沿环向逐渐远离 1 号点，相关性逐渐减弱，但是即便是与 1 号点相背离的 7 号测压点，二者之间的相关系数也约为 0.90。图 4.38（b）所示为不同涡流比龙卷风作用下冷却塔内压相关系数。

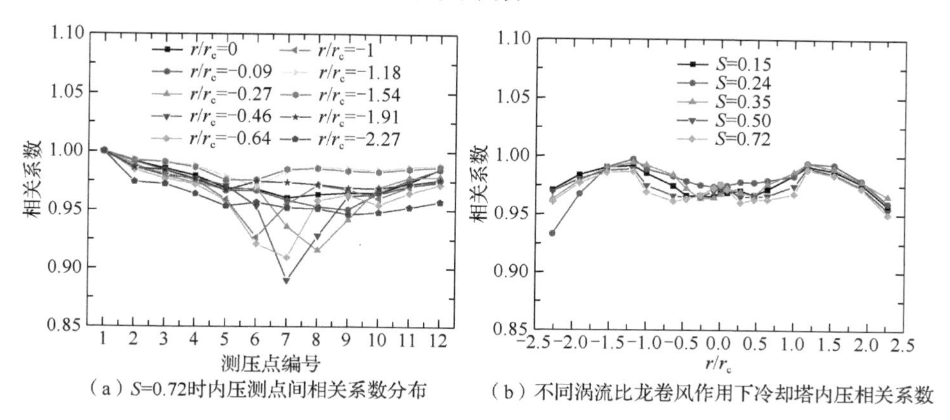

图 4.38　冷却塔内表面风压相关系数

图 4.39 给出了冷却塔位于龙卷风风场中不同位置时具有 99.5%保证率的内压概率峰值因子分布。可以看出：内压峰值因子沿环向分布均匀，并随着冷却塔逐渐远离龙卷风涡核中心，峰值因子先减小再增大；当冷却塔位于龙卷风涡核半径

处时峰值因子最小，为 2.62；当冷却塔位于龙卷风涡核半径外时峰值因子最大，为 2.93。

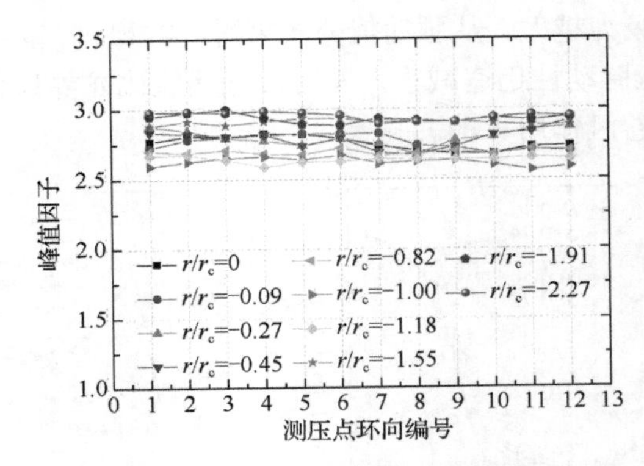

图 4.39　内表面风压峰值因子分布

从不同涡流比龙卷风作用下冷却塔内表面风压随龙卷风与冷却塔相对位置的变化趋势［见图 4.37（a）］可以看出，其分布形式与龙卷风气压降的分布形式相似（见图 4.20），服从 Rankine 模型的 V 型分布，基于 Rankine 二维涡旋模型的龙卷风气压降表述如下：

$$\frac{P(r)}{P_{\min}}=\begin{cases}-\dfrac{1}{2}\left(2-\dfrac{r^2}{r_c^2}\right) & 0\leqslant r\leqslant r_c\\ -\dfrac{1}{2}\dfrac{r_c^2}{r^2} & r>r_c\end{cases} \tag{4.9}$$

式中，$P(r)$ 为距离龙卷风涡核中心位置 r 处的龙卷风气压降；$P_{\min}$ 为龙卷风涡核中心的气压降；r_c 为龙卷风涡核半径。

由于龙卷风作用下的冷却塔内压主要受气压降的影响，将内压均值表述为与 Rankine 模型相似的形式，公式如下：

$$x(r)=\begin{cases}1-\dfrac{1}{2}\dfrac{r^2}{r_c^2} & 0\leqslant |r|\leqslant r_c\\ \dfrac{1}{2}\dfrac{r_c^2}{r^2} & |r|>r_c\end{cases} \tag{4.10}$$

$$y(r)=\frac{\mu_P(r)}{\mu_{\min}} \tag{4.11}$$

式中，$\mu_P(r)$ 为距离龙卷风涡核中心 r 位置处的冷却塔内压均值；$\mu_{\min}$ 为处于龙卷风涡核中心位置的冷却塔内压均值。

图 4.40 给出了 S=0.72 时 y 与 x 的拟合关系。冷却塔内压随其相对龙卷风的位

置呈对数分布关系，并且试验值与拟合值吻合较好（见图 4.41）。表 4.2 给出了 5 种涡流比下的内压拟合关系。可以看出：不同涡流比下，冷却塔内压与其相对龙卷风的距离均满足对数分布关系，其中拟合关系式中的常数项均为 1，对数项因子为 0.32～0.40。

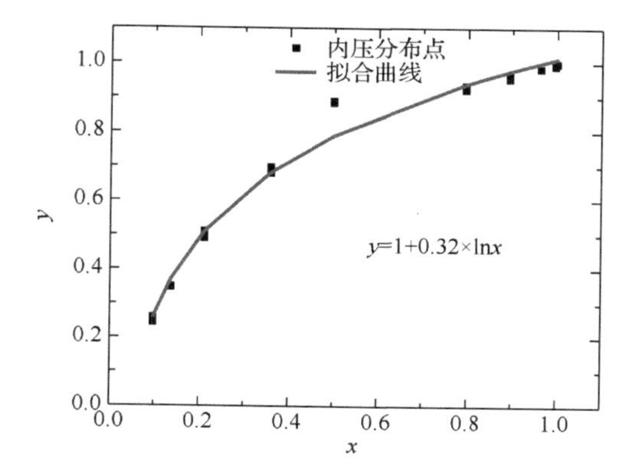

图 4.40　S=0.72 时内压分布拟合关系

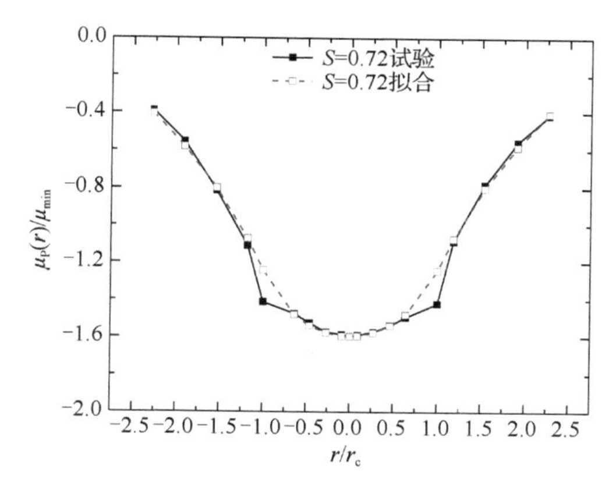

图 4.41　内压试验值与拟合值对比

表 4.2　5 种涡流比下的内压拟合关系

S	拟合关系
0.15	y=1+0.40×ln$x$
0.24	y=1+0.37×ln$x$
0.35	y=1+0.35×ln$x$
0.50	y=1+0.34×ln$x$
0.72	y=1+0.32×ln$x$

实际工程设计中一般采用最不利荷载，对 5 种龙卷风涡流比下的冷却塔内压均值取最不利分布，并采用上述模型进行拟合（见图 4.42）；其中，冷却塔位于龙卷风涡核中心的内压均值取-1.82，对数拟合公式的常数项和对数项因子分别取 1 和 0.34［见公式（4.12）］，与《火力发电厂水工设计规范》（DL/T 5339—2018）[4] 中定义的良态气候下冷却塔内压均值-0.5 相比，龙卷风产生的内吸力大于良态气候，这将不利于塔筒局部风致稳定性。

$$\mu_{\mathrm{P}}(r)=\begin{cases}-1.82\times\left[1+0.34\times\ln\left(1-\dfrac{1}{2}\dfrac{r^{2}}{r_{\mathrm{c}}^{2}}\right)\right] & 0\leqslant r\leqslant r_{\mathrm{c}}\\ -1.82\times\left[1+0.34\times\ln\left(\dfrac{1}{2}\dfrac{r_{\mathrm{c}}^{2}}{r^{2}}\right)\right] & r>r_{\mathrm{c}}\end{cases}\tag{4.12}$$

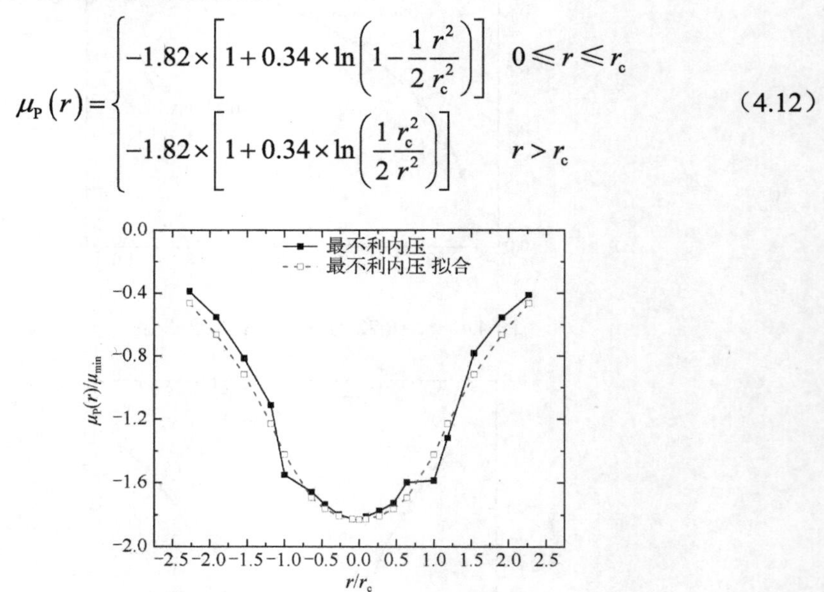

图 4.42 最不利内压值拟合

4.4.4 内外表面净风荷载

龙卷风作用下冷却塔表面风荷载主要受气压降和切向速度的影响，其中，气压降使塔筒内外表面产生了均匀分布且数值相等的负压，切向速度则在塔筒表面绕流形成了八项式曲线风压。内压主要受气压降的影响，外压是气压降和切向风速共同作用的结果，可看成八项式曲线风压向负压方向进行了平移，而内外表面净压则是由切向风速引起的八项式曲线风压（见图 4.43）。

图 4.44（a）给出了 S=0.72 时龙卷风风场下塔筒喉部位置的净压曲线。当龙卷风从塔筒中心逐渐向$-r$ 方向移动时，塔筒净压的驻点逐渐从 5 号点位置向 1 号测点过渡；当龙卷风完全离开冷却塔后，净压的驻点位置始终为 1 号点。将图 4.44（a）中的驻点位置作为 0° 位置重新绘出净压曲线［见图 4.44（b）］，净压曲线形似八项式曲线，由于冷却塔位于龙卷风风场不同位置时的风压无量纲化处理均以龙卷风

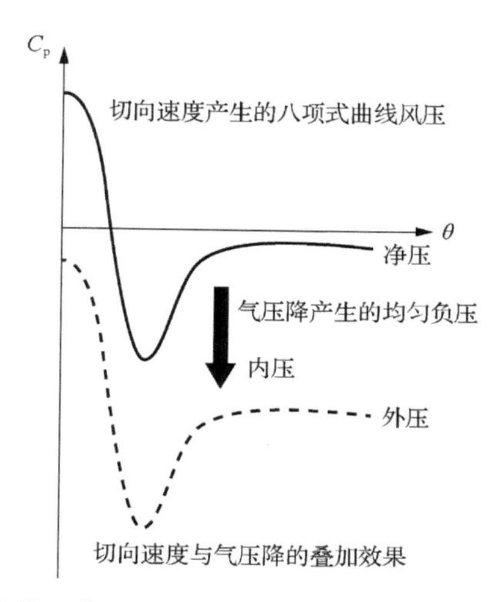

图 4.43　龙卷风作用下冷却塔外压、内压和净压三者的关系

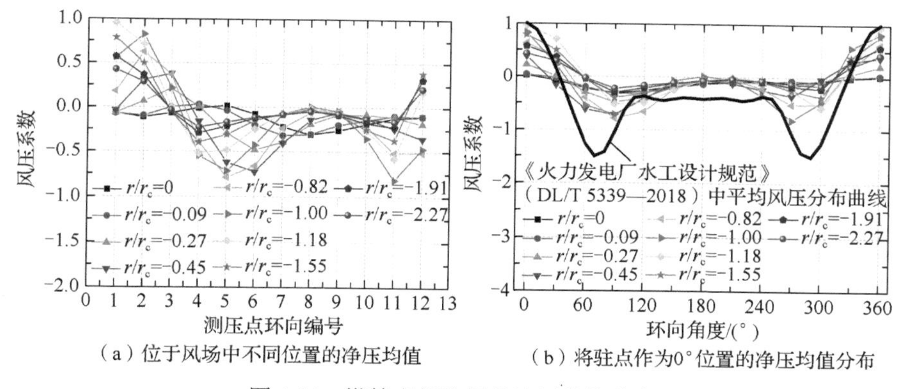

（a）位于风场中不同位置的净压均值　（b）将驻点作为0°位置的净压均值分布

图 4.44　塔筒喉部位置的净压均值分布

的最大切向风速作为参考，仅当冷却塔位于龙卷风涡核半径处时驻点的风压系数近似为 1，其余位置则小于 1。龙卷风作用下的内外表面净压呈非对称的八项式曲线分布，其中，在正压区小于《火力发电厂水工设计规范》（DL/T 5339—2018）[4]的压力，侧风区和背风区的负压小于《火力发电厂水工设计规范》（DL/T 5339—2018）[4]的吸力，采用包含正弦项和余弦项的 15 项三角函数［见式（4.13）］对 5 种涡流比下距离龙卷风不同位置的冷却塔表面净压进行拟合，拟合效果较好（见图 4.45）。

$$C_{pN}(\theta)=\sum_{k=0}^{7}\alpha_k\cos(k\theta)+\sum_{k=1}^{7}\beta_k\sin(k\theta) \tag{4.13}$$

式中，C_{pN} 为冷却塔表面净压系数；θ 为环向角度；α_k 和 β_k 为拟合系数，详见表 4.3、表 4.4。

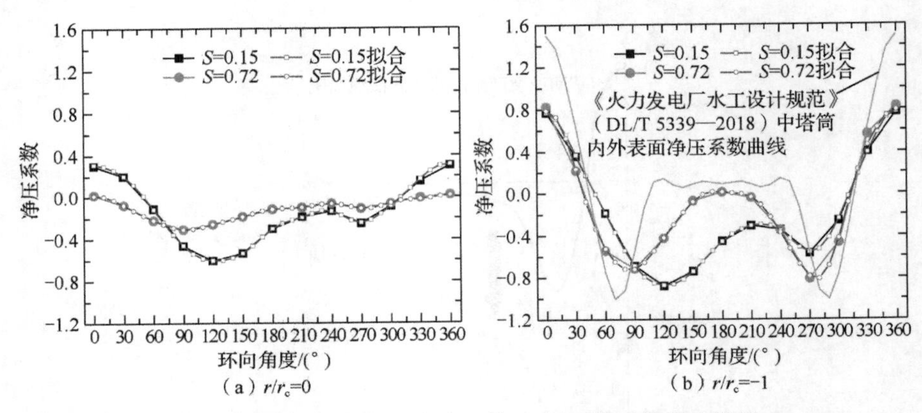

（a）r/r_c=0　（b）r/r_c=−1

图 4.45　针对冷却塔表面净压的 15 项三角函数拟合效果

表 4.3　龙卷风作用下冷却塔表面净压拟合系数 α_k

S	r/r_c	α_0	α_1	α_2	α_3	α_4	α_5	α_6	α_7
0.15	0	−0.1654	0.3052	0.1673	0.0121	−0.0076	−0.0065	0.0110	−0.0047
	−0.27	−0.1867	0.3554	0.1908	0.0334	0.0118	−0.0027	−0.0158	−0.0016
	−1	−0.2406	0.5333	0.3741	0.0710	0.0063	0.0065	0.0169	0.0044
	−1.91	0.0160	0.1411	0.1194	0.0414	0.0129	−0.0026	−0.0046	−0.0025
0.24	0	−0.1697	0.2152	0.2569	0.0144	−0.0169	−0.0025	0.0152	0.0026
	−0.27	−0.2037	0.2629	0.3715	0.0570	−0.0085	−0.0072	−0.0125	0.0082
	−1	−0.0425	0.4058	0.4662	0.1735	0.0394	−0.0100	−0.0226	−0.0065
	−1.91	−0.0119	0.1742	0.1784	0.0712	0.0147	−0.0026	−0.0068	−0.0043
0.35	0	−0.1483	0.1591	0.2462	0.0288	−0.0184	−0.0004	0.0131	0.0028
	−0.27	−0.1665	0.3328	0.2948	0.0386	0.0423	0.0154	0.0093	−0.0121
	−1	−0.0803	0.3530	0.5518	0.1980	0.0269	−0.0119	−0.0208	−0.0077
	−1.91	−0.0021	0.2187	0.2169	0.0851	0.0135	−0.0028	−0.0085	−0.0059
0.50	0	−0.1274	0.0721	0.1345	0.0251	−0.0103	−0.0018	0.0111	0.0028
	−0.27	−0.1469	0.1853	0.2593	0.0336	0.0109	0.0126	0.0112	0.0008
	−1	−0.1364	0.2555	0.5914	0.1782	−0.0156	−0.0104	−0.0045	0.0032
	−1.91	−0.0049	0.2307	0.2423	0.0962	0.0085	−0.0056	−0.0105	−0.0044
0.72	0	−0.1246	0.0530	0.0706	0.0138	−0.0041	−0.0022	0.0079	0.0007
	−0.27	−0.1654	0.3052	0.1673	0.0121	−0.0076	−0.0065	0.0110	−0.0047
	−1	−0.1867	0.3554	0.1908	0.0334	0.0118	−0.0027	−0.0158	−0.0016
	−1.91	−0.2406	0.5333	0.3741	0.0710	0.0063	0.0065	0.0169	0.0044

表 4.4　龙卷风作用下冷却塔表面净压拟合系数 β_k

S	r/r_c	β_1	β_2	β_3	β_4	β_5	β_6	β_7
0.15	0	−0.1335	0.1177	−0.0158	−0.0097	0.0044	−0.0024	−0.0054
	−0.27	−0.1317	0.1381	−0.0170	−0.0203	−0.0138	−0.0001	0.0060
	−1	−0.1270	0.1431	−0.0542	−0.0232	0.0083	0.0042	0.0013
	−1.91	−0.0044	0.0517	−0.0001	−0.0173	−0.0102	−0.0019	0.0019
0.24	0	−0.1868	0.0472	−0.0057	−0.0031	0.0181	0.0074	0.0015
	−0.27	−0.2058	−0.0038	−0.0079	−0.0102	0.0049	0.0214	0.0262
	−1	−0.0681	0.1580	0.0072	−0.0566	−0.0321	−0.0018	0.0117
	−1.91	−0.0189	0.0597	0.0176	−0.0156	−0.0165	−0.0049	0.0007
0.35	0	−0.1659	0.0270	0.0104	−0.0034	0.0143	0.0062	0.0016
	−0.27	−0.1087	0.2777	0.0461	−0.0317	−0.0236	−0.0326	−0.0335
	−1	−0.0436	0.1659	−0.0016	−0.0679	−0.0222	−0.0023	0.0064
	−1.91	−0.0083	0.0795	0.0222	−0.0219	−0.0232	−0.0073	0.0005
0.50	0	−0.1269	−0.0068	0.0095	0.0040	0.0118	0.0070	0.0040
	−0.27	−0.1472	0.0995	0.0385	−0.0152	0.0007	−0.0076	−0.0109
	−1	−0.0280	0.0229	−0.0484	−0.0408	0.0187	0.0159	0.0123
	−1.91	−0.0172	0.0652	0.0126	−0.0235	−0.0207	−0.0024	0.0060
0.72	0	−0.0950	0.0103	0.0095	0.0002	0.0071	0.0032	0.0010
	−0.27	−0.1335	0.1177	−0.0158	−0.0097	0.0044	−0.0024	−0.0054
	−1	−0.1317	0.1381	−0.0170	−0.0203	−0.0138	−0.0001	0.0060
	−1.91	−0.1270	0.1431	−0.0542	−0.0232	0.0083	0.0042	0.0013

4.5　小　　结

本章采用龙卷风模拟设备模拟了龙卷风风场的基本特性，采用刚性模型测力风洞试验和刚性模型测压风洞试验研究了龙卷风作用下冷却塔整体风荷载和表面风压，量化了龙卷风作用下冷却塔内表面风压分布模式和塔筒表面净压分布模式。

第 5 章　大型冷却塔结构风振特性

大型冷却塔结构具有自振频率低、振型密集、多模态耦合振动的特点，渡桥电厂冷却塔风毁事故后，其风振响应一直是风工程界关注的热点。风振试验研究一般采用两种方法：一种是基于刚性模型测压试验的数值分析或者有限元计算[44, 46]，另一种则是气弹模型风洞试验[37-38]。本章将对冷却塔等效梁格气弹模型设计方法和风振响应动力时程分析方法进行阐述，对大型冷却塔风振特性进行分析研究。

5.1　冷却塔气弹模型设计方法

5.1.1　等效梁格气弹模型设计

冷却塔气弹模型主要分为两类：一类是连续介质气弹模型[37]；另一类则是等效梁格气弹模型[38]。其中，等效梁格气弹模型采用空间正交桁梁代替连续壳，通过改变正交梁的厚度和宽度来实现抗弯剪扭及轴向刚度的模拟，具体设计步骤如下：

步骤一：根据冷却塔原型结构尺寸进行三维精细化建模，其中塔筒、底支柱和环基、桩基分别采用壳单元、梁单元和弹簧单元进行模拟；通过模态分析获得原型结构的自振频率和对应的模态振型。

步骤二：采用梁单元进行等效梁格的三维精细化建模，若子午向和环向的梁单元数分别为 m 和 n，则可调节的厚度与宽度的变量总数为 $2(2m+1)n$，对可调节变量进一步简化，将子午向厚度与宽度简化为 $D_{\text{ver},i}$、$W_{\text{ver},i}$，环向厚度与宽度简化为 $D_{\text{cir},i}$、$W_{\text{cir},i}$（见图 5.1），总的可调节变量缩减为 $4(m+1)$。

步骤三：风荷载作用下塔筒控制内力为轴力和弯矩，因此气弹模型设计时主要关注壳体的轴向刚度和抗弯刚度。通过计算塔筒不同高度处单位尺寸的缩尺轴向刚度和抗弯刚度，并假定模型的尺寸和缩尺刚度成线性关系，可得如下公式：

$$\begin{bmatrix} \{D_{\text{ver},i}\} \\ \{W_{\text{ver},i}\} \\ \{D_{\text{cir},i}\} \\ \{W_{\text{cir},i}\} \end{bmatrix} = \kappa \times \begin{bmatrix} X_{11} & X_{12} \\ X_{21} & X_{22} \\ X_{31} & X_{32} \\ X_{41} & X_{42} \end{bmatrix} \times \begin{bmatrix} \{C_{\text{bending},i}\} \\ \{C_{\text{axial},i}\} \end{bmatrix} \quad (i=1,\cdots,m+1) \tag{5.1}$$

式中，$D_{\mathrm{ver},i}$ 和 $W_{\mathrm{ver},i}$ 分别为等效梁格子午向厚度和宽度；$D_{\mathrm{cir},i}$ 和 $W_{\mathrm{cir},i}$ 分别为等效梁格环向厚度和宽度；$X_{11} \sim X_{42}$ 为拟合参数；$C_{\mathrm{bending},i}$ 为抗弯刚度；$C_{\mathrm{axial},i}$ 为轴向刚度；κ 为刚度折减系数；i 为可调节变量数；m 为子午向梁单元数。

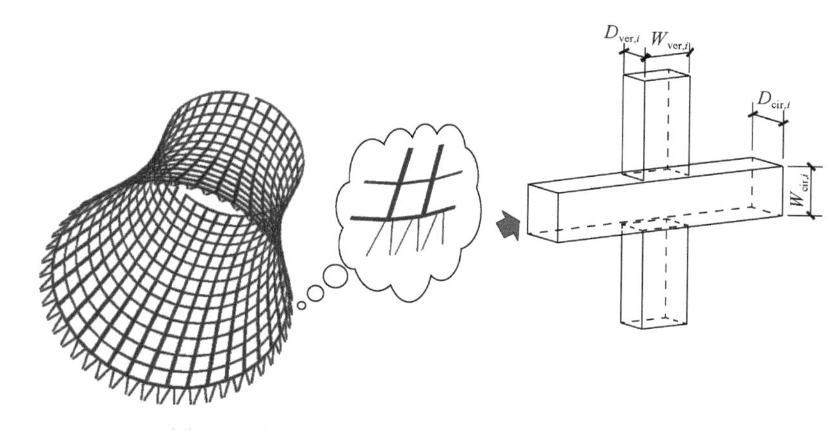

图 5.1　空间正交桁梁的可调节宽度、厚度变量

虽然正交桁梁采用焊接，但是刚度损失不可避免，从而导致模型实测频率小于设计频率。此处有两种补偿措施：一是在式（5.1）中引入刚度折减系数 κ，该系数是预加工模型的频率与设计频率的比值；二是在连接处增加抗剪圆环（见图 5.2），从而提高连接处的剪切刚度。式（5.1）中 $X_{11} \sim X_{42}$ 是主要变量，可通过给定初始变量，经逐步迭代，并以前 8～10 阶频率与振型作为模拟目标得到。在正交桁梁的加工过程中为了确保精度，需要事先加工内撑模具（见图 5.3），桁梁选用镀锌钢板材料，其加工精度可达 0.01mm。

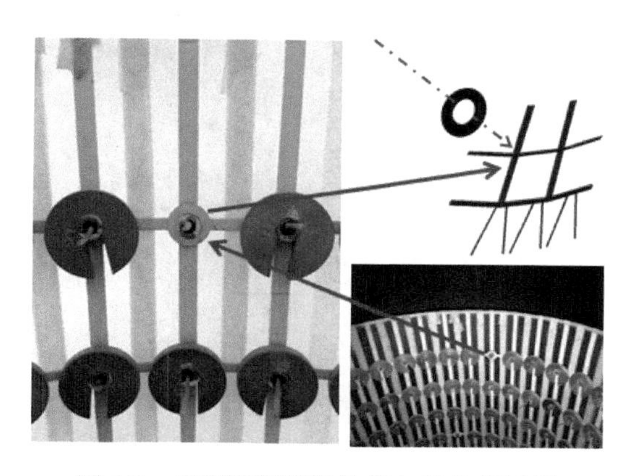

图 5.2　正交桁梁连接处增加的抗剪圆环

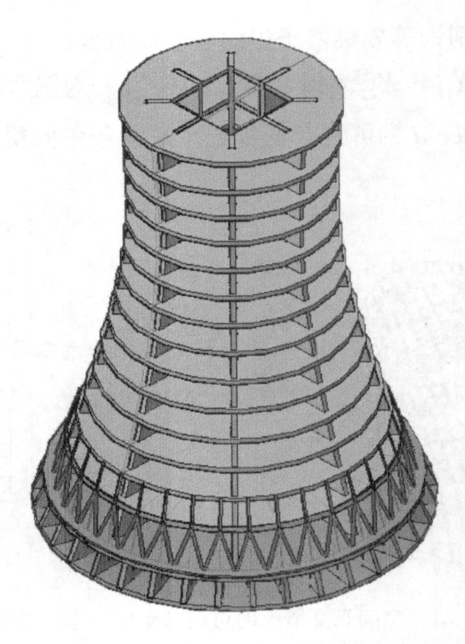

图 5.3 气弹模型加工时的内撑模具示意图

步骤四：除了满足刚度缩尺外，气弹模型需要对壳体的质量分布进行严格模拟。等效梁格法中采用集中质量块来代替壳体的分布质量，（m+1）n 个铜块作为配重采用螺栓固定在塔筒内壁纵横梁的节点位置（见图 5.4），每个铜块的质量等于壳体的缩尺质量减去正交桁梁和外衣薄膜的质量。

图 5.4 气弹模型的集中质量块分布

步骤五：为了模拟气动外形，在钢骨架外表面覆盖轻质弹性薄膜，这种外衣几乎不提供额外的结构刚度和阻尼，同时风荷载作用下也不会出现局部振动和变形。

图 5.5 给出了冷却塔等效梁格气弹模型完整的设计步骤示意图。表 5.1 给出了 215m 冷却塔（塔型与第 3 章 3.2.1 节相同）几何缩尺比 λ_L 为 1∶600 的等效梁格气弹模型的空间正交桁梁尺寸和集中质量块的配重。

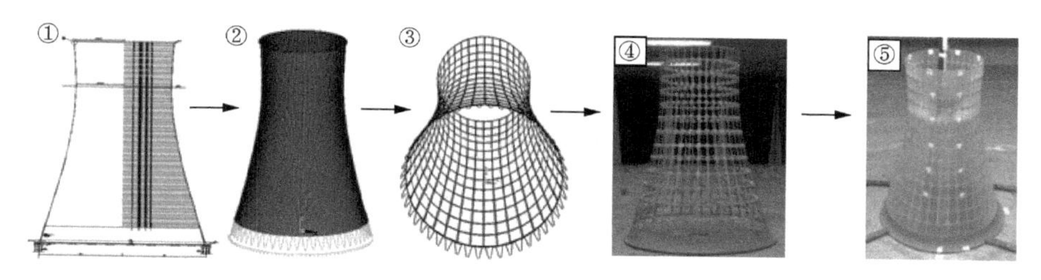

图 5.5　等效梁格气弹模型设计步骤

表 5.1　215m 冷却塔 1∶600 等效梁格气弹模型的空间正交桁梁尺寸和集中质量块的配重

构件	离地高度/mm	中心半径/mm	环向尺寸/mm		子午向尺寸/mm		配重×36/g	1∶600 等效梁格气弹模型
			厚度	宽度	厚度	宽度		
塔筒	32.7	130.4	0.80	4.00	1.00	4.00		
	53.6	123.8	0.28	3.35	0.28	3.50	5.0	
	88.8	113.1	0.28	3.30	0.28	3.50	2.8	
	126.5	102.9	0.26	2.30	0.20	3.50	2.6	
	160.2	95.0	0.26	2.30	0.20	2.75	2.5	
	196.5	88.5	0.26	2.30	0.20	2.75	2.3	
	215.8	85.9	0.22	1.65	0.15	2.00	2.2	
	233.2	84.2	0.22	1.65	0.15	2.00	2.1	
	250.4	83.2	0.22	1.65	0.15	2.00	2.0	
	269.9	82.8	0.20	1.60	0.15	2.00	1.7	
	287.2	83.1	0.20	1.60	0.15	2.00	1.3	
	304.5	83.7	0.20	1.60	0.20	2.75	1.5	
	341.3	85.4	0.28	1.50	0.20	2.75	3.0	
	358.3	86.0	0.34	1.50				
刚性环	358.3	86.0	半径为 0.50mm 的圆截面钢丝					
柱顶	32.7	130.4	半径为 0.50mm 的圆截面钢丝					

5.1.2　动力特性检验

为了获得气弹模型的动力特性，将模型置于风洞中，采用低风速紊流激振法，通过位移抖振响应的傅里叶变换获得模型结构自振频率，试验的风速比 $\lambda_{\mathrm{U}}=U_{\mathrm{m}}/U_{\mathrm{p}}=1/25$（$U_{\mathrm{m}}$为模型的试验风速，$U_{\mathrm{p}}$为原型结构的设计风速），相应的频率缩尺比 $\lambda_{\mathrm{f}}=f_{\mathrm{m}}/f_{\mathrm{p}}=24/1$（$f_{\mathrm{m}}$为模型的设计频率，$f_{\mathrm{p}}$为原型结构的自振频率）。位移响应测量采用松下电器公司生产的 MLS-LM10 激光位移计，量程为 50mm，精度为 0.001mm，测振时的采样频率为 128Hz。冷却塔振型的试验测试可采用光学衍射试验，但是操作和实施极为复杂，一般采用有限元模态分析获得原型结构和气弹模型的振型。

表 5.2 给出了 215m 冷却塔 1∶600 等效梁格气弹模型前 8 阶结构自振频率和振型的设计值与试验实测值的对比。其中，通过有限元分析得到的气弹模型前 8 阶振型与原型结构相同，前 8 阶自振频率的实测值与设计值的误差控制在 5%以内，一阶模态的阻尼比为 3.1%，满足《建筑结构荷载规范》（GB 50009—2012）规定的混凝土结构阻尼比要求；可见，该等效梁格气弹模型与原型结构具有较好的相似性，气弹模型的动力特性也满足风洞试验要求。

表 5.2　215m 冷却塔 1∶600 等效梁格气弹模型的动力特性设计值与实测值

模态阶数	原型结构			等效梁格气弹模型		
	模态	振型特征描述	原型结构频率/Hz	模态	模型设计频率/Hz	模型实测频率/Hz（误差）
1、2		4 个环向谐波 1.5 个竖向谐波	0.842		20.208	20.434 （1.12%）
3、4		5 个环向谐波 2 个竖向谐波	0.881		21.144	21.709 （2.67%）

续表

模态阶数	原型结构			等效梁格气弹模型		
	模态	振型特征描述	原型结构频率/Hz	模态	模型设计频率/Hz	模型实测频率/Hz（误差）
5、6		6 个环向谐波 2 个竖向谐波	0.992		23.808	24.646 （3.52%）
7、8		3 个环向谐波 1.5 个竖向谐波	1.007		24.168	25.190 （4.22%）

5.2　风振响应时域分析方法

5.2.1　表面风压 POD 分析

风振数值计算包括频率分析和时域分析。其中，频域分析概念清晰，计算简便，但仅能获得线性结构风振响应的均方根信息；而时域分析不仅可以考虑结构非线性和材料非线性的影响，而且能获得结构每一具体时刻的响应信息，可以覆盖频域分析的全部结果，虽然计算成本较大，但随着计算机硬件技术的快速发展，时域分析的计算效率问题已逐渐克服。

由于受测压模型尺寸的限制，冷却塔模型表面布置的测压点数量较少，无法满足原型结构有限元模型的加载精度要求，为提高风洞试验测压点的分辨率，需要采用本征正交分解（proper orthogonal decomposition，POD）技术对风荷载进行加密扩展，从而获得可直接用于有限元模型加载的风压时程。

POD 作为一种随机场时空特性分析的重要手段，将随机场分解成了仅依赖于空间的本征模态组合和仅依赖时间的主坐标，自 Armit[116]首次将此方法引入风工程领域并用于冷却塔外表面脉动风荷载研究之后，该方法被广泛用于低矮房屋、高层建筑、大跨屋盖和桥梁等结构的风荷载特性研究和脉动风荷载时程的外延加密，结合冷却塔测压风洞试验，其主要原理如下：

$\boldsymbol{p}(t)$ 是冷却塔刚性测压模型表面布置的 N 个测压点的脉动风荷载向量集（已扣除平均风荷载）：

$$\boldsymbol{p}(t)=\left[\boldsymbol{p}_1(t),\boldsymbol{p}_2(t),\cdots,\boldsymbol{p}_N(t)\right]^{\mathrm{T}} \tag{5.2}$$

式中，$\boldsymbol{p}_i(t)$ 为塔筒表面 (x_i,y_i,z_i) 处的第 i 个测压点的脉动风压时程。

$\boldsymbol{\phi}_i$ 是使 $\boldsymbol{p}(t)$ 具有最大投影的正交坐标系 $\boldsymbol{\Phi}$ 在第 i 轴上的基向量，则 $\boldsymbol{p}(t)$ 在 $\boldsymbol{\phi}_i$ 轴上的投影为

$$\boldsymbol{a}_i(t)=\boldsymbol{p}(t)^{\mathrm{T}}\boldsymbol{\phi}_i=\boldsymbol{\phi}_i^{\mathrm{T}}\boldsymbol{p}(t)\qquad(i=1,2,\cdots,N) \tag{5.3}$$

将式（5.3）正则化，则有

$$\boldsymbol{a}_i(t)=\frac{\boldsymbol{\phi}_i^{\mathrm{T}}\boldsymbol{p}(t)}{(\boldsymbol{\phi}_i^{\mathrm{T}}\boldsymbol{\phi}_i)^{1/2}} \tag{5.4}$$

式中，$\boldsymbol{a}_i(t)$ 是仅与时间有关的主坐标，由于冷却塔表面风荷载有正压和负压，实际应用中一般取均方根意义上的投影最大化，即

$$\overline{\boldsymbol{a}_i^2(t)}=\frac{\boldsymbol{\phi}_i^{\mathrm{T}}\overline{\boldsymbol{p}(t)\boldsymbol{p}(t)^{\mathrm{T}}}\boldsymbol{\phi}_i}{\boldsymbol{\phi}_i^{\mathrm{T}}\boldsymbol{\phi}_i}=\frac{\boldsymbol{\phi}_i^{\mathrm{T}}\boldsymbol{R}\boldsymbol{\phi}_i}{\boldsymbol{\phi}_i^{\mathrm{T}}\boldsymbol{\phi}_i}=\lambda_i \tag{5.5}$$

式中，$\overline{\boldsymbol{a}_i^2(t)}$ 是主坐标的均方根；λ_i 为特征向量 $\boldsymbol{\phi}_i$ 所对应的特征值；$\boldsymbol{R}=\overline{\boldsymbol{p}(t)\boldsymbol{p}(t)^{\mathrm{T}}}$，为脉动风压的空间协方差矩阵，即

$$\boldsymbol{R}=\begin{bmatrix} R_{11} & R_{12} & \cdots & R_{1N} \\ R_{21} & R_{22} & \cdots & R_{2N} \\ \vdots & \vdots & & \vdots \\ R_{N1} & R_{N2} & \cdots & R_{NN} \end{bmatrix}=\begin{bmatrix} \overline{\boldsymbol{p}_1(t)\boldsymbol{p}_1(t)} & \overline{\boldsymbol{p}_1(t)\boldsymbol{p}_2(t)} & \cdots & \overline{\boldsymbol{p}_1(t)\boldsymbol{p}_N(t)} \\ \overline{\boldsymbol{p}_2(t)\boldsymbol{p}_1(t)} & \overline{\boldsymbol{p}_2(t)\boldsymbol{p}_2(t)} & \cdots & \overline{\boldsymbol{p}_2(t)\boldsymbol{p}_N(t)} \\ \vdots & \vdots & & \vdots \\ \overline{\boldsymbol{p}_N(t)\boldsymbol{p}_1(t)} & \overline{\boldsymbol{p}_N(t)\boldsymbol{p}_2(t)} & \cdots & \overline{\boldsymbol{p}_N(t)\boldsymbol{p}_N(t)} \end{bmatrix} \tag{5.6}$$

式中，元素 $R_{ij}=\overline{\boldsymbol{p}_i(t)\boldsymbol{p}_j(t)}$ 为冷却塔表面不同测压点 i 与 j 的空间风压协方差。

根据特征值问题原理，协方差矩阵 $\boldsymbol{R}$、特征向量 $\boldsymbol{\phi}_i$ 和特征值 λ_i 之间满足如下方程：

$$\boldsymbol{R}\boldsymbol{\phi}_i=\lambda_i\boldsymbol{\phi}_i\qquad(i=1,2,\cdots,N) \tag{5.7}$$

正交坐标系 $\boldsymbol{\Phi}$ 与主坐标 $\boldsymbol{a}(t)$ 定义如下：

$$\boldsymbol{\Phi}=[\boldsymbol{\phi}_1,\boldsymbol{\phi}_2,\cdots,\boldsymbol{\phi}_N] \tag{5.8}$$

$$\boldsymbol{a}(t)=[\boldsymbol{a}_1(t),\boldsymbol{a}_2(t),\cdots,\boldsymbol{a}_N(t)] \tag{5.9}$$

将式（5.3）中的脉动风压向量集 $\boldsymbol{p}(t)$ 在正交坐标系 $\boldsymbol{\Phi}$ 上投影得到仅与时间有关的主坐标 $\boldsymbol{a}(t)$ 可表示成如下：

$$\boldsymbol{a}(t)=\boldsymbol{\Phi}^{\mathrm{T}}\boldsymbol{p}(t) \tag{5.10}$$

式（5.10）也可转换成下式：

$$\boldsymbol{p}(t)=\boldsymbol{\Phi}\boldsymbol{a}(t)=\sum_{i=1}^{N}\boldsymbol{a}_i(t)\boldsymbol{\phi}_i \tag{5.11}$$

因此，测压点 i 处的脉动风压时程为

$$\boldsymbol{p}_i(t)=\boldsymbol{p}(x_i,y_i,z_i,t)=\sum_{i=1}^{N}\boldsymbol{a}_i(t)\boldsymbol{\phi}_i(x_i,y_i,z_i) \tag{5.12}$$

式中，元素 $\boldsymbol{\phi}_i(x_i,y_i,z_i)$ 是第 i 阶特征向量 $\boldsymbol{\phi}_i$ 在测压点 i 处的本征模态。该式的意义是冷却塔表面随时间和空间变化的脉动风压场可以分解为仅与时间有关的主坐标 $\boldsymbol{a}_i(t)$ 和仅与空间位置有关的确定性的本征模态 $\boldsymbol{\phi}_i(x_i,y_i,z_i)$；分解后的第 i 阶与第 j 阶主坐标也相互正交，即

$$\overline{\boldsymbol{a}_i(t)\boldsymbol{a}_j(t)}=\frac{\boldsymbol{\phi}_i^{\mathrm{T}}\boldsymbol{R}\boldsymbol{\phi}_j}{(\boldsymbol{\phi}_i^{\mathrm{T}}\boldsymbol{\phi}_i)^{1/2}(\boldsymbol{\phi}_j^{\mathrm{T}}\boldsymbol{\phi}_j)^{1/2}}=\lambda_i\boldsymbol{\delta}_{ij} \tag{5.13}$$

式中，$\boldsymbol{\delta}_{ij}$ 为克罗内克（Kronecker）符号，结合式（5.12）、式（5.13）可以推导出如下公式：

$$\overline{\boldsymbol{p}_i^2(t)}=\overline{\boldsymbol{p}_i^2(x_i,y_i,z_i,t)}=\sum_{i=1}^{N}\lambda_i\boldsymbol{\phi}_i^2(x_i,y_i,z_i) \tag{5.14}$$

$$\sum_{i=1}^{N}\overline{\boldsymbol{p}_i^2(t)}=\overline{\boldsymbol{p}_i^2(x_i,y_i,z_i,t)}=\sum_{i=1}^{N}\sum_{j=1}^{N}\overline{\boldsymbol{a}_i(t)\boldsymbol{a}_j(t)}\,\boldsymbol{\phi}_i^{\mathrm{T}}\boldsymbol{\phi}_j=\sum_{i=1}^{N}\lambda_i \tag{5.15}$$

式（5.14）表示单个测压点脉动风压时程的方差。式（5.15）表示冷却塔表面所有测压点脉动风压时程的方差之和与本征值的关系。式（5.15）说明了本征值可以用来度量本征模态对脉动风压的贡献程度，此时，第 m 阶本征模态的能量占比 e_m、前 m 阶本征模态的累计能量占比 E_m 分别为

$$e_m=\frac{\lambda_m}{\sum_{i=1}^{N}\lambda_i}\quad (m<N) \tag{5.16}$$

$$E_m=\sum_{i=1}^{m}e_i=\frac{\sum_{i=1}^{m}\lambda_i}{\sum_{i=1}^{N}\lambda_i}\quad (m<N) \tag{5.17}$$

一般情况下，前几阶本征模态就可包含大部分脉动能量信息，若采用前 m 阶本征模态对脉动风压场进行重构，则

$$C_{\mathrm{p}}(x,y,z,t)=\sum_{i=1}^{m}\boldsymbol{a}_i(t)\boldsymbol{\phi}_i(x,y,z)\quad (m<N) \tag{5.18}$$

可以说，POD 本质上是求脉动风压协方差矩阵的特征值与特征向量，其中特征值是特征向量对脉动风压贡献程度的度量，特征向量是仅与空间位置有关的本征模态向量，采用 POD 方法进行脉动风压的加密和外延时，与时间有关的主坐标 $\boldsymbol{a}(t)$ 不变，仅需对与空间位置有关的本征模态 $\boldsymbol{\phi}_i(x_i,y_i,z_i)$ 进行插值即可。采用 POD 方法可以对冷却塔表面风压场整体分布特征进行描述，其中，特征向量可以描述脉动风压的分布形态，特征值可以量化各模态所占脉动风压场能量的比重。Ding 等[117]采用 POD 方法对某超大型冷却塔在《建筑结构荷载规范》(GB 50009—2012) B 类风场下的外表面脉动风压分布特征进行了探讨。研究表明：无论是单塔还是群塔布置，一阶本征模态占比最大，所占比重大于 20%，从第四阶本征模态开始，所占比重降至 10%以内；一阶特征向量与塔筒外表面平均风压曲线相似表明脉动风压是脉动风速在顺风向的拟静力作用，并受来流紊流特性影响较大。

5.2.2 有限元时域求解方法

有限元时域分析方法包括完全法、模态叠加法和缩减法 3 种。其中，完全法采用完整的系统矩阵计算瞬态响应，无质量矩阵的近似，相比模态叠加法和缩减法不存在振型或主自由度的选择而导致误差的问题，可考虑如塑性、大变形、大应变等非线性问题，可施加节点力、非零位移、单元荷载等所有荷载形式，而且该算法一次分析就能得到所有的位移和应力。虽然相比模态叠加法和缩减法计算成本大，但是随着计算机硬件不断发展，对于冷却塔这类可采用简化模型进行时域分析的结构而言，计算成本已不是问题。完全法进行瞬态动力分析一般采用基于隐式数值积分算法的纽马克 β（Newmark β）法，基本原理如下：

$$\boldsymbol{M}\ddot{\boldsymbol{x}}(t)+\boldsymbol{C}\dot{\boldsymbol{x}}(t)+\boldsymbol{K}\boldsymbol{x}(t)=\boldsymbol{P}(t) \tag{5.19}$$

式中，$\boldsymbol{M}$、$\boldsymbol{C}$、$\boldsymbol{K}$ 分别为结构的质量、阻尼和刚度矩阵；$\ddot{\boldsymbol{x}}(t)$、$\dot{\boldsymbol{x}}(t)$、$\boldsymbol{x}(t)$ 分别为结构的加速度、速度和位移向量；$\boldsymbol{P}(t)$ 为风荷载向量。

将 t_n 时刻、t_{n+1} 时刻的加速度 $\ddot{\boldsymbol{x}}(t_n)$、$\ddot{\boldsymbol{x}}(t_{n+1})$ 进行线性插值从而获得 t_n 和 t_{n+1} 之间任一时刻的加速度 $\ddot{\boldsymbol{x}}(t_{n\sim n+1})$，即

$$\ddot{\boldsymbol{x}}(t_{n\sim n+1})=(1-\gamma)\ddot{\boldsymbol{x}}(t_n)+\gamma\ddot{\boldsymbol{x}}(t_{n+1}) \tag{5.20}$$

此时，t_{n+1} 时刻的速度 $\dot{\boldsymbol{x}}(t_{n+1})$、位移 $\boldsymbol{x}(t_{n+1})$ 为

$$\dot{\boldsymbol{x}}(t_{n+1})=\dot{\boldsymbol{x}}(t_n)+\Delta t\ddot{\boldsymbol{x}}(t_{n\sim n+1})=\dot{\boldsymbol{x}}(t_n)+\Delta t[(1-\gamma)\ddot{\boldsymbol{x}}(t_n)+\gamma\ddot{\boldsymbol{x}}(t_{n+1})] \tag{5.21}$$

$$\boldsymbol{x}(t_{n+1})=\boldsymbol{x}(t_n)+\Delta t\dot{\boldsymbol{x}}(t_{n\sim n+1})+\left(\frac{1}{2}-\beta\right)\Delta t^2\ddot{\boldsymbol{x}}(t_n)+\beta\Delta t^2\ddot{\boldsymbol{x}}(t_{n+1}) \tag{5.22}$$

式中，Δt 为 $t_n \sim t_{n+1}$ 的时差；γ 为 Δt 时间内加速度在 $\ddot{\boldsymbol{x}}(t_n)$ 和 $\ddot{\boldsymbol{x}}(t_{n+1})$ 之间的线性变换权重；β 为 Δt 时间内加速度 $\ddot{\boldsymbol{x}}(t_n)$ 和 $\ddot{\boldsymbol{x}}(t_{n+1})$ 对位移改变量的权重。

t_{n+1} 时刻的加速度 $\ddot{\boldsymbol{x}}(t_{n+1})$、速度 $\dot{\boldsymbol{x}}(t_{n+1})$ 与 t_{n+1} 时刻的位移 $\boldsymbol{x}(t_{n+1})$，t_n 时刻的加速度 $\ddot{\boldsymbol{x}}(t_n)$、速度 $\dot{\boldsymbol{x}}(t_n)$、位移 $\boldsymbol{x}(t_n)$ 的关系如下：

$$\ddot{\boldsymbol{x}}(t_{n+1}) = \frac{1}{\beta \Delta t^2}[\boldsymbol{x}(t_{n+1}) - \boldsymbol{x}(t_n)] - \frac{1}{\beta \Delta t}\dot{\boldsymbol{x}}(t_n) + \left(1 - \frac{1}{2\beta}\right)\ddot{\boldsymbol{x}}(t_n) \tag{5.23}$$

$$\dot{\boldsymbol{x}}(t_{n+1}) = \frac{\gamma}{\beta \Delta t}[\boldsymbol{x}(t_{n+1}) - \boldsymbol{x}(t_n)] + \left(1 - \frac{\gamma}{\beta}\right)\dot{\boldsymbol{x}}(t_n) + \left(1 - \frac{\gamma}{2\beta}\right)\Delta t \ddot{\boldsymbol{x}}(t_n) \tag{5.24}$$

将式（5.23）、式（5.24）代入 t_{n+1} 时刻的结构动力方程，得

$$\boldsymbol{K}^* \boldsymbol{x}(t_{n+1}) = \boldsymbol{P}(t_{n+1})^* \tag{5.25}$$

式中，$\boldsymbol{K}^*$、$\boldsymbol{P}(t_{n+1})^*$ 的表达式如下：

$$\boldsymbol{K}^* = \boldsymbol{K} + \frac{1}{\beta \Delta t^2}\boldsymbol{M} - \frac{\gamma}{\beta \Delta t}\boldsymbol{C} \tag{5.26}$$

$$\begin{aligned}\boldsymbol{P}(t_{n+1})^* = \boldsymbol{P}(t_{n+1}) &+ \boldsymbol{M}\left[\frac{1}{\beta \Delta t^2}\boldsymbol{x}(t_n) + \frac{1}{\beta \Delta t}\dot{\boldsymbol{x}}(t_n) + \left(\frac{1}{2\beta} - 1\right)\ddot{\boldsymbol{x}}(t_n)\right] \\ &+ \boldsymbol{C}\left[\frac{\gamma}{\beta \Delta t}\boldsymbol{x}(t_n) + \left(\frac{\gamma}{\beta} - 1\right)\dot{\boldsymbol{x}}(t_n) + \left(\frac{\gamma}{2\beta} - 1\right)\Delta t \ddot{\boldsymbol{x}}(t_n)\right]\end{aligned} \tag{5.27}$$

通过式（5.25）求出 t_{n+1} 时刻的位移 $\boldsymbol{x}(t_{n+1})$，然后根据式（5.23）和式（5.24）求出 t_{n+1} 时刻的加速度 $\ddot{\boldsymbol{x}}(t_{n+1})$ 和速度 $\dot{\boldsymbol{x}}(t_{n+1})$，重复迭代后可以求出所有时刻的位移、速度和加速度；在结构线弹性范围内，已知所有时刻的位移响应，通过对位移求导得到截面应变，结合材料本构关系得到截面应力，最后对截面应力积分得到截面内力。该方法中时间积分步长 Δt 的选取尤为关键，为了反映高阶模态对结构风振响应的贡献，必须选择足够小的时间步长，一般情况下时间步长 $\Delta t \leqslant 1/(20f)$，其中，$f$ 为风振响应计算需要考虑的最高阶结构频率。

5.3 基于冷却塔气弹模型试验的结构风振响应分析

5.3.1 风振响应均值和脉动值

采用本章 5.1 节中缩尺比为 1∶600 的等效梁格气弹模型进行本书第 3 章中台风风场下的气弹测振风洞试验。图 5.6 和图 5.7 分别给出了台风风场 B 类地貌下的平均、脉动位移响应分布（已换算至原型结构）。可以看出：响应的均值和脉动

值沿环向在迎风点 0° 和负压极值点 70° 最大，在尾流区 180° 最小；沿子午向在塔筒喉部达到最大，这是由于塔筒喉部的壁厚最薄，刚度最小，虽然塔筒顶部的风压大于喉部，但是壁厚较喉部大，而且有塔顶刚性环的约束。因此，台风作用下冷却塔喉部的迎风点和负压极值点为结构风振响应的控制点，这也与良态风下的结构风振响应分布相同。

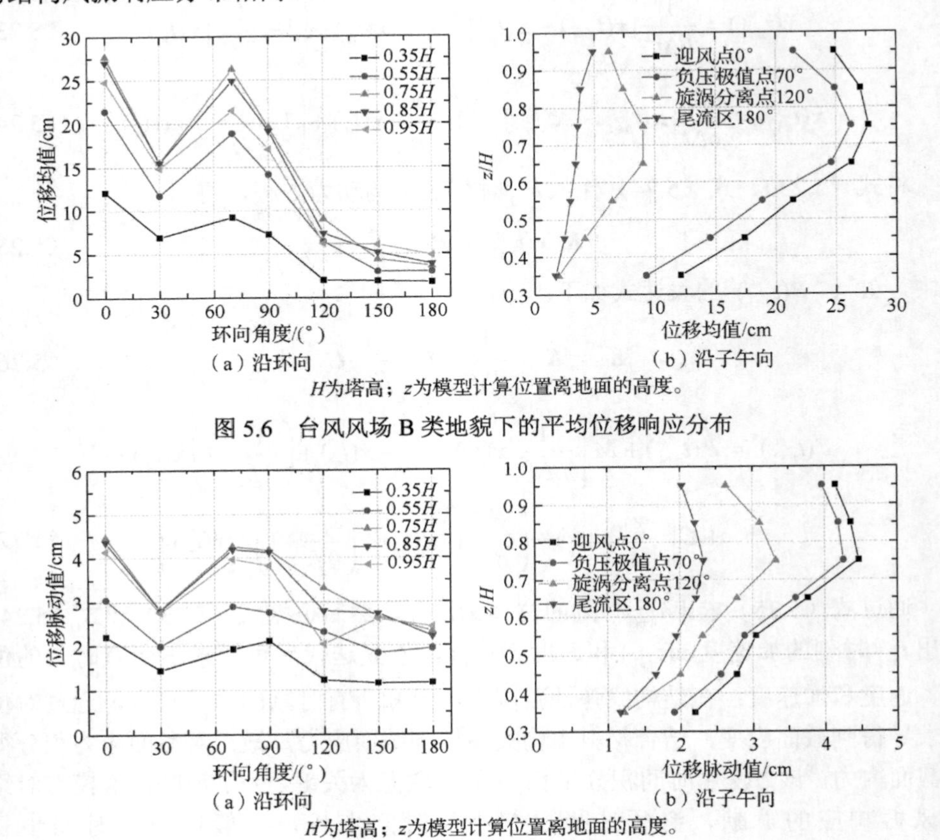

图 5.6　台风风场 B 类地貌下的平均位移响应分布

图 5.7　台风风场 B 类地貌下的脉动位移响应分布

5.3.2　风振响应峰值因子

图 5.8（a）给出了台风环境 B 类地貌下塔筒表面具有 99.5%保证率的位移响应概率峰值因子分布［概率峰值因子公式详见第 3 章中的式（3.62）～式（3.65）］。沿环向在位移响应较大的迎风区至侧风区，峰值因子约为 2.8～3.0，在位移响应较小的旋涡分离点至尾流区，峰值因子约为 3.0～3.5；在 150°～180° 的背风区，峰值因子在塔筒顶部和塔筒底部最大，这是由于背风区风压小，塔筒顶部、底部壳体厚度大，并且有下环梁和刚性环的约束，使得该区域的风振响应沿塔筒表面

最小，但是背风区并不是塔筒表面风振响应的控制位置，峰值因子取较大值也不会出现安全问题。台风与良态风下的喉部位置位移响应峰值因子分布规律相似，但台风下响应的峰值因子较良态风下大［见图 5.8（b）］。

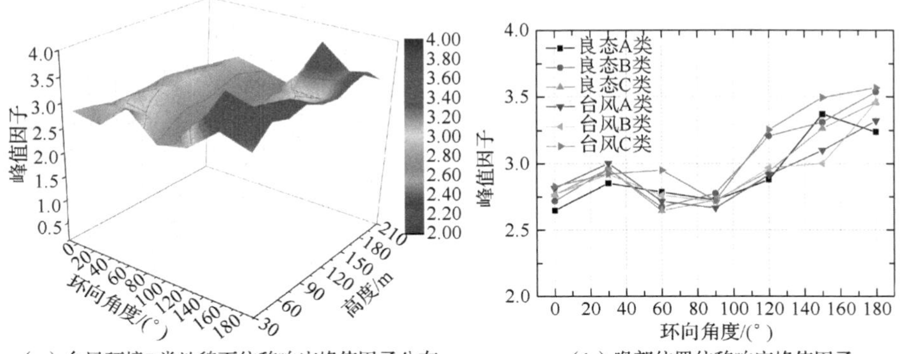

（a）台风环境B类地貌下位移响应峰值因子分布　（b）喉部位置位移响应峰值因子

图 5.8　位移响应的概率峰值因子分布

彩图 5.8

5.3.3　风振动力放大系数

《火力发电厂水工设计规范》（DL/T 5339—2018）[4]中定义塔筒表面的等效静风荷载等于风振系数 β 与外表面平均风压的乘积［见式（5.28）］。具体来说，风振系数又包含两项：一项是风荷载的强迫力作用引起的，这一部分包含了脉动风的准静力作用，相当于围护结构设计时采用的阵风系数；另一项是脉动风在结构自振频率处产生的共振放大效应，在德国规范 VGB-R610ue[18]中被称为动力放大系数 φ，其定义如式（5.29）。

$$q(\theta,z)=\beta C_{\mathrm{P}}(\theta)\mu(z)w_0 \tag{5.28}$$

式中，$q(z,\theta)$ 为高度 z 处塔筒表面风压；β 为风振系数；$C_{\mathrm{p}}(\theta)$ 为平均风压系数；$\mu(z)$ 为风压高度变化系数；w_0 为基本风压。

$$\varphi=\frac{\overline{R}+g_{\mathrm{P}}\cdot\sigma}{\overline{R}+g_{\mathrm{P}}\cdot\sigma_{\mathrm{B}}} \tag{5.29}$$

式中，$\overline{R}$ 为响应均值；g_{P} 为峰值因子，此处取具有 99.5%保证率的概率峰值因子；σ 为响应脉动值；σ_{B} 为脉动响应中的背景分量。

图 5.9 给出了台风环境和良态风环境 3 类地貌下塔筒表面风致动力放大系数 φ 的三维分布，可以看出：沿环向从迎风区至侧风区 φ 值变化较小，在旋涡分离点处达到最大，这是由于旋涡分离点处脉动响应中共振分量占比最大；从旋涡分

离点至背风区 φ 值较大，主要是由于荷载响应呈现较强的非高斯特性，导致概率峰值因子较大；沿子午向，φ 值从迎风区至侧风区变化也较小，从旋涡分离点至背风区在喉部附近取值最大；从良态风至台风环境，φ 值逐渐增大。

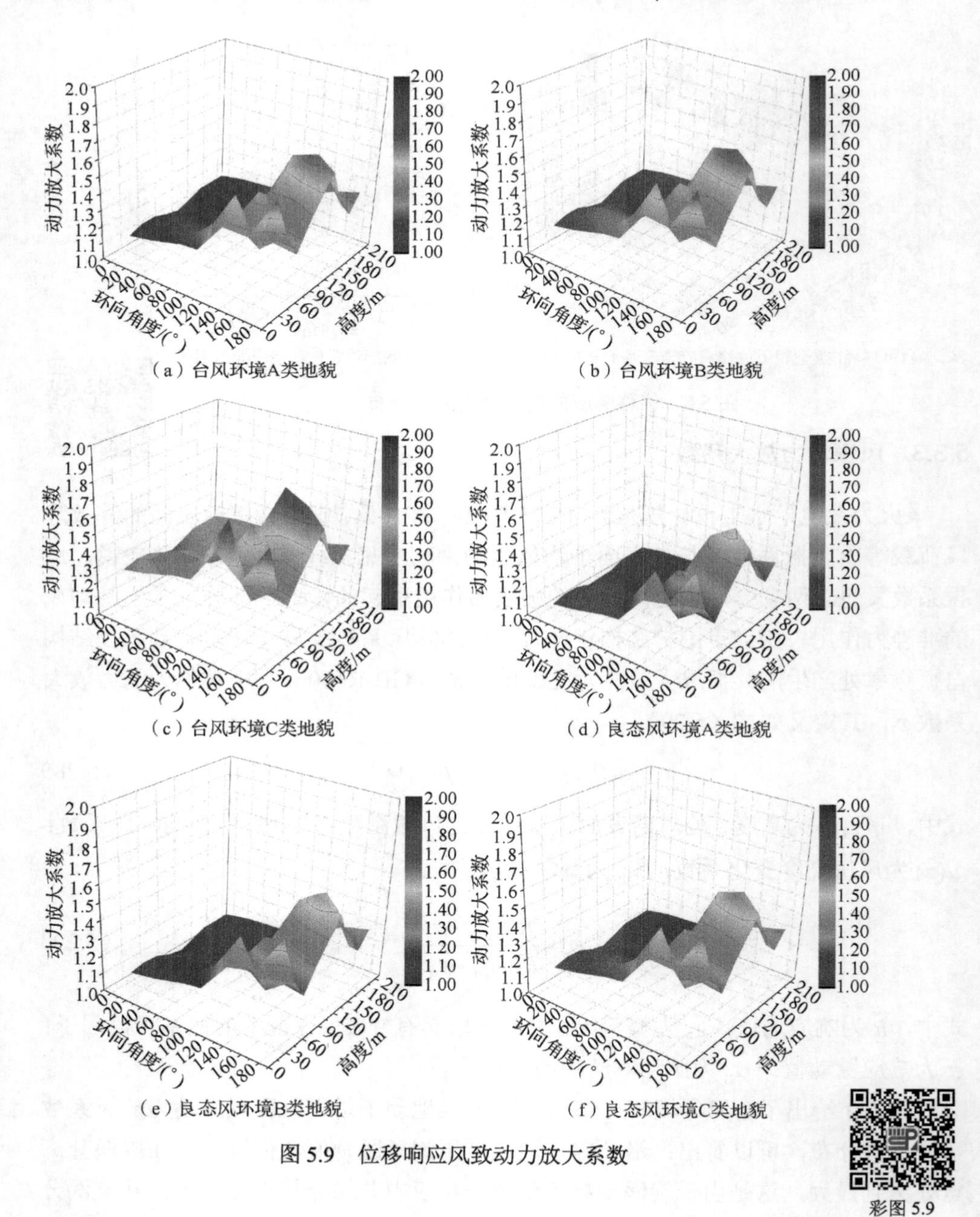

（a）台风环境A类地貌　（b）台风环境B类地貌

（c）台风环境C类地貌　（d）良态风环境A类地貌

（e）良态风环境B类地貌　（f）良态风环境C类地貌

图 5.9　位移响应风致动力放大系数

彩图 5.9

虽然风致动力放大系数在旋涡分离点附近取值最大，但是从响应的环向分布来看，迎风点和负压极值点才是响应的控制点，而旋涡分离点至整个背风区响应均较小。因此，对迎风点至负压极值点的φ值取算数平均获得塔筒表面的风致动力放大系数，台风环境 A 类、B 类和 C 类地貌下的φ值分别为 1.15、1.18 和 1.27，大于良态风环境 A 类、B 类、C 类地貌下的φ值 1.04、1.08 和 1.13。

德国规范 VGB-R610ue[18]中根据冷却塔所处工程场地的阵风风压q_b、冷却塔喉部直径d_T和结构基频n_{min}绘制了φ的曲线（见图 5.10）。将本章中的某 215m 冷却塔的d_T=99.368m 和n_{min}=0.82Hz 代入 VGB-R610ue 规范中的φ曲线，得出不同地貌下的冷却塔动力放大系数φ为 1.02～1.06，与基于等效梁格气弹模型所计算出的良态风 A 类风场下的φ值相近，若采用该动力放大系数进行台风作用下的冷却塔表面等效风荷载的计算显然会低估风荷载。VGB-R610ue 规范中的φ值偏小是由于该曲线源于 Niemann[17]的连续介质气弹模型风洞试验结果，连续介质气弹模型风振响应中背景分量占主导，共振分量不明显；同时，Niemann 的试验中测量的是壳体应变，早期的应变计信噪比较大，导致风振响应信号受传感器的噪声影响较大。

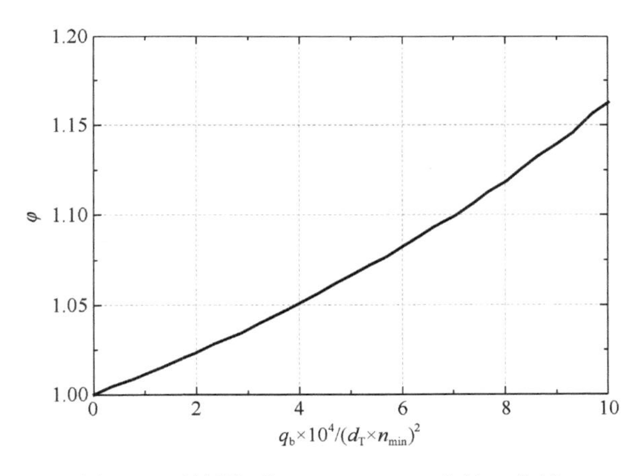

图 5.10　德国规范 VGB-R610ue 中的φ曲线

5.4　基于有限元时域分析的结构风振响应分析

5.4.1　有限元时域分析

本节冷却塔风振响应有限元时域分析所针对的塔型是某超大型双曲面钢桁架冷却塔。虽然我国现存的大型冷却塔绝大多数采用混凝土结构，对于钢结构冷却塔涉及较少，但随着钢结构设计理论的不断成熟，以及钢结构施工方便、经济节约、建设周期短、结构稳定性好、抗震能力强等诸多优势，钢结构冷却塔也得到了一定的发展和应用。该超大型冷却塔主体为钢结构，塔体采用双曲线外形，结构采用内部桁架外加蒙皮的组合形式。冷却塔高 216.3m，零米高度直径 181.3m，出口直径 124.6m，喉部直径 110m，属空间网壳体系钢结构冷却塔，空间体积规模较大。

该冷却塔有限元建模采用离散结构有限元法。图 5.11 为该塔 ANSYS 有限元模型。内部桁架采用 Link8 单元进行模拟，外部蒙皮采用 Shell63 单元进行模拟，环基采用 Beam188 和 Combin14 进行模拟。内部桁架子午向划分为 46 层，环向划分为 92 列，桁架各子单元主要包括外层柱、内层柱、外层梁、内层梁、内外层连接梁、内外层连接柱、内外层斜连接梁、内层斜杆；子午向人工软性肋条提供塔筒外表面粗糙度，用于降低表面风荷载，不计入对整体刚度的贡献；而环向带肋蒙皮的刚度须采用正交异性板来模拟，通过设置不同方向的弹性模量考虑其正交异性的特点。模型共划分为 38180 个单元，计算得到结构总质量为 10074.87t，面板和空间桁架的平均面质量为 145.49kg/m^2。根据地质勘测报告和实际场地情况，桩基础与环基不相连，底部群桩用于加强基础土体强度，只起到改善下部地基的作用，忽略环基周围的回填土对环基的刚度贡献。

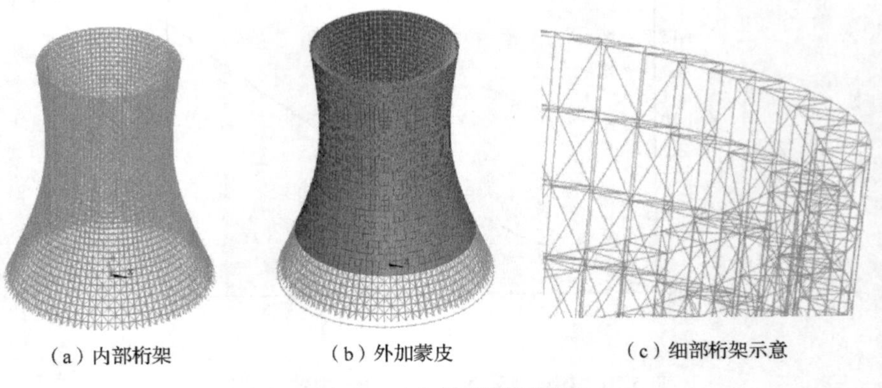

（a）内部桁架　（b）外加蒙皮　（c）细部桁架示意

图 5.11　冷却塔有限元模型

冷却塔结构前多阶振型主要动力特性如表 5.3 所示。该钢结构冷却塔前 6 阶振动频率均是成对出现的，其振动基频为 1.29Hz，前 20 阶频率大致在 1.2～3.6Hz 之间。同等高度的混凝土冷却塔振动基频为 0.64Hz，前 20 阶频率分布在 0.9～1.5Hz 之间，可见钢结构冷却塔振动频率较混凝土冷却塔高，但振型分布较稀疏。结构在低阶频段出现整体侧倾，也与混凝土结构不同。前几阶振动模态主要表现为环向对称屈曲变形以及整体侧向位移和扭转，无竖向位移，竖向压缩振型出现在第 20 阶，说明结构整体竖向刚度较大，而侧向刚度与环向刚度较小。

表 5.3 冷却塔结构前多阶振型主要动力特性

阶数	频率 f/Hz	振型特点	振型示意	阶数	频率 f/Hz	振型特点	振型示意	阶数	频率 f/Hz	振型特点	振型示意
1、2	1.29	2 个环向谐波 2 个竖向谐波	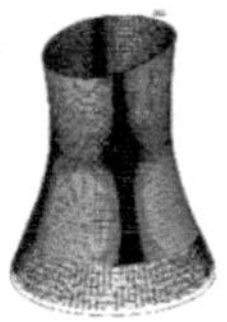	7	1.91	扭转		14	2.70	3 个环向谐波 3 个竖向谐波	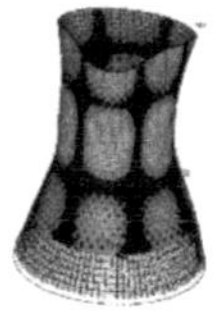
3、4	1.37	侧倾	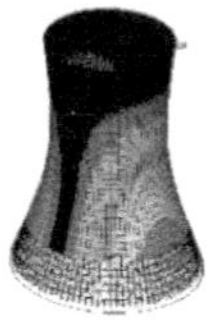	8、9	2.10	3 个环向谐波 2 个竖向谐波		18	3.03	2 个环向谐波 2 个竖向谐波	
5、6	1.61	2 个环向谐波 3 个竖向谐波		10	2.27	侧倾	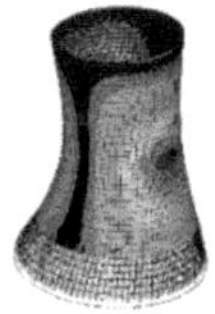	20	3.56	竖向压缩	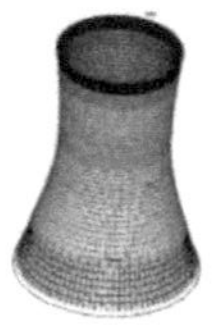

通过刚性测压风洞试验可以得到各测压点的风压时程数据，但受仪器限制，测压点数目有限，若直接以测压点位置作为有限元模型加载点，将造成一定误差。故采用 POD 方法，将 12×36=432 个测压点数据，插值到 41×92=3772 个加载点的风压时程数据中。即利用现有风压数据提高风洞试验测压点的分辨率，从而使风洞试验数据直接用于有限元结构风振响应计算和分析。

表 5.4 为 POD 分解中完整风压信号（包含均值）和脉动风压信号（不包含均值）的特征值对比。图 5.12 则是两种信号的特征向量在冷却塔喉部沿环向的分布。其中，图 5.12（a）采用完整风压信号（包含均值）构造相关矩阵，图 5.12（b）则采用脉动风压信号（不包含均值）构造协方差矩阵。在 POD 分解中，一般须考虑随机场均值对结果的影响，即应使用脉动信号构建相关矩阵以完全反映脉动信号的特性，从而避免信号均值的影响。由表 5.4 可知，采用完整风压信号构造相关矩阵得到的结构第 1 阶特征值所占比重为 93.97%，远大于其他两阶特征值，这直接导致了第 1 阶特征模态与结构风压均值分布几乎相同；而采用脉动风压信号构造协方差矩阵得到的前几阶特征模态，其特征值比重明显减少，且随阶数下降趋势较缓，因此各阶特征模态分布具有一定的随机性，该结构恰好在第 3 阶模态出现了与风压均值较为类似的分布，而前两阶特征模态均为反对称形式。

表 5.4　相关矩阵与协方差矩阵特征值对比

模态阶数	相关矩阵		协方差矩阵	
	特征值 $\lambda_n(x,y)$	比重 y/%	特征值 $\lambda_n(x,y)$	比重 y/%
第 1 阶	13.251	93.97	0.290	29.03
第 2 阶	0.289	2.05	0.231	23.14
第 3 阶	0.229	1.62	0.157	15.72

注：y 表示各阶模态的特征值占所有模态特征值的比重。

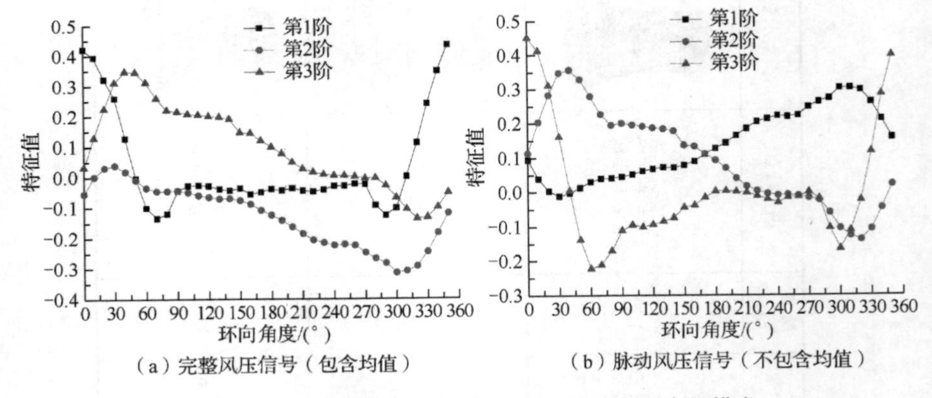

（a）完整风压信号（包含均值）　（b）脉动风压信号（不包含均值）

图 5.12　冷却塔喉部位置完整风压、脉动风压本征模态

5.4.2　风致位移响应

利用 ANSYS 中的瞬态动力分析功能，将脉动风压时程导入 ANSYS 并施加于结构上（采用 0.5%阻尼比和 1.0 倍结构实际质量），通过求解动力学方程得到了在脉动风压作用下各节点的位移响应。此处所采用的脉动风压时程考虑了冷却塔内压的影响，即通过外压与内压之差给出了结构风压时程信号。图 5.13 分别给出了冷却塔在风荷载作用下 0° 子午线和塔顶处位移响应均值及脉动值沿高度变化的曲线，位移响应采用径向与子午向位移共同作用的效果，即总位移。分析可知：平均位移和脉动位移响应都随高度增加而增大，在塔筒出口处达到最大，说明结构产生横风向运动，并出现整体侧倾；沿环向位移响应对称分布，在迎风点平均位移响应较大，在侧风向平均位移响应较小。

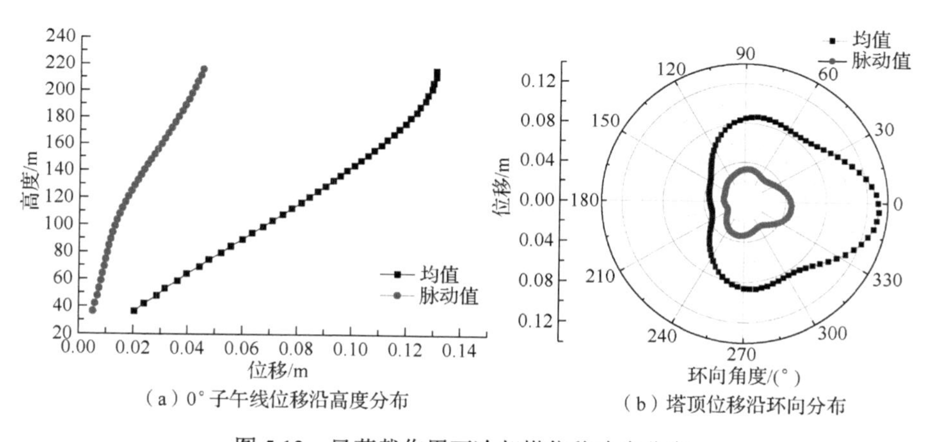

图 5.13　风荷载作用下冷却塔位移响应分布

图 5.14 分别给出了冷却塔在喉部高度处迎风点 0°、最小负压点 70°、旋涡分离点 120° 和尾流点 180° 的位移响应频率谱密度。图 5.15 分别给出了冷却塔在 0° 子午线上不同高度处的位移响应频率谱密度。分析可知：环向的迎风点在第 1、2 阶频率（1.29Hz）出现共振，其振型特点为环向 2 个谐波，子午向 2 个谐波；侧风向在第 3、4 阶频率（1.37Hz）出现共振，其振型特点为侧倾；这些区域的脉动响应以共振分量为主。尾流区在第 14 阶（2.70Hz）出现共振，其振型特点为环向 6 个谐波，子午向 3 个谐波，并在低频段出现共振、背景分量，该区域则是以背景响应为主导的。子午向的蒙皮底部、喉部和顶部都是在第 1、2 阶频率（1.29Hz）出现共振，其振型特点为环向 2 个谐波，子午向 2 个谐波。图 5.16 为沿 3 个主导

频段周围进行积分并取局部根方差结果得到的不同频率沿 0° 子午线和喉部环向的幅度变化情况，以此分析 3 个主要共振频率沿结构子午向和环向的频谱参与程度的变化规律。由此可知：在 0° 子午线上沿高度方向在 80m 以上区域第 1～4 阶共振频率占主导地位，且第 1、2 阶频率（1.29Hz）和第 3、4 阶频率（1.37Hz）参与程度相当；在 80m 以下区域各阶频率参与程度均较小。喉部除尾流区以外的区域都是第 1～4 阶频率占主导，其参与程度相当；在尾流区第 1～4 阶频率参与程度几乎为零，此时是以高阶频率（2.70Hz）为主导的，但该频率的参与程度与其他区域的第 1～4 阶频率参与程度相比要小得多。综上所述，该钢结构冷却塔第 1～4 阶共振频率在频谱参与程度中是占主导地位的，特别是在结构中上部。

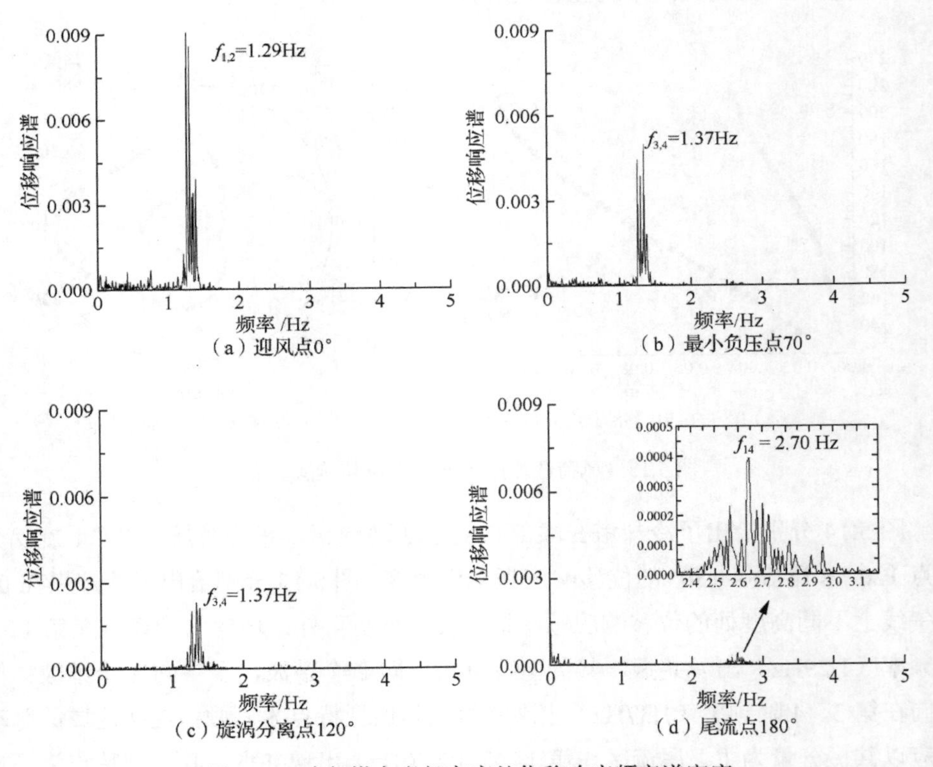

图 5.14　冷却塔在喉部高度处位移响应频率谱密度

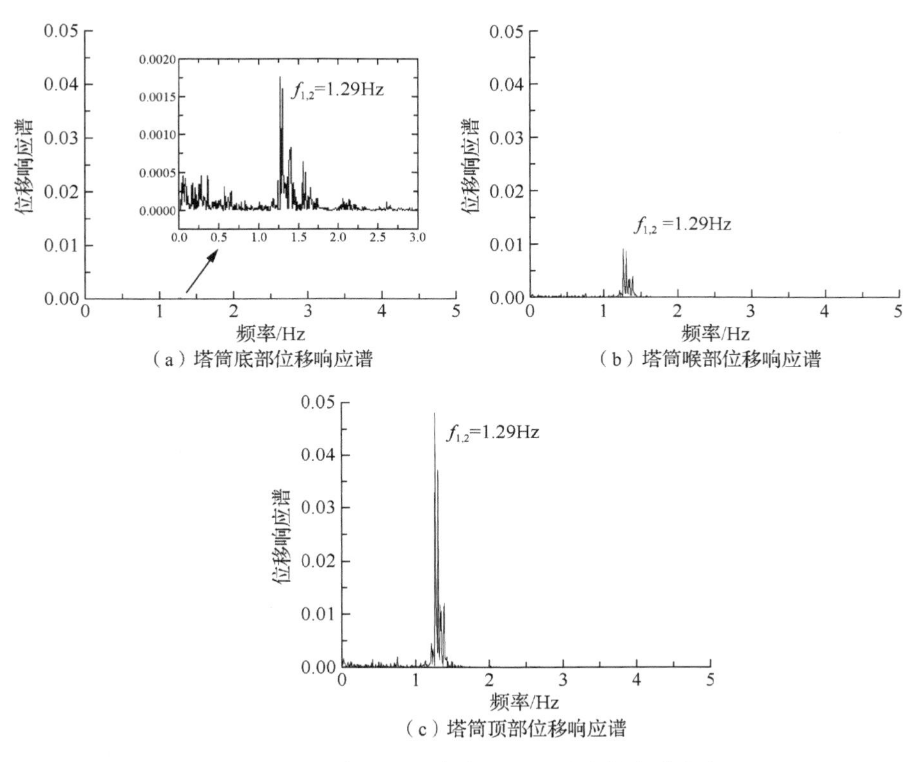

（a）塔筒底部位移响应谱　（b）塔筒喉部位移响应谱

（c）塔筒顶部位移响应谱

图 5.15　0°子午线上各高度处位移响应频率谱密度

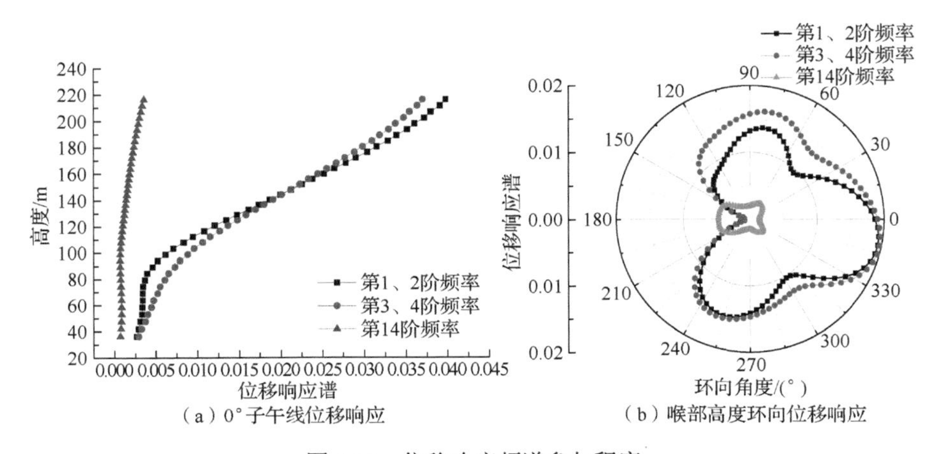

（a）0°子午线位移响应　（b）喉部高度环向位移响应

图 5.16　位移响应频谱参与程度

5.4.3　结构风振系数

根据风振系数定义，位移风振系数为最大位移反应与平均位移反应之比。冷却塔的位移风振系数在不同高度、不同角度处数值不相同。由于风振系数与风振平均位移密切相关，在试验数据分析过程中可区分位移区间，分析不同位移区间风振系数取值情况。表 5.5 给出了在 0.5%的阻尼比下，该冷却塔不同区域风振系数的取值，位移响应最大值分别为 0°～40° 的 0.1305m，40°～90° 的 0.0859m，90°～120° 的 0.0642m，120°～180° 的 0.0349m。图 5.17 分别给出了不同角度处位移风振系数沿高度方向的变化和不同高度处位移风振系数沿环向的变化规律。可以看出：沿子午向位移风振系数大致随高度的增加而增大；沿环向位移风振系数在顺风向数值较小，在侧风向数值较大，且在 0°～180° 和 180°～360° 范围内对称分布。

表 5.5　各区域风振系数取值（阻尼比：0.5%）

项目		风振系数值			
		0°～40°	40°～90°	90°～120°	120°～180°
高度	42.4～57.5m（第 1 层～第 2 层）	1.83	2.04	2.34	2.67
	57.5～87.7m（第 2 层～第 4 层）	1.72	1.97	2.35	2.73
	87.7～118.0m（第 4 层～第 6 层）	1.70	1.97	2.33	2.81
	118.0～148.2m（第 6 层～第 8 层）	1.79	2.03	2.33	2.87
	148.2～178.5m（第 8 层～第 10 层）	1.94	2.14	2.40	2.94
	178.5～208.7m（第 10 层～第 12 层）	2.12	2.24	2.48	3.01
均值		1.85	2.06	2.37	2.84

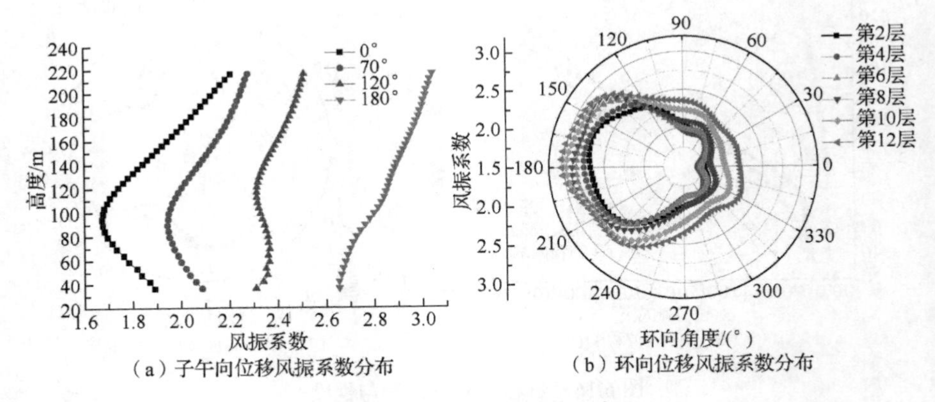

（a）子午向位移风振系数分布　　（b）环向位移风振系数分布

图 5.17　位移风振系数分布

由位移响应分析可知，环向由于侧风向平均位移响应较小，导致位移风振系数较大，在确定风振系数时根据迎风点的风振系数进行取值较为妥当。子午向位移响应均值和标准差均随高度的增加而增大，风振系数也大致随高度的增加而增大，故风振系数可根据 0° 子午线上各高度范围内的均值来确定。

为了考察阻尼比对结构振动特性的影响，在 0.5%、1.0%、1.5% 3 种阻尼比下，将 0° 子午线上位移风振系数分布和喉部环向位移风振系数分布进行对比，结果如图 5.18 所示。由此可知：风振系数的取值与阻尼比的变化密切相关，随着阻尼比的增大，位移风振系数变化趋势保持不变，但其取值总体减小。阻尼比从 0.5%变化至 1.5%，风振系数减小幅度为 12.3%。由于阻尼比的影响体现在对共振响应的影响上，在脉动响应以共振分量为主导的区域（0° ～±150° ），阻尼比的影响更为显著。

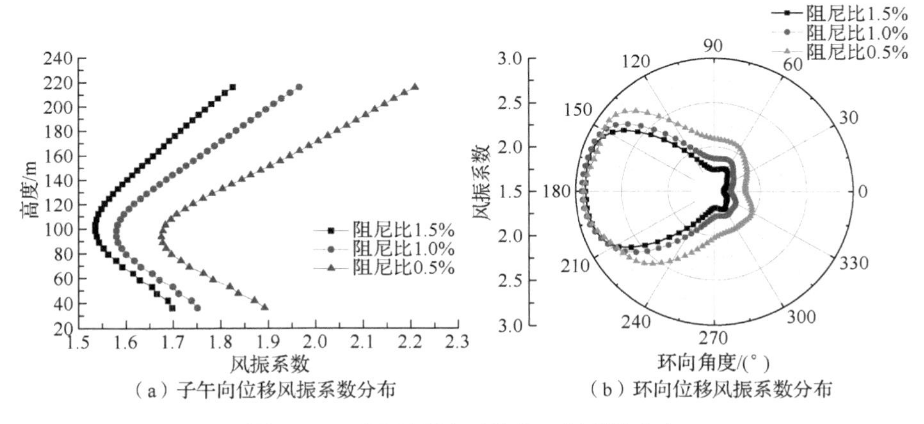

（a）子午向位移风振系数分布　（b）环向位移风振系数分布

图 5.18　不同阻尼比下位移风振系数分布

该冷却塔有限元模型的质量是通过实常数来加入的，通过将有限元模拟的结构实际质量放大或缩小一定倍数，进行不同质量结构在相同风荷载作用下的响应分析，以此考察钢结构冷却塔风振系数对结构质量变化的敏感程度。将实际质量 M 分别乘以 0.8、1.0、1.2 的比例系数，在此 3 种工况作用下，将 0° 子午线上位移风振系数分布和喉部环向位移风振系数分布进行对比，结果如图 5.19 所示。由此可知：钢结构冷却塔风振系数对结构质量变化较为敏感，风振系数随着质量的增大（系数从 0.8 变化至 1.2），其变化趋势保持不变，但取值总体增大。风振系数之所以随结构质量增大而增大，主要原因在于结构基频随质量增大而减小，有使结构基频向来流风谱峰值接近的趋势，提高了脉动风加载能量作用，从而使得结构风振加剧，风振系数因此增大。具体来说，沿高度方向在喉部以下风振系数随质量变化幅度较大（约 8.36%），喉部以上变化幅度较小（仅为 0.93%）；沿环向在 0° ～120° 和 240° ～360° 范围内变化幅度较大（6.51%），在 120° ～240° 范围内变化幅度较小（2.85%）。

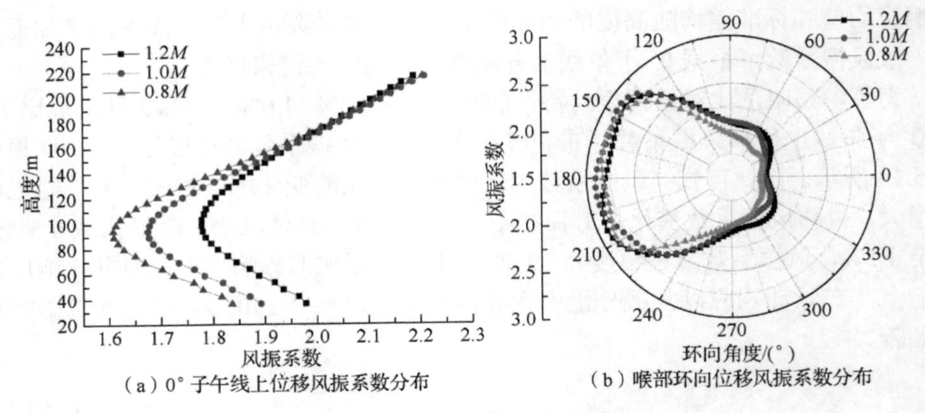

图 5.19　不同质量工况下位移风振系数分布

5.5　小　　结

本章阐述了冷却塔等效梁格气弹模型设计方法和瞬态动力时域分析方法，基于气弹模型风洞试验探讨了大型冷却塔平均风振响应、脉动风振响应、风振响应峰值因子和风振动力放大系数的一般规律；基于某钢结构超大型冷却塔风振响应时域分析探讨了风振响应和风振系数沿塔筒表面的分布规律以及结构阻尼比、质量分布对结构风振系数的影响。

第 6 章 大型冷却塔风致干扰效应

渡桥电厂风毁事故拉开了大型冷却塔风致干扰效应研究的序幕，伴随冷却塔超高超大的结构发展趋势，塔群数量从双塔、四塔向六塔、八塔发展，布置形式呈现矩形、菱形、一字形和 L 形等多样化，群塔干扰问题愈发突出。本章将针对典型群塔布置形式，开展群塔干扰下荷载分布模式研究，对比荷载和响应层面的群塔干扰效应指标，提出基于配筋包络指标的大型冷却塔群塔风致干扰效应准则。

6.1 群塔干扰平均风荷载分布模式

6.1.1 风荷载分布模式

依托工程研究对象某 215m 冷却塔（塔型与第 3 章中相同），群塔组合形式包括六塔矩形布置和六塔菱形布置两种，相邻塔距为 3 种，分别为 1.5 倍、1.75 倍、2.0 倍的塔筒底部直径。风洞试验中进行 0°～360° 增量为 22.5°、共 16 个风向角下的刚性模型测压试验。风洞试验中的群塔布置形式见图 6.1。其中，L 为相邻两塔中心距，D 为塔筒底部直径，β 为风向角。

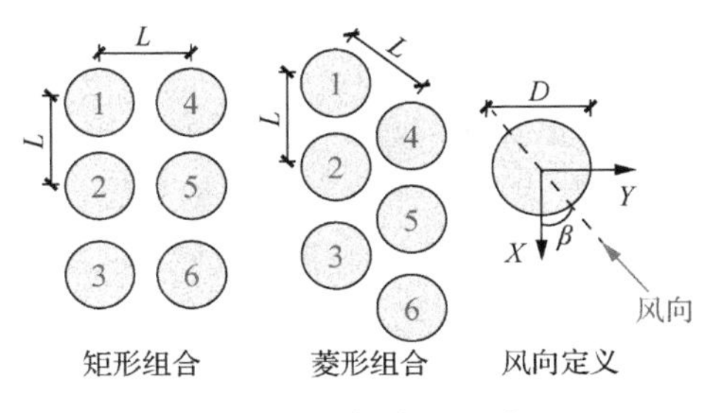

图 6.1 群塔布置形式

群塔干扰下的冷却塔平均风荷载，除了存在与单塔类似的对称分布外，更多的是由于临近塔屏蔽效应、夹缝效应和尾流效应而在迎风区、侧风区和背风区产生的非对称分布风压。以六塔矩形布置、相邻塔间距为 1.5*D*、0° 风向角下 1 号冷却塔为例，图 6.2 给出了塔筒表面平均风压系数三维分布示意图。从图 6.2（a）中可以看出，受正前方 2 号、3 号冷却塔的阻挡，1 号塔迎风区最大正压向 1 号、4 号两塔内侧偏移，在迎风区形成了非对称正压分布；同时气流经过塔群夹缝时速度增大，因此 1 号塔在侧风区双塔内侧的最大负压大于外侧［见图 6.2（b）、图 6.2（c）］，从而在冷却塔顺风向两侧侧风区产生了非对称负压分布。实际上，在群塔干扰下，冷却塔表面多数为非对称的风压分布形式。

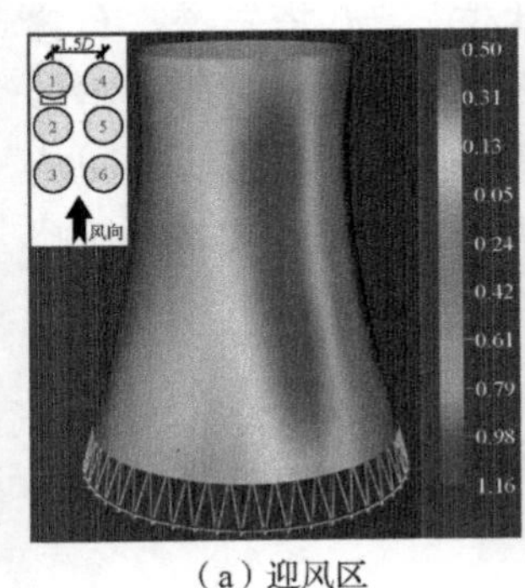

（a）迎风区

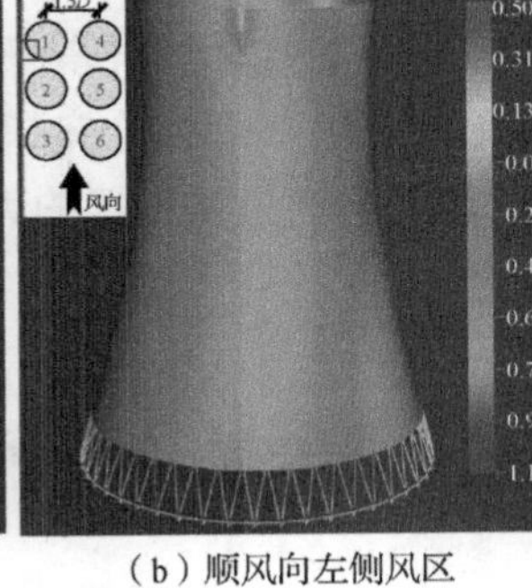

（b）顺风向左侧风区

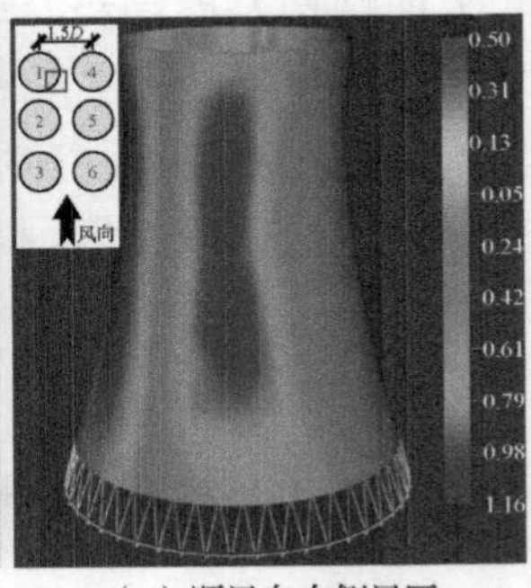

（c）顺风向右侧风区

图 6.2　塔筒表面平均风压系数三维分布

彩图 6.2

群塔干扰下冷却塔表面风荷载总体可分为对称荷载分布模式和非对称荷载分布模式两类，取冷却塔喉部高度风压为代表性风压，探讨每类模式下的若干种代表风压分布。考虑到群塔布置的对称性，六塔矩形布置仅须考虑 1 号塔和 2 号塔的风压，六塔菱形布置仅须考虑 1 号塔、2 号塔和 3 号塔的风压。对六塔组合两种布置形式、3 种塔间距、16 个风向角共计 480 个工况下的喉部高度环向风压分布进行统计分析。图 6.3 中灰色区域为 480 个工况下的喉部高度环向平均风压系数。图 6.3（a）为环向各测压点分别取 95%保证率的极大值、极小值和均值时的环向风压分布。从中可以看出：虽然群塔干扰下表面风荷载多数为非对称分布，但是从统计意义上讲，冷却塔表面风荷载呈对称分布。将冷却塔沿环向分成 3 个区域：区域Ⅰ（0°～110°，一侧）、区域Ⅱ（110°～250°，背风区）和区域Ⅲ（250°～360°，另一侧迎风至背风区），在这 3 个区域分别有极大值、均值、极小值，将其进行组合，共有 27 种不同的环向风压组合，其中，9 种对称风压分布，18 种非对称风压分布。图 6.3（b）给出了极大值-极小值-极大值的对称风压分布模式；图 6.3（c）、图 6.3（d）分别给出了极大值-极小值-均值和极小值-极大值-极大值的非对称风压分布模式。

借鉴《火力发电厂水工设计规范》（DL/T 5339—2018）[4]中基于三角级数的平均风压拟合公式，采用包含 7 项正弦项、7 项余弦项和 1 项常数项的 15 项三角级数表达式对上述 27 种风压分布进行拟合［见式（6.1）］。从图 6.3（b）～图 6.3（d）的拟合效果来看，包含正弦项、余弦项和常数项的三角级数公式可以较好地拟合非对称风压分布；同时，在对称荷载分布模式下，拟合公式可以退化成与《火力发电厂水工设计规范》（DL/T 5339—2018）[4]相同的仅包含余弦项和常数项的八项式。

$$C_{\mathrm{p}}(\theta)=\sum_{k=1}^{7}\alpha_k\cos(k\theta)+\sum_{k=1}^{7}\beta_k\sin(k\theta)+C \tag{6.1}$$

式中，C_{p} 为冷却塔外表面平均风压系数；θ 为环向角度；α_k、β_k 和 C 为拟合系数，详见表 6.1、表 6.2。

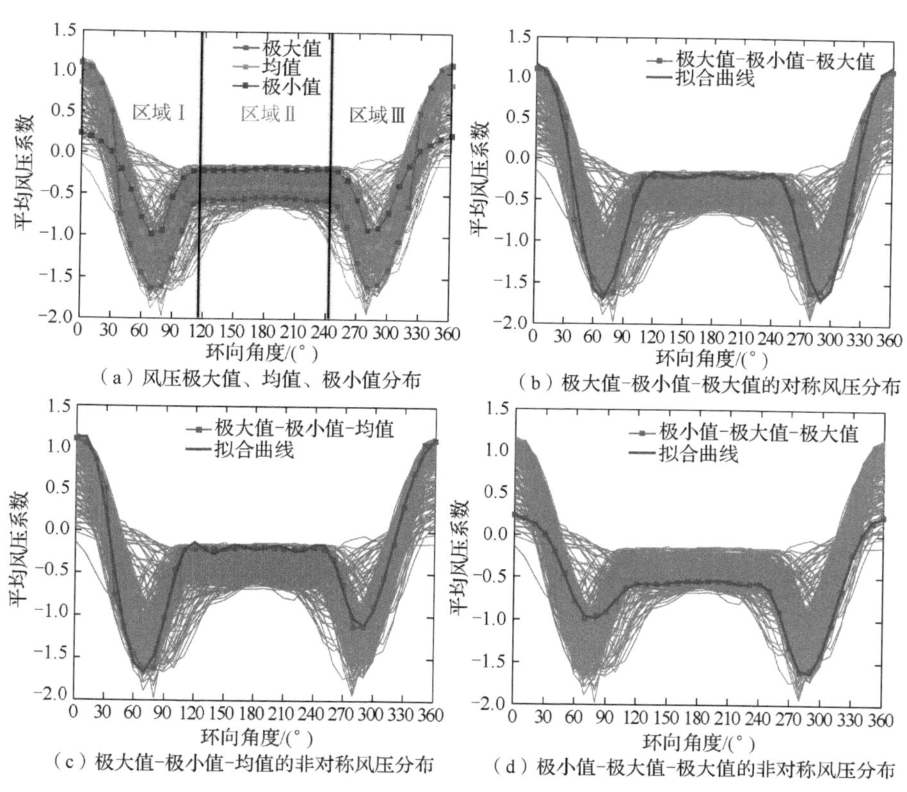

（a）风压极大值、均值、极小值分布

（b）极大值-极小值-极大值的对称风压分布

（c）极大值-极小值-均值的非对称风压分布

（d）极小值-极大值-极大值的非对称风压分布

图 6.3　平均风压分布

彩图 6.3

表 6.1　平均风压分布拟合参数 α_k

荷载模式		α_1	α_2	α_3	α_4	α_5	α_6	α_7	C
对称荷载分布模式	1	0.3669	0.8231	0.6033	0.0942	−0.1074	−0.0374	−0.0358	−0.5611
	2	0.1319	0.7960	0.6922	0.1099	−0.1651	−0.0464	0.0011	−0.3659
	3	0.2763	0.8126	0.6434	0.0961	−0.1391	−0.0335	−0.0122	−0.4879
	4	0.2770	0.3676	0.1646	−0.0467	−0.0703	−0.0018	0.0085	−0.4841
	5	0.0381	0.3380	0.2634	−0.0218	−0.1371	−0.0241	0.0503	−0.2888
	6	0.1859	0.3681	0.2060	−0.0448	−0.0982	−0.0067	0.0230	−0.4180
	7	0.3788	0.5681	0.3523	0.0386	−0.0524	0.0167	0.0289	−0.4663
	8	0.1435	0.5244	0.4428	0.0710	−0.1119	−0.0078	0.0685	−0.2624
	9	0.2905	0.5508	0.3874	0.0502	−0.0753	0.0090	0.0427	−0.3895
非对称荷载分布模式	1	0.5035	−0.1576	0.7009	−0.0829	0.3866	0.0597	−0.0145	−0.4211
	2	0.2730	−0.2038	0.7090	−0.0724	0.4641	0.1024	−0.0292	−0.2439
	3	0.4175	−0.1688	0.7066	−0.0822	0.4159	0.0736	−0.0234	−0.3563
	4	0.4201	−0.1418	0.7333	−0.1010	0.5009	0.0286	0.0787	−0.4889
	5	0.1839	−0.1514	0.6958	−0.0998	0.5912	0.0379	0.1032	−0.2889
	6	0.3301	−0.1420	0.7164	−0.1055	0.5397	0.0330	0.0879	−0.4124
	7	0.1695	0.1768	0.4753	0.1357	0.3023	−0.0236	−0.0252	−0.6050
	8	−0.0657	0.1819	0.4431	0.1360	0.3902	−0.0288	−0.0050	−0.4077
	9	0.0810	0.1785	0.4691	0.1357	0.3379	−0.0230	−0.0249	−0.5340
	10	0.2333	0.0428	0.3948	0.0353	0.2062	−0.0019	−0.0408	−0.5272
	11	−0.0026	0.0378	0.3526	0.0372	0.2953	0.0027	−0.0118	−0.3249
	12	0.1450	0.0391	0.3812	0.0339	0.2406	0.0051	−0.0336	−0.4526
	13	0.4029	−0.0619	0.5378	−0.0505	0.3166	0.0014	0.0364	−0.4371
	14	0.1668	−0.0600	0.4980	−0.0490	0.4063	−0.0011	0.0634	−0.2360
	15	0.3149	−0.0557	0.5262	−0.0531	0.3504	−0.0011	0.0427	−0.3636
	16	0.3060	0.1264	0.6429	0.0953	0.4492	−0.0201	0.0606	−0.5488
	17	0.0707	0.1338	0.6084	0.0956	0.5371	−0.0275	0.0830	−0.3504
	18	0.2171	0.1330	0.6320	0.0946	0.4856	−0.0239	0.0649	−0.4754

表 6.2　平均风压分布拟合参数 β_k

荷载模式		β_1	β_2	β_3	β_4	β_5	β_6	β_7
对称荷载分布模式	1	0.0000	0.0000	0.0000	0.0000	0.0000	0.0000	0.0000
	2	0.0000	0.0000	0.0000	0.0000	0.0000	0.0000	0.0000
	3	0.0000	0.0000	0.0000	0.0000	0.0000	0.0000	0.0000
	4	0.0000	0.0000	0.0000	0.0000	0.0000	0.0000	0.0000
	5	0.0000	0.0000	0.0000	0.0000	0.0000	0.0000	0.0000
	6	0.0000	0.0000	0.0000	0.0000	0.0000	0.0000	0.0000
	7	0.0000	0.0000	0.0000	0.0000	0.0000	0.0000	0.0000
	8	0.0000	0.0000	0.0000	0.0000	0.0000	0.0000	0.0000
	9	0.0000	0.0000	0.0000	0.0000	0.0000	0.0000	0.0000
非对称荷载分布模式	1	0.0578	−0.0868	−0.0297	0.0192	−0.0197	0.0140	0.0375
	2	0.0367	−0.1261	−0.0616	0.0350	0.0031	0.0290	0.0630
	3	0.0506	−0.1011	−0.0379	0.0287	−0.0138	0.0182	0.0455
	4	0.0869	−0.0735	0.0486	−0.0108	0.0223	−0.0084	0.0168
	5	0.0834	−0.1346	0.0440	−0.0286	0.0213	0.0315	0.0232
	6	0.0895	−0.1028	0.0470	−0.0146	0.0142	0.0127	0.0228
	7	−0.0646	−0.1076	−0.0125	−0.0064	0.0112	0.0217	−0.0121
	8	−0.0664	−0.1649	−0.0032	−0.0210	0.0079	0.0571	−0.0187
	9	−0.0700	−0.1319	−0.0073	−0.0030	0.0135	0.0375	−0.0169
	10	−0.0002	−0.0834	0.0110	0.0022	0.0094	0.0265	−0.0048
	11	−0.0051	−0.1429	0.0110	−0.0203	0.0104	0.0643	−0.0030
	12	−0.0034	−0.1056	0.0082	−0.0013	0.0093	0.0391	0.0003
	13	0.0352	−0.0389	0.0130	0.0175	−0.0046	0.0230	0.0017
	14	0.0310	−0.0992	0.0203	−0.0031	−0.0046	0.0618	−0.0042
	15	0.0340	−0.0607	0.0191	0.0138	−0.0069	0.0357	−0.0017
	16	−0.0462	−0.0695	−0.0128	0.0131	0.0004	0.0273	−0.0131
	17	−0.0479	−0.1268	−0.0013	−0.0038	−0.0029	0.0627	−0.0219
	18	−0.0505	−0.0949	−0.0039	0.0131	0.0018	0.0436	−0.0209

6.1.2　最不利平均风荷载分布模式

冷却塔结构安全性主要表现为结构稳定和安全强度两个方面，其中，前者可由稳定系数来衡量，后者则与构件内力息息相关。冷却塔结构构件往往存在多个特征内力，以塔筒为例，包括环向轴力 T_X、环向弯矩 M_X、子午向轴力 T_Y 和子午向弯矩 M_Y（见图 6.4）。图 6.5 分别给出了 T_X、M_X、T_Y 和 M_Y 所对应的 27 种平均风荷载分布模式中的最不利工况。特征内力不同，对应的最不利荷载分布模式也不尽相同，因此很难以某类构件某个特征内力的大小来判断最不利风荷载。为此，采用结构造价安全强度的评价指标，这是由于冷却塔结构造价主要由钢筋混凝土用量确定，塔型确定后，混凝土用量就确定，结构造价仅与钢筋用量即结构配筋有关，而结构配筋由包含拉压弯剪扭的所有特征内力共同决定。因此，结构配筋就包含了所有的内力效应，结构造价也包含了所有的内力效应。

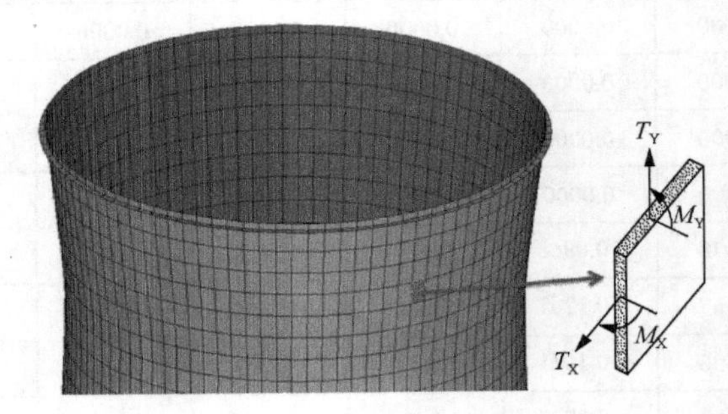

图 6.4　塔筒特征内力示意图

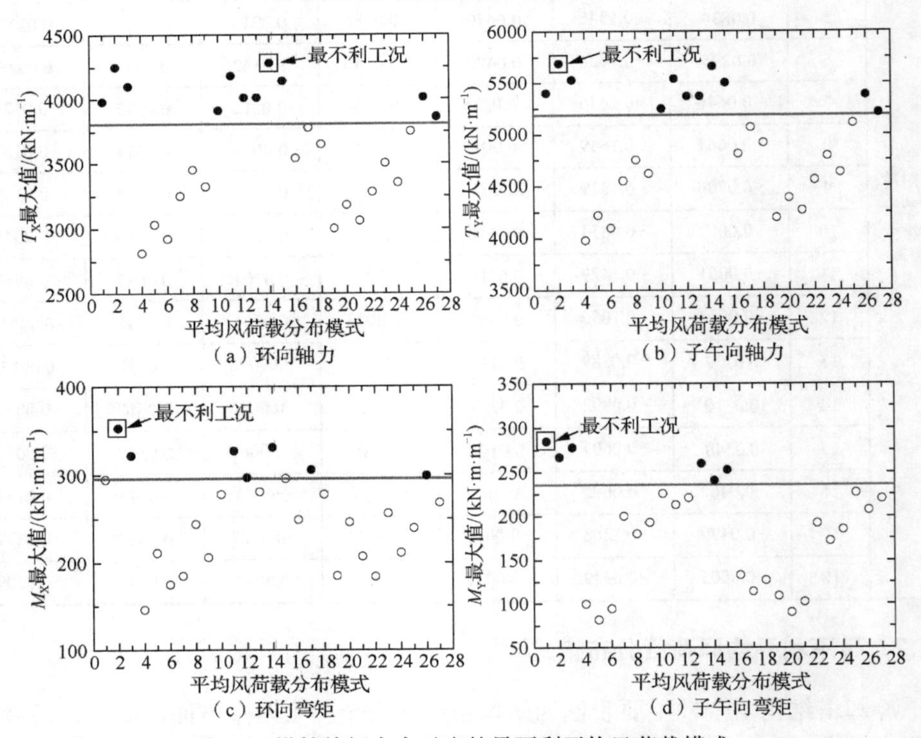

（a）环向轴力　　（b）子午向轴力

（c）环向弯矩　　（d）子午向弯矩

图 6.5　塔筒特征内力对应的最不利平均风荷载模式

图 6.6 分别给出了 27 种平均风荷载模式下的局部稳定系数［公式详见《火力发电厂水工设计规范》（DL/T 5339—2018）[4]］和结构造价。局部稳定系数最小且结构造价最高包含 3 类对称荷载分布模式，即极大值-极小值-极大值、极大值-均值-极大值、极大值-极大值-极大值，以及 3 类非对称荷载分布模式，即极大值-极小值-均值、极大值-均值-均值、极大值-极大值-均值，详见图 6.7。图 6.8 对比了对称和非对称两种最不利风荷载分布。其中，迎风区为极大值的对称荷载分布模式（即区域Ⅰ和区域Ⅲ为极大值，区域Ⅱ为任意值）的荷载效应大于迎风区为极大值和均值的非对称荷载分布模式（即区域Ⅰ为极大值，区域Ⅲ为均值，区域Ⅱ为任意值）；而在对称分布的风荷载模式中，迎风区为极大值且背风区为极小值的对称模式的荷载效应最大，迎风区为极大值且背风区也为极大值的对称模式的荷载效应最小，即迎风区与背风区的荷载相差越大，风荷载效应越大（见图 6.9）。

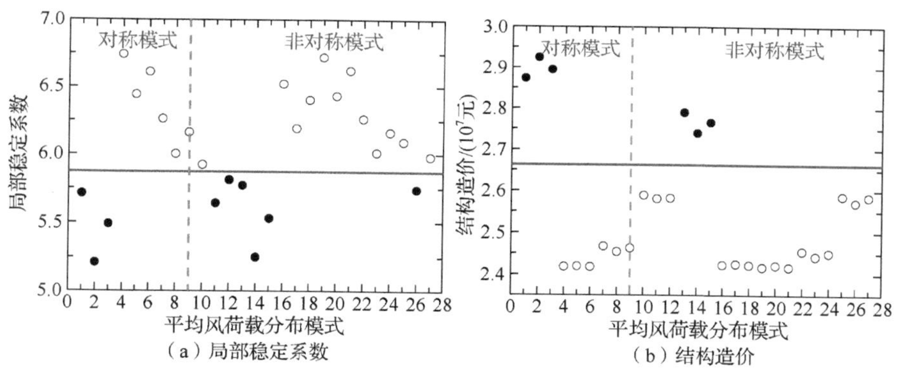

图 6.6　不同平均风荷载分布模式下的局部稳定系数和结构造价

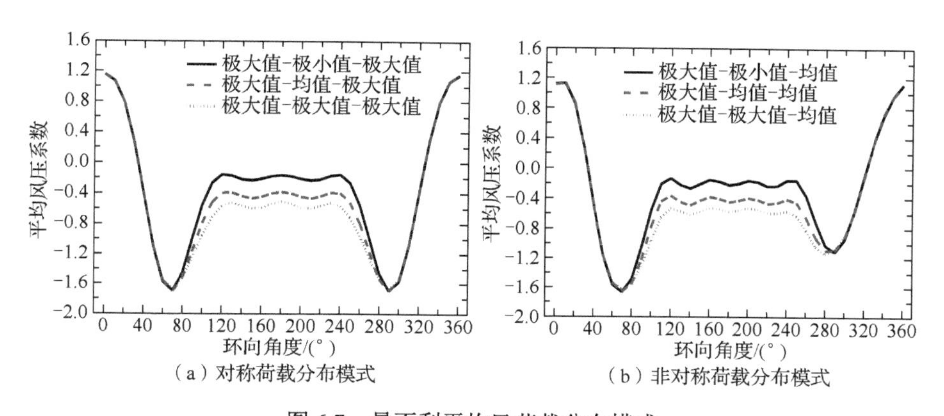

图 6.7　最不利平均风荷载分布模式

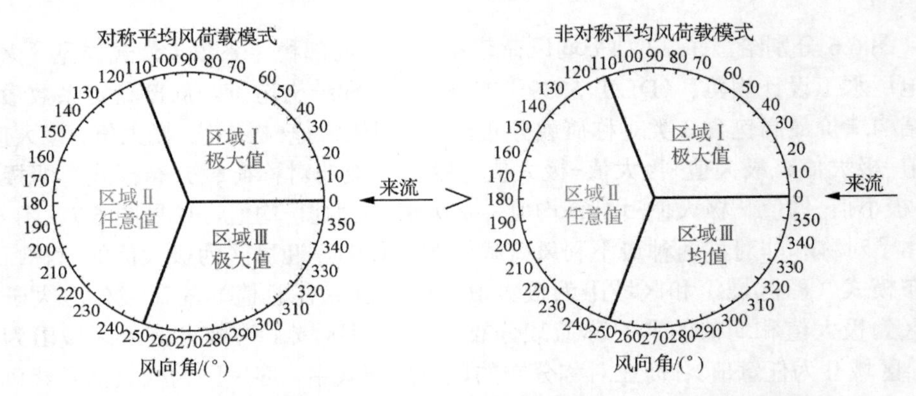

图 6.8　对称平均风荷载模式与非对称平均风荷载模式的最不利风效应对比

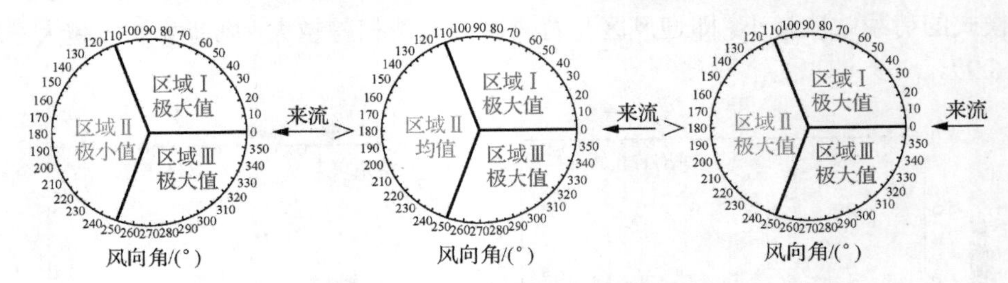

图 6.9　对称平均风荷载模式最不利风效应对比

6.2　群塔干扰脉动风荷载分布模式

6.2.1　脉动风压干扰分布特征

传统的对冷却塔的脉动风荷载干扰效应的研究以定性描述为主，缺乏定量的评价指标，但对脉动风荷载的干扰效应开展定量的研究具有重要的工程意义。依托冷却塔工程为八塔组合矩形布置，相邻两塔中心距为 1.5*D*（*D* 为零米高度直径），塔高 185m，*D* 为 126.8m，出口直径 82.5m，喉部直径 79.2m，为降低表面风荷载，冷却塔外表面采用带肋结构形式。风洞试验的几何缩尺比为 1∶300。风洞试验中的群塔布置示意详见图 6.10。

群塔组合后干扰风压的分布十分复杂，需要分门别类加以探讨。以 2 号塔筒（T2）为研究对象，将来流方向分为如图 6.11 所示的 3 类，第一类来流正对 2 号塔筒，称为迎风来流［见图 6.11（a)］。以 0° 风向角为例来说明迎风来流下的脉动风压分布，图 6.12（a）为 2 号塔喉部位置的脉动风压环向分布示意图。脉动风压沿着环向分布较为对称，在迎风点两侧 90° 左右区域有小幅度的波峰，整体分布与单塔类似，呈现 V 型分布，脉动风压的峰值在 0.1～0.25 之间波动，与单塔

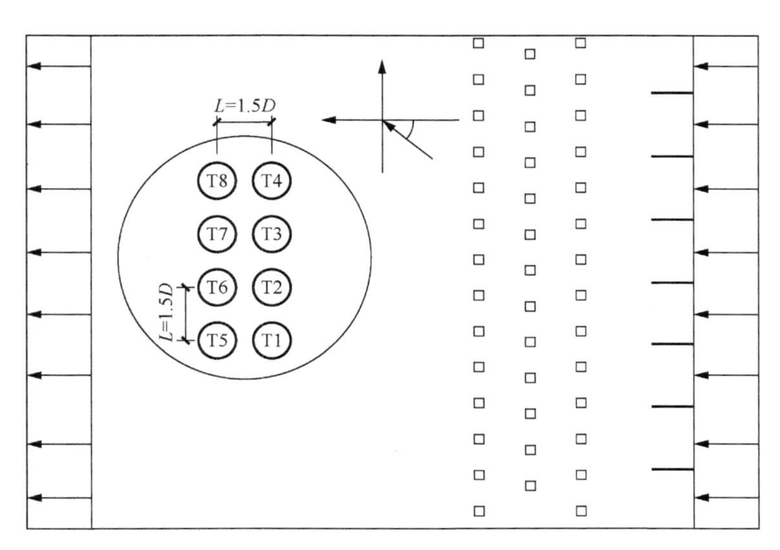

图 6.10　群塔风洞试验布置示意图

接近，表明在对应风向角下干扰对脉动风压的放大作用较弱，而这种影响也不同于相同工况下平均风压在背风区分布受干扰效应影响显著的变化趋势。图 6.11（a）中流场图解释了 V 型分布的成因，当风从 2 号塔迎风侧以小角度吹来时，2 号塔周边的塔对其流场影响较小，表现为 2 号塔表面环向脉动风压受干扰影响较小，为与其他干扰效应进行区分，定义这种类型的干扰效应为弱干扰效应。当来流风的角度较小或者其角度不至于造成前塔对后塔遮挡作用很强时，受干扰的塔表面脉动风压多呈现 V 型分布，不同角度下 1、2 号塔的 V 型分布情况如图 6.13（a）所示。矩形布置的对称性使得呈现 V 型分布对应的风向角较多。

第二类来流方向使 2 号塔处于完全背风的位置，称这种来流方向为背风来流[见图 6.11(b)]。典型的风向角为 180°，此时 2 号塔表面的脉动风压分布如图 6.12（b）所示，0°～180° 范围内脉动风压沿着环向呈现典型的 Λ 型分布模式。从图 6.11（b）流场分析，当研究塔筒处于背风侧时，其处于前塔的尾流区，且其两侧与周边塔筒形成通道使得气流具有加速效应，受扰塔在尾流与通道加速的气流组合作用下表现出在迎风点两侧 30°～90° 范围内的脉动风压显著放大，当受扰塔两侧通道相对来流方向较为对称时，脉动风压的分布将呈现近似 Λ 型分布。当风向角偏离 180° 但具备类似的流场特征时，干扰效应均会使得受扰塔表面的脉动风压形成近似的 Λ 型分布模式。不同风向角下的 Λ 型分布的脉动风压如图 6.13（b）所示，其干扰放大幅度较大，脉动风压约在 0.1～0.5 之间波动，表现出强干扰的特征，整体呈现出脉动效应沿环向整体放大的趋势，放大倍数介于 0.95～1.8 之间，亦不同于类似布置工况下位于下游冷却塔表面平均风压呈现压力系数降低的效应。结合脉动风压分布仍呈现较为对称的特点，称这种对称的大幅度干扰效应为对称强干扰效应。

第三类来流模式如图 6.11（c）所示，当风向角处于某些特殊的位置时，流场会在受扰塔的迎风点的一侧形成遮挡，另一侧形成加速，使得脉动风压呈现较强的非对称分布的特点，表现出加速侧脉动风压相比单塔急剧放大，遮挡一侧的脉动风压相比单塔减小，形成典型的半 V 型+半 Λ 型分布模式。选取风向角为 157.5°条件下的 2 号塔为研究对象，其所处流场示意如图 6.11（c）所示。2 号塔迎风点右侧的流场处于加速侧，其脉动风压显著放大，而迎风点左侧的脉动风压因处于前塔遮挡区域表现出减小的特点，在不对称的流场中形成如图 6.12（c）所示的半 V 型+半 Λ 型分布模式；脉动风压系数分布约在 0.1～0.45 波动，表现出较强的干扰效应。由于流场的不对称性，迎风点右侧出现大幅放大，左侧与单塔相比差别较小。将这种特殊角度下的干扰效应称为非对称强干扰效应。1、2 号塔表面的脉动风压呈现半 V 型+半 Λ 型分布的角度如图 6.13（c）与图 6.13（d）所示。相比于前面两种分布模式，半 V 型+半 Λ 型分布的角度很少，表明大部分来流方向经过紊流干扰后依然保持对称性，仅少数来流方向会形成不对称流场。

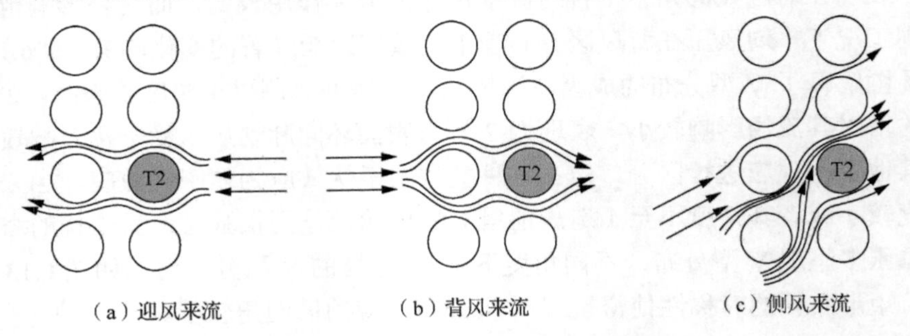

（a）迎风来流　（b）背风来流　（c）侧风来流

图 6.11　群塔风洞试验来流方向分类

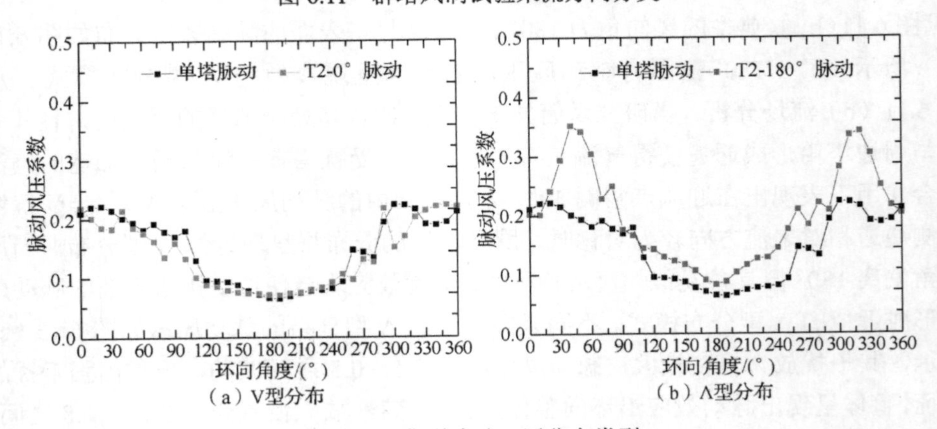

（a）V型分布　（b）Λ型分布

图 6.12　典型脉动风压分布类型

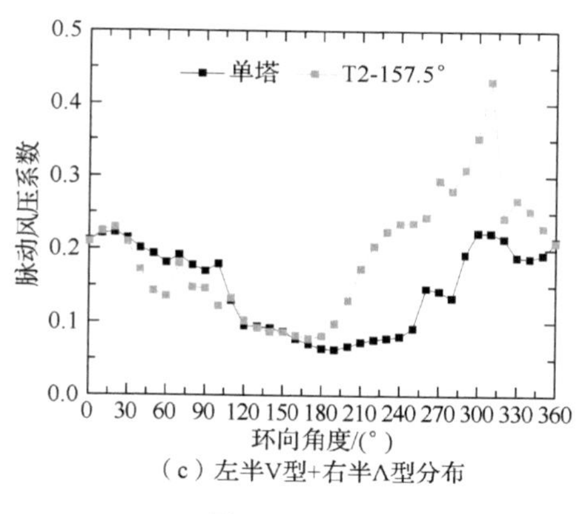

（c）左半V型+右半Λ型分布

图 6.12（续）

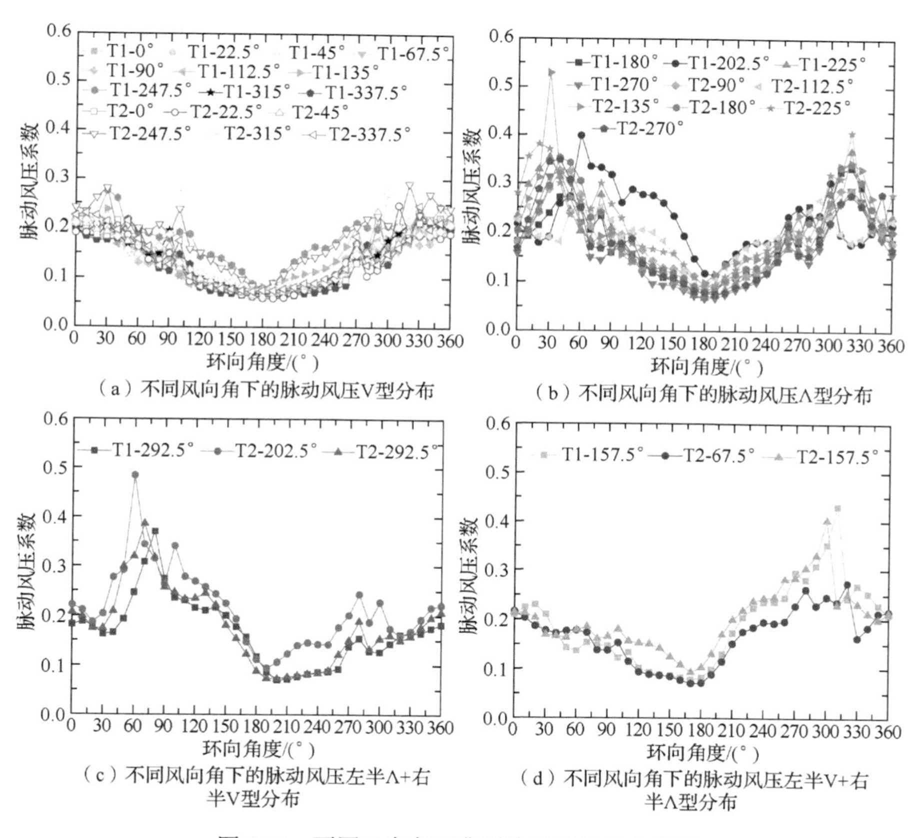

（a）不同风向角下的脉动风压V型分布

（b）不同风向角下的脉动风压Λ型分布

（c）不同风向角下的脉动风压左半Λ+右半V型分布

（d）不同风向角下的脉动风压左半V+右半Λ型分布

图 6.13　不同风向角下典型脉动风压分布类型

6.2.2　脉动风压分布模式

3 类来流模式下脉动风压的干扰效应与来流风向角和风压所在环向位置密切相关，为了更清晰地把握脉动风压干扰分布的规律，对脉动风压的干扰分布模式进行量化表达。考虑到干扰后脉动风压的环向分布存在对称性，借鉴平均风压分布模式的拟合公式［见式（6.1）］，采用包含 4 项正弦项、4 项余弦项和 1 项常数项的三角级数公式对脉动风压分布进行拟合［见式（6.2）］。

$$\sigma_{\mathrm{p}}(\theta)=\sum_{k=1}^{4}\alpha_k\cos(k\theta)+\sum_{k=1}^{4}\beta_k\sin(k\theta)+C \tag{6.2}$$

式中，σ_{p} 为冷却塔外表面脉动风压系数；θ 为环向角度；α_k、β_k 和 C 为拟合系数。

根据矩形布置的对称性，选择 1、2 号塔为对象。采用式（6.2）对每种塔在 16 个风向角下的分布模式开展拟合，为直观反映不同风向角下脉动风压的拟合效果，将 1、2 号塔的拟合效果按照风向角对应排列（见图 6.14）。随着风向角的变化，脉动风压的分布模式变化较大。脉动风压的分布模式依赖于特定的风向角，且基于三角级数的拟合公式也适用于脉动风压。1、2 号塔的拟合参数详见表 6.3 和表 6.4。为了反映拟合参数对风向角的敏感性，图 6.15 和图 6.16 分别给出了 1 号塔和 2 号塔各项拟合参数随风向角的变化。由图可知，9 个拟合参数与风压均有较好的相关性，采用二次函数对风压拟合参数进行回归拟合，其拟合关系可表示为式（6.3），该式中的参数详见表 6.5。

$$a=k_1\theta^2+k_2\theta+k_3 \tag{6.3}$$

式中，a 为脉动风压拟合参数 α_i、β_i（i=1,2,3,4）和 C；θ 为风向角；k_1、k_2 和 k_3 为拟合参数。

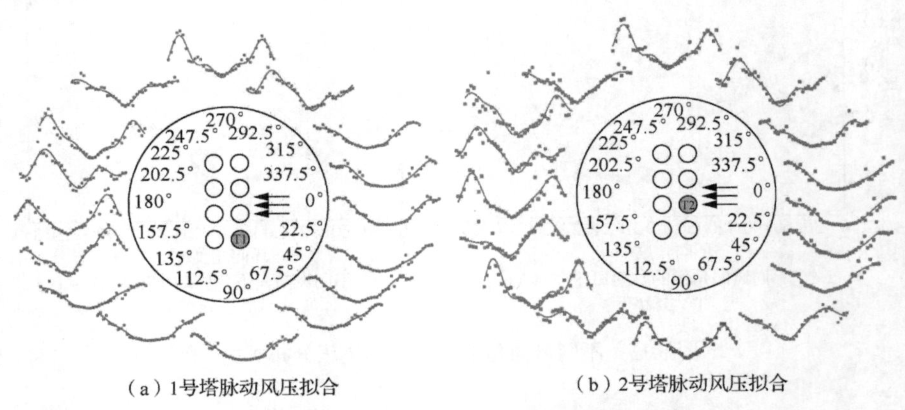

（a）1号塔脉动风压拟合　　（b）2号塔脉动风压拟合

图 6.14　不同风向角下 1、2 号塔脉动风压拟合

表 6.3　脉动风压拟合参数（1 号塔）

风向角	C	α_1	α_2	α_3	α_4	β_1	β_2	β_3	β_4
0°	0.137	0.071	−0.003	−0.004	0.001	−0.019	0.004	0.009	0.003
22.5°	0.140	0.073	0.000	−0.004	−0.004	−0.016	−0.002	−0.005	−0.004
45°	0.135	0.067	−0.005	−0.003	0.003	−0.026	0.004	0.009	0.005
67.5°	0.134	0.066	0.001	−0.004	−0.004	−0.020	0.003	−0.002	−0.003
90°	0.136	0.070	0.000	0.006	0.007	−0.024	0.003	0.004	−0.003
112.5°	0.139	0.075	0.004	0.002	0.005	−0.025	−0.004	0.002	−0.004
135°	0.150	0.057	−0.001	−0.002	−0.003	−0.034	0.006	0.000	0.000
157.5°	0.194	0.033	−0.030	0.001	0.016	−0.087	0.031	0.009	0.010
180°	0.179	0.056	−0.048	−0.023	−0.002	−0.029	0.025	0.028	0.019
202.5°	0.226	0.027	−0.061	0.005	−0.004	0.041	0.022	−0.016	−0.014
225°	0.187	0.092	−0.018	−0.008	0.006	−0.016	0.023	0.022	0.028
247.5°	0.182	0.055	−0.009	0.009	−0.004	−0.019	0.015	−0.006	0.008
270°	0.162	0.067	−0.029	−0.018	−0.013	−0.015	0.030	0.035	0.037
292.5°	0.170	0.046	−0.038	−0.001	−0.002	0.056	−0.011	−0.012	−0.022
315°	0.144	0.067	−0.012	−0.005	0.001	−0.023	−0.001	0.002	0.000
337.5°	0.134	0.072	−0.007	−0.011	−0.005	−0.018	−0.001	0.002	−0.001

表 6.4　脉动风压拟合参数（2 号塔）

风向角	C	α_1	α_2	α_3	α_4	β_1	β_2	β_3	β_4
0°	0.145	0.075	−0.004	−0.007	0.00	−0.024	−0.002	0.001	−0.003
22.5°	0.135	0.066	−0.007	−0.003	−0.003	−0.022	0.008	0.008	0.007
45°	0.148	0.074	−0.007	−0.001	0.002	−0.028	−0.001	0.000	−0.005
67.5°	0.169	0.038	−0.012	0.005	0.007	−0.056	0.026	−0.004	0.000
90°	0.185	0.056	−0.039	−0.018	−0.013	−0.007	0.029	0.032	0.024
112.5°	0.197	0.040	−0.025	0.013	0.003	−0.009	0.017	−0.014	−0.007
135°	0.200	0.077	−0.016	−0.019	−0.003	−0.032	0.035	0.043	0.048
157.5°	0.203	0.013	−0.030	0.009	0.011	−0.062	0.036	0.001	−0.001
180°	0.199	0.067	−0.047	−0.028	−0.019	−0.024	0.041	0.033	0.017
202.5°	0.213	0.047	−0.051	−0.001	−0.016	0.056	0.020	−0.007	−0.017
225°	0.230	0.094	−0.031	−0.002	0.022	−0.012	0.026	0.020	0.014

续表

风向角	C	α_1	α_2	α_3	α_4	β_1	β_2	β_3	β_4
247.5°	0.189	0.070	−0.016	0.004	0.005	−0.029	0.009	−0.007	0.006
270°	0.177	0.076	−0.026	−0.014	−0.017	−0.010	0.027	0.031	0.031
292.5°	0.180	0.061	−0.045	−0.003	−0.013	0.058	0.004	−0.009	−0.020
315°	0.151	0.066	−0.011	0.001	0.014	−0.023	0.000	0.009	0.002
337.5°	0.149	0.078	0.006	−0.001	−0.003	−0.021	0.003	−0.002	−0.001

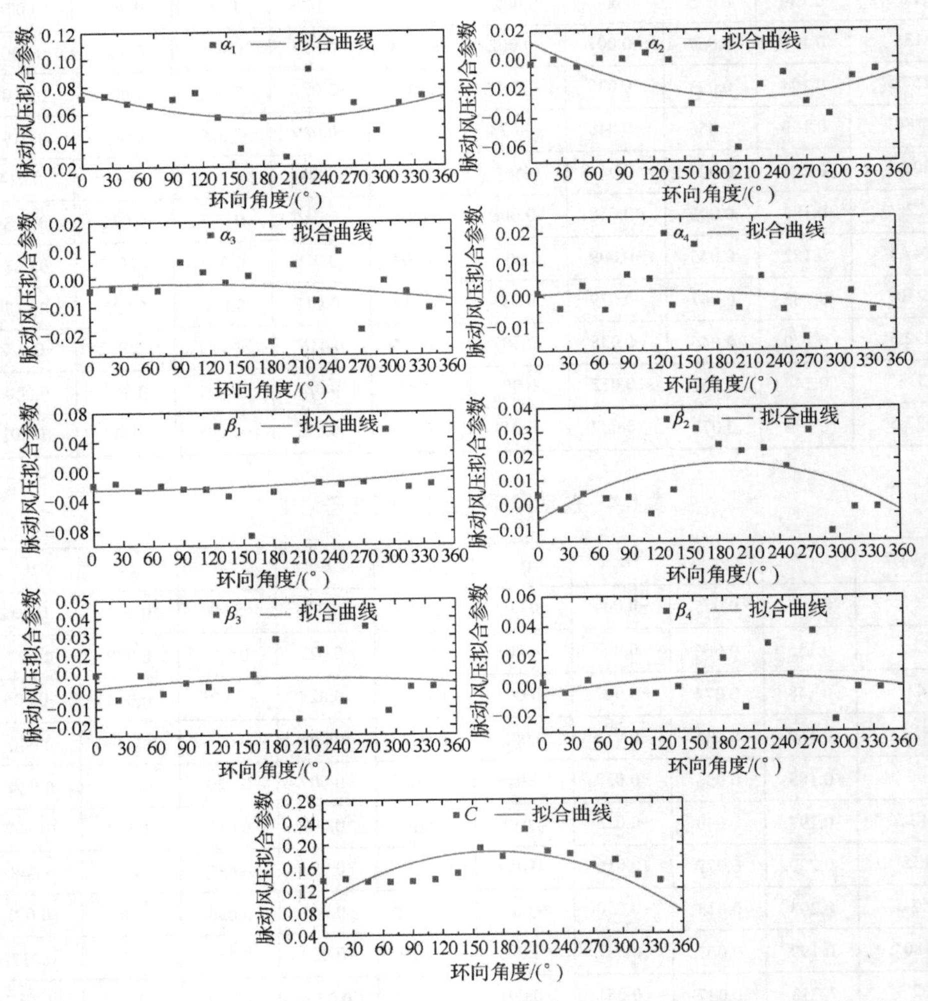

图 6.15　1 号塔脉动风压拟合参数与风向角的关系

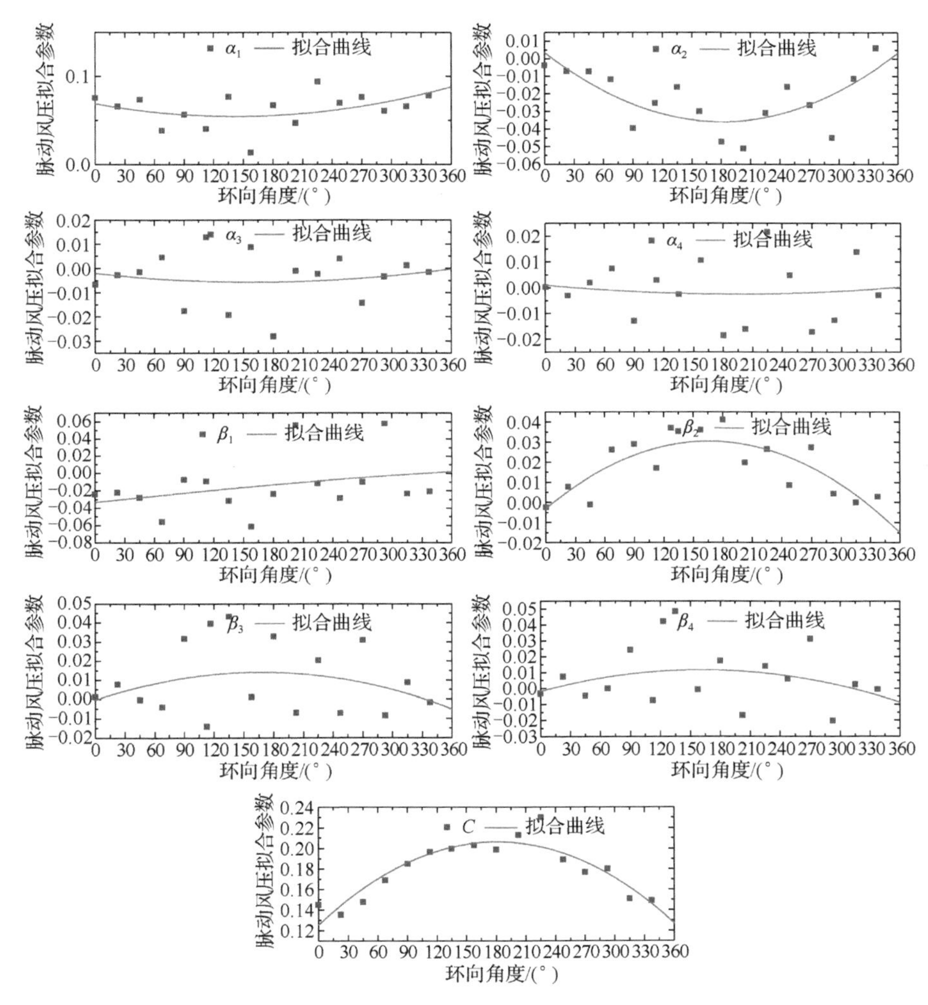

图 6.16　2 号塔脉动风压拟合参数与风向角的关系

表 6.5　脉动风压拟合参数与风向角的关系

拟合对象	1 号塔参数值			2 号塔参数值		
	k_1	k_2	k_3	k_1	k_2	k_3
α_1	−0.001	0.006	−0.004	0.002	−0.012	0.069
α_2	−0.005	0.038	0.114	0.004	−0.025	0.004
α_3	0.002	−0.013	0.077	0.000	−0.003	−0.002
α_4	0.003	−0.200	0.012	0.000	−0.002	0.001

续表

拟合对象	1号塔参数值			2号塔参数值		
	k_1	k_2	k_3	k_1	k_2	k_3
β_1	0.000	0.001	−0.003	0.000	0.007	−0.033
β_2	0.000	0.001	0.000	−0.004	0.023	−0.003
β_3	0.001	0.000	−0.025	−0.002	0.010	0.000
β_4	−0.002	0.014	−0.006	−0.002	0.010	−0.002
C	0.000	0.003	0.001	−0.008	0.051	0.125

脉动风压不同的分布模式使脉动风压环向分布存在明显差异，为方便工程设计，对脉动风压按照分布模式推荐拟合曲线。图6.17给出了4种分布模式下塔筒的推荐拟合上下限曲线，并在表6.6中给出了上下限曲线的拟合参数。

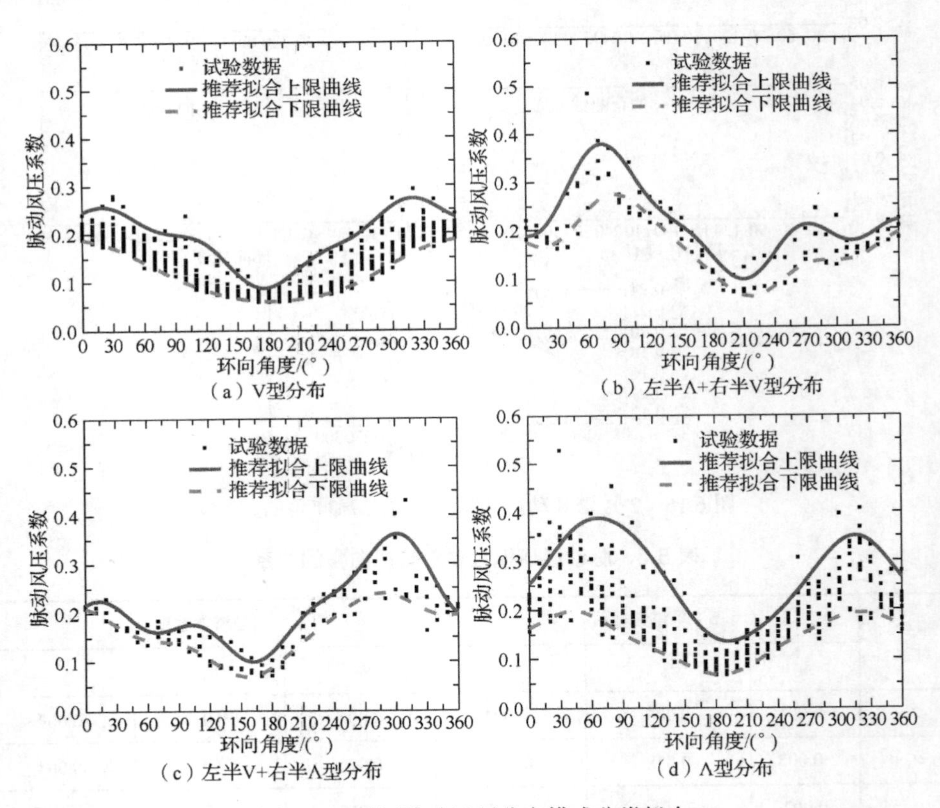

图6.17　不同脉动风压分布模式分类拟合

表 6.6　不同脉动风压分布模式的推荐拟合参数

拟合参数	拟合参数值（上限曲线，下限曲线）			
	V 型分布	左半 Λ+右半 V 型分布	左半 V+右半 Λ 型分布	Λ 型分布
C	（0.121，0.201）	（0.164，0.203）	（0.164，0.198）	（0.145，0.297）
α_1	（0.065，0.070）	（0.049，0.053）	（0.023，0.034）	（0.049，0.073）
α_2	（−0.021，0.003）	（−0.051，−0.038）	（−0.042，−0.009）	（−0.067，−0.022）
α_3	（−0.001，0.001）	（−0.011，0002）	（0.008，0.010）	（−0.010，−0.004）
α_4	（0.001，0.003）	（−0.021，−0.002）	（0.010，0.021）	（−0.005，−0.002）
β_1	（−0.032，−0.018）	（0.051，0.062）	（−0.083，−0.058）	（−0.016，0.023）
β_2	（−0.003，0.012）	（−0.008，0.022）	（0.019，0.024）	（0.017，0.019）
β_3	（0.001，0.004）	（−0.014，−0.010）	（−0.006，0.011）	（0.007，0.012）
β_4	（0.001，0.011）	（−0.021，−0.015）	（−0.001，0.018）	（0.006，0.009）

6.2.3　脉动风压相关性和频谱特性

群塔干扰会影响冷却塔周围的流场结构，进而影响塔筒表面脉动风压间的相关性。以 1、2 号塔为研究对象，对不同风向角下来流对冷却塔喉部位置的环向相邻测点脉动风压相关性和测点风压与塔筒整体阻力之间的相关性进行分析。图 6.18 比较了单塔和所有试验风向角下 1、2 号塔表面喉部位置的脉动风压与整体阻力系数的相关性，图示过程不区分不同的风向角以方便比较。图中箭头表示干扰作用的趋势线，箭头向上表示增大正相关性或者减小负相关性，箭头向下表示减少正相关性或者增大负相关性。测点风压与整体阻力系数的相关性沿着环向明显分成两个区域，即 I 区与 II 区。I 区范围是迎风点两侧 0°～45°、315°～360°，II 区是 45°～315° 区域。干扰后处于 I 区的测点脉动风压与整体阻力系数的相关性减弱，II 区测点的脉动风压与整体阻力系数的相关性增强，大部分风向角下 II 区测点与整体阻力系数之间的相关性由负转正。表明干扰会减小迎风区风压对整体阻力系数的贡献，增强背风区风压对整体阻力系数的贡献。群塔之间的相互干扰会直接影响塔筒表面相邻测点之间的风压相关性，如图 6.19 所示，这种调整作用沿着塔筒的环向可分为 3 个区域，即 I 区、II 区、III区。在 I 区，干扰会降低相邻测点之间的风压相关性。干扰在 II 区的作用比 I 区复杂，部分测点之间的相关性降低，但大部分测点之间的相关性受干扰影响变大。II 区受干扰引起的相关性波动比 I 区剧烈，这归因于 II 区处于塔筒表面的旋涡区。受旋涡脱落的影响，该区的风压变化比在 I 区剧烈，而干扰引起塔筒周围流场中的紊流成分增加，进一步增加了旋涡区风压的波动程度，因而出现 II 区相关系数大幅度波动的现象。III区相邻点的脉动风压相关性受干扰影响后呈降低趋势，这可能是因为干扰后尾流区紊流成分增加，导致测点间相关性减弱。

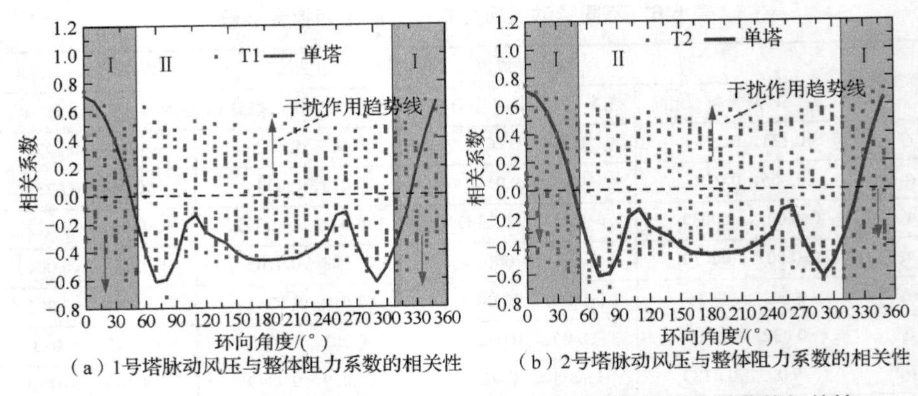

（a）1号塔脉动风压与整体阻力系数的相关性　（b）2号塔脉动风压与整体阻力系数的相关性

图 6.18　单塔和 1、2 号塔表面喉部测点脉动风压与整体阻力系数的相关性

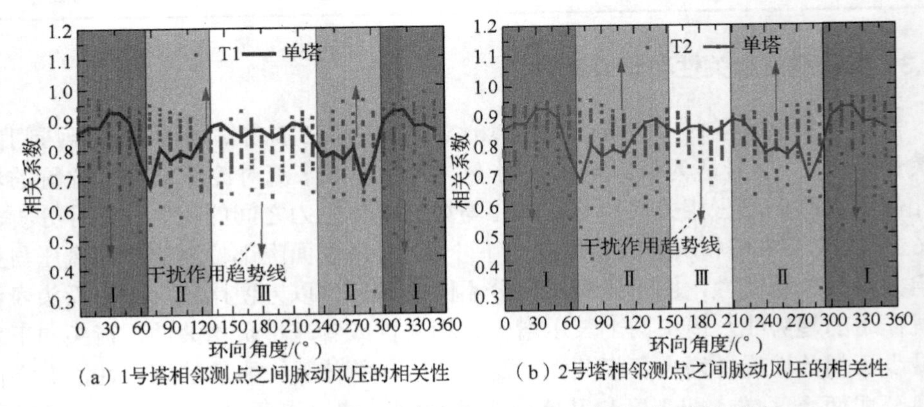

（a）1号塔相邻测点之间脉动风压的相关性　（b）2号塔相邻测点之间脉动风压的相关性

图 6.19　1、2 号塔表面喉部相邻测点之间的脉动风压相关性

为了定量反映整体阻力或整体升力频谱的干扰效应，对干扰后的整体阻力或整体升力频谱进行拟合，拟合关系详见式（6.4）。干扰后阻力频谱和升力频谱随着风向角不同呈现带状分布（见图 6.20）。表 6.7 给出了带状分布上限与下限拟合曲线的拟合参数。

$$S^* = \frac{\alpha_1 n}{\left(\alpha_2 + \alpha_3 n^{1.5} + \alpha_4 n^2\right)^{1.6}} \tag{6.4}$$

式中，S^* 为归一化的整体阻力或整体升力频谱，$S^* = fS_{\sigma^2}/\sigma^2$，$f$ 为频率，S_{σ^2} 为功率谱密度，σ^2 为脉动风压标准差；$\alpha_1 \sim \alpha_4$ 为拟合参数；n 为归一化的频率，$n = fD/U$，D 为冷却塔特征尺寸，取喉部高度的直径，U 为喉部高度的来流风速。

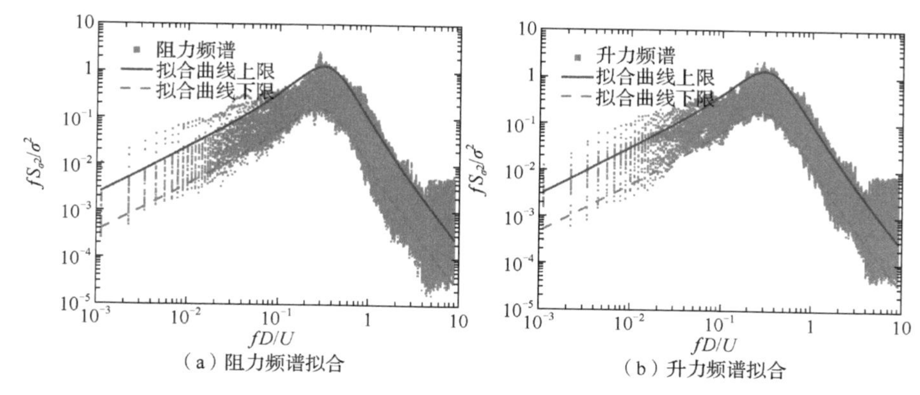

（a）阻力频谱拟合　（b）升力频谱拟合

图 6.20　整体阻力或整体升力频谱拟合

表 6.7　整体阻力或整体升力频谱拟合参数

拟合参数	阻力频谱拟合参数值		升力频谱拟合参数值	
	下限值	上限值	下限值	上限值
α_1	0.020	0.022	0.023	0.032
α_2	0.056	0.164	0.060	0.154
α_3	−2.145	−0.653	−1.970	−0.713
α_4	1.003	3.544	1.146	3.346

脉动风荷载的频谱成分决定了其对结构的动力作用。自然风的频率较低，其与高耸结构的低阶自振频率接近，因而会引起结构的振动。冷却塔风振响应的强弱受风谱成分的直接影响，干扰除了会影响脉动风压的静力分布外，还会影响其频谱结构，从而间接影响结构的风振响应。以结构阻力频谱为探讨对象，针对不同来流方向分析干扰对结构阻力与升力频谱的作用规律。选择 1、2 号塔为研究对象，不同风向角下整体阻力和整体升力频谱与单塔整体阻力和整体升力频谱对比结果如图 6.21 和图 6.22 所示。其中，黑色的数据点代表单塔的整体阻力或整体升力频谱，灰色的数据点代表在试验的 16 个风向角下 1、2 号塔整体阻力或整体升力的频谱，为分析干扰的整体作用规律，灰色数据点不区分具体的风向角。结果均表明：干扰条件下结构的整体阻力与整体升力频谱相比单塔均发生明显的偏移，这种偏移变化可以分为 3 个区域：Ⅰ区、Ⅱ区和Ⅲ区。对于整体阻力和整体升力，3 个区域之间的界线并不相同但接近。对于整体升力频谱，干扰条件下Ⅰ区（0～0.04Hz）频率范围的升力成分增加，Ⅱ区（0.04～0.28Hz）频率范围的升力成分减

少，Ⅲ区（0.28～4Hz）频率范围的升力成分增加。对于整体阻力频谱，干扰条件下Ⅰ区（0～0.06Hz）频率范围的阻力成分减少，Ⅱ区（0.06～0.4Hz）频率范围的阻力成分增加，Ⅲ区（0.4～4Hz）频率范围的阻力成分减少。目标冷却塔前10阶频率集中在0.83～1.08Hz，表明对结构动力作用较大的区间为Ⅲ区。该区域升力频谱成分受干扰后增加，推断干扰条件下的升力将会引起受扰塔产生更不利的风振响应，而阻力系数由于在结构敏感频率成分区间的成分受干扰后减少，其对结构动力作用不会恶化。综合以上分析，干扰会引起处于结构敏感区域的升力频谱成分增加，阻力频谱成分减弱。与自然风谱不同的是，试验所测得的风压经过积分所得的阻力频谱在高频段存在功率谱密度上升的趋势，推测是在阻力作用下试验模型在高频段与流场发生小幅度的共振所致。

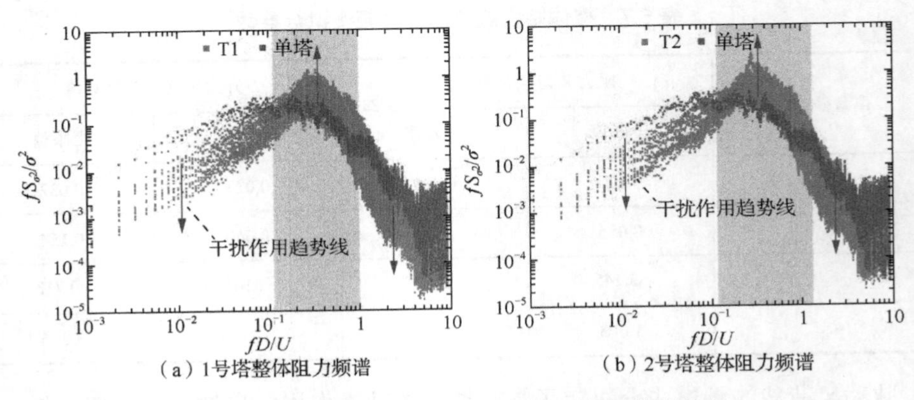

（a）1号塔整体阻力频谱　（b）2号塔整体阻力频谱

图 6.21　不同风向角下干扰对整体阻力频谱的影响

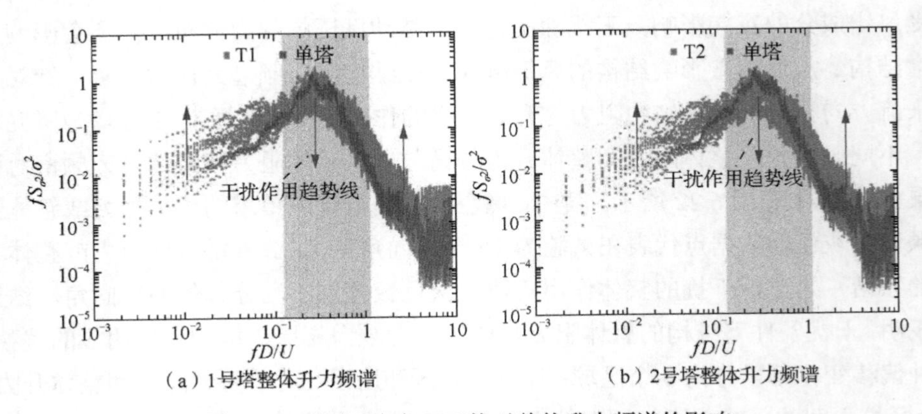

（a）1号塔整体升力频谱　（b）2号塔整体升力频谱

图 6.22　不同风向角下干扰对整体升力频谱的影响

6.3　群塔干扰准则综合评价

6.3.1　群塔比例系数

群塔干扰效应通常用群塔和单塔条件荷载或结构响应特征数值比值定义荷载比例放大因子，即群塔比例系数。群塔比例系数的计算从最初的风压分布层面发展到内力、应力等结构风致行为和风载频谱函数层面，表 6.8 罗列了荷载、响应和配筋 3 个层面的 25 种群塔比例系数。图 6.23 给出了某 215m 冷却塔（塔型与第 3 章中相同）在六塔矩形布置和菱形布置且塔间距为 1.5*D*（*D* 为塔筒底部直径）情况下，不同风向角下的 25 种群塔比例系数的分布。考虑到群塔布置的对称性，矩形布置仅需要考虑 1 号塔和 2 号塔，菱形布置仅需要考虑 1 号塔、2 号塔和 3 号塔。从群塔比例系数分布可以看出：最不利风向角受六塔分布形式、塔的相对位置影响较大，图 6.24 列出了最不利风向角的汇总结果。矩形与菱形布置的 1 号塔最不利风向角接近，均在 292.5°～337.5°范围内；但矩形与菱形布置的 2 号塔的最不利风向角差异明显，矩形布置 2 号塔最不利风向角为 112.5°、270°，菱形布置 2 号塔为 90°。群塔比例系数随风向角波动，不同风向角下冷却塔之间的绕流形态发生不同程度的改变，可以理解为通道气流加速效应和屏蔽荷载降低效应的博弈。当施扰塔改变流场气流加速效应大于荷载降低效应时，群塔比例系数大于 1；反之，则小于 1。矩形布置 1、2 号塔的不利工况中多数处于迎风侧，说明矩形布置处于背风侧的塔受前排塔的遮挡作用明显。菱形布置 2、3 号塔在最不利风向角下均处于背风侧，说明菱形布置形式中处于背风侧的塔往往受群塔干扰效应的影响较大，这也与渡桥电厂风毁事故中倒塌的冷却塔处于背风侧相吻合。

表 6.8　25 种群塔比例系数符号表达和物理含义

分组形式	编号	符号	物理含义
荷载层面	1	C_D	顺风向整体荷载系数
	2	C_F	横风向整体荷载系数
	3	$C_{sc,max}$	最大体型系数
	4	$C_{sc,min}$	最小体型系数

续表

分组形式	编号	符号	物理含义
响应层面	5	$F_{T,shell\_cir,max}$	塔筒环向最大拉力
	6	$S_{T,shell\_cir,max}$	塔筒环向最大拉应力
	7	$F_{P,shell\_cir,max}$	塔筒环向最大压力
	8	$S_{P,shell\_cir,max}$	塔筒环向最大压应力
	9	$F_{T,shell\_mer,max}$	塔筒子午向最大拉力
	10	$S_{T,shell\_mer,max}$	塔筒子午向最大拉应力
	11	$F_{P,shell\_mer,max}$	塔筒子午向最大压力
	12	$S_{P,shell\_mer,max}$	塔筒子午向最大压应力
	13	$F_{T,col,max}$	底支柱最大拉力
	14	$F_{p,col,max}$	底支柱最大压力
	15	D_{max}	塔筒最大位移
	16	S_{1st_Ps}	第一主应力
	17	S_{3rd_Ps}	第三主应力
	18	$M_{shell\_mer,max}$	塔筒子午向最大正弯矩
	19	$M_{shell\_mer,min}$	塔筒子午向最大负弯矩
	20	$M_{shell\_cir,max}$	塔筒环向最大正弯矩
	21	$M_{shell\_cir,min}$	塔筒环向最大负弯矩
配筋层面	22	$R_{shell\_cir\_out,max}$	塔筒环向外侧最大配筋率
	23	$R_{shell\_cir\_in,max}$	塔筒环向内侧最大配筋率
	24	$R_{shell\_mer\_out,max}$	塔筒子午向外侧最大配筋率
	25	$R_{shell\_mer\_in,max}$	塔筒子午向内侧最大配筋率

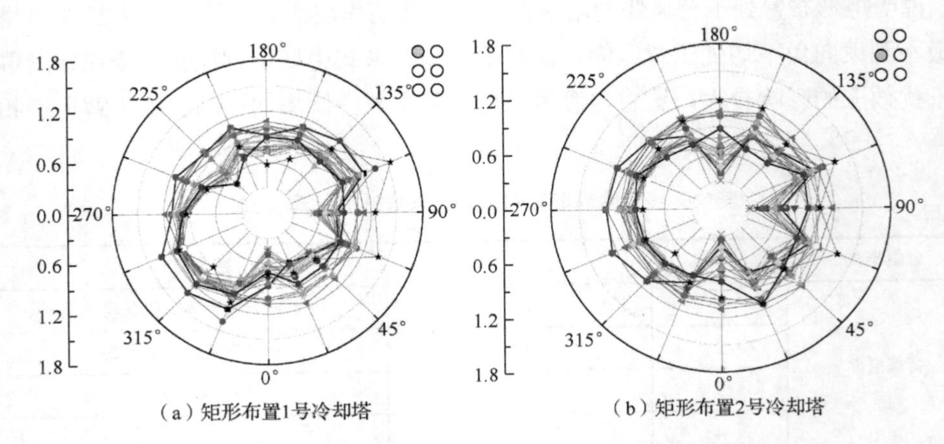

（a）矩形布置1号冷却塔　　（b）矩形布置2号冷却塔

图 6.23　六塔布置且塔间距为 1.5D 下的 25 种群塔比例系数分布

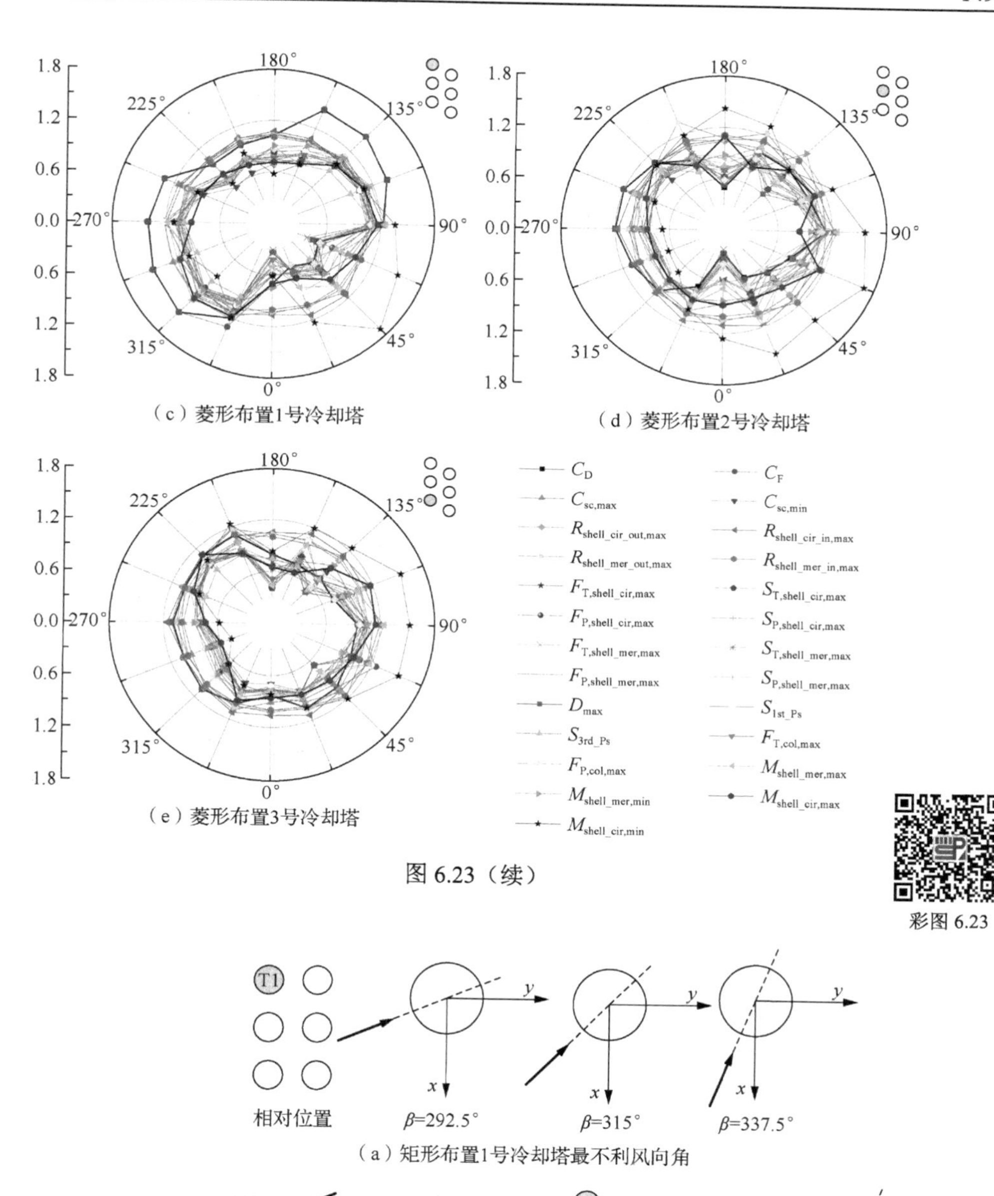

（c）菱形布置1号冷却塔

（d）菱形布置2号冷却塔

（e）菱形布置3号冷却塔

图 6.23（续）

彩图 6.23

（a）矩形布置1号冷却塔最不利风向角

T2
相对位置
x
y
β=112.5°
β=270°

（b）矩形布置2号冷却塔最不利风向角

T1
相对位置
x
y
β=315°
β=337.5°

（c）菱形布置1号冷却塔最不利风向角

图 6.24　六塔布置最不利风向角

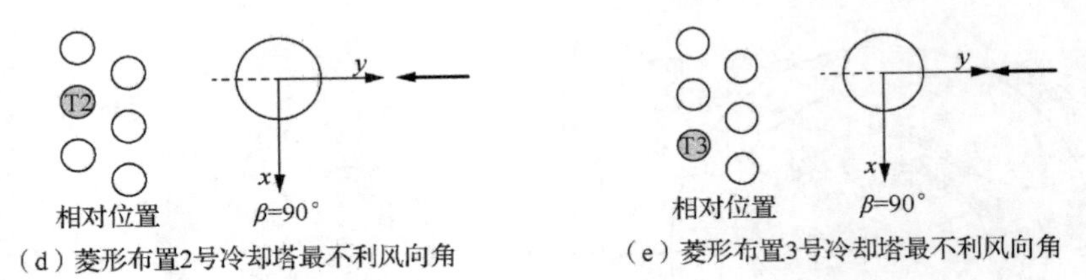

（d）菱形布置2号冷却塔最不利风向角　　（e）菱形布置3号冷却塔最不利风向角

图 6.24（续）

表 6.9 列出了每座冷却塔 25 种群塔比例系数中的最大值、最小值和极差，并用百分比的形式比较其差异。针对同一座冷却塔，25 种群塔比例系数在数值上存在较大差异，差异百分比最大值为 49%、最小值为 24%；同时随着塔间距的增加，不同群塔比例系数差异的敏感性降低。

表 6.9　冷却塔 25 种群塔比例系数中的最大值、最小值和极差

项目	矩形						菱形								
塔间距	1.5D		1.75D		2.0D		1.5D			1.75D			2.0D		
塔编号	T1	T2	T1	T2	T1	T2	T1	T2	T3	T1	T2	T3	T1	T2	T3
最大值	1.55	1.33	1.59	1.26	1.40	1.26	1.71	1.69	1.54	1.61	1.39	1.49	1.40	1.28	1.35
最小值	1.06	0.96	1.04	0.93	1.05	0.92	1.07	1.02	0.97	1.09	1.01	1.04	1.03	1.01	1.05
极差	0.49	0.37	0.55	0.33	0.35	0.34	0.64	0.67	0.57	0.52	0.38	0.45	0.37	0.27	0.30
百分比	0.38	0.33	0.42	0.30	0.28	0.31	0.46	0.49	0.45	0.39	0.31	0.35	0.31	0.24	0.25

注：极差= 最大值−最小值；百分比=极差/[（最大值+最小值）/2]。

表 6.10 给出了六塔矩形布置和六塔菱形布置下 25 种不同群塔比例系数的均值、标准差和变异系数。不同群塔比例系数的波动性和离散性差异明显，荷载层面的群塔比例系数（指标编号 1～4）总体较大且波动性大，所得数据的标准差为 0.06～0.11，变异系数为 0.05～0.09；结构响应层面的群塔比例系数（指标编号 5～21）波动性居中，标准差为 0.04～0.17，变异系数为 0.04～0.12；配筋层面的群塔比例系数（指标编号 22～25）波动性最小，标准差为 0.02～0.08，变异系数为 0.02、0.07。其中，在响应层面，根据塔筒环向最大负弯矩（指标编号 21）求出的群塔比例系数波动性明显大于其他系数。

表 6.10　群塔比例系数平均值、标准差和变异系数

指标编号	1	2	3	4	5	6	7	8	9	10	11	12	13
平均值	1.28	1.34	1.14	1.11	1.12	1.12	1.05	1.05	1.08	1.06	1.03	1.06	1.12
标准差	0.11	0.10	0.06	0.09	0.05	0.05	0.05	0.05	0.04	0.04	0.05	0.08	0.06

续表

指标编号	1	2	3	4	5	6	7	8	9	10	11	12	13
变异系数	0.09	0.08	0.05	0.08	0.05	0.05	0.05	0.05	0.04	0.04	0.05	0.07	0.05
指标编号	14	15	16	17	18	19	20	**21**	22	23	24	25	
平均值	1.08	1.05	1.17	1.10	1.21	1.11	1.15	**1.42**	1.07	1.21	1.17	1.13	
标准差	0.06	0.05	0.07	0.07	0.07	0.08	0.10	**0.17**	0.02	0.03	0.08	0.03	
变异系数	0.05	0.05	0.06	0.06	0.06	0.07	0.09	**0.12**	0.02	0.02	0.07	0.02	

为了研究群塔比例系数大小与群塔分布形式的关系，取相同分布形式、相同塔位、不同塔距的各种群塔比例系数的平均值 $IF=(IF_{1.5D}+IF_{1.75D}+IF_{2.0D})/3$，计算结果如图 6.25 所示。对于 1 号塔，25 个指标中，有 24 个是菱形布置形式大于矩形布置形式（C_F 除外，指标编号为 2）；对于 2 号塔，25 个指标中，有 23 个是菱形布置形式大于矩形布置形式（C_D、C_F 除外，指标编号分别为 1、2），总体而言菱形布置形式干扰效应较矩形布置形式更加不利。荷载层面的 4 个群塔比例系数（指标编号 1～4）均值大小与布置形式的关系无明显规律，无法体现布置形式的优劣；响应层面的 17 个群塔比例系数（指标编号 5～21）和配筋层面的 4 个群塔比例系数（指标编号 22～25）均值大小与布置形式的关系有明显规律，均为菱形布置形式大于矩形布置形式。上述比较结果说明，单独根据荷载层面的指标求解群塔比例系数不能有效地指导实际工程应用中对多塔布置形式的评判与选择。

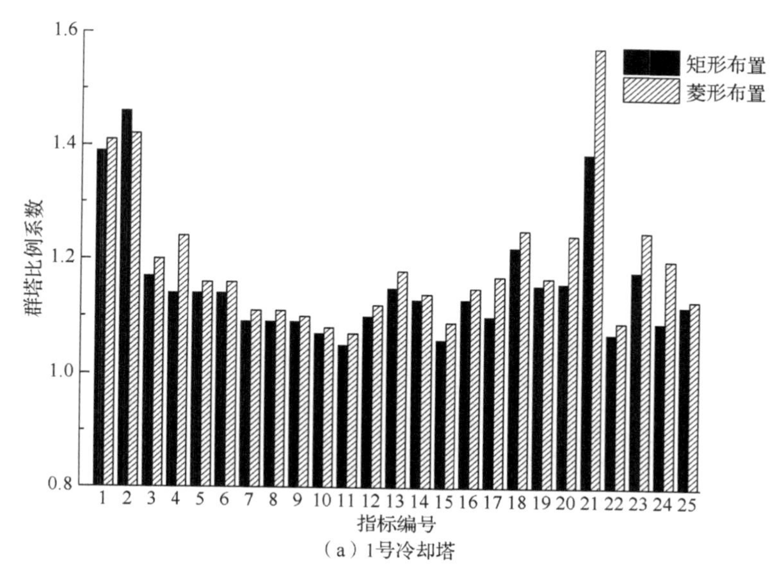

（a）1号冷却塔

图 6.25　相似塔位群塔比例系数均值

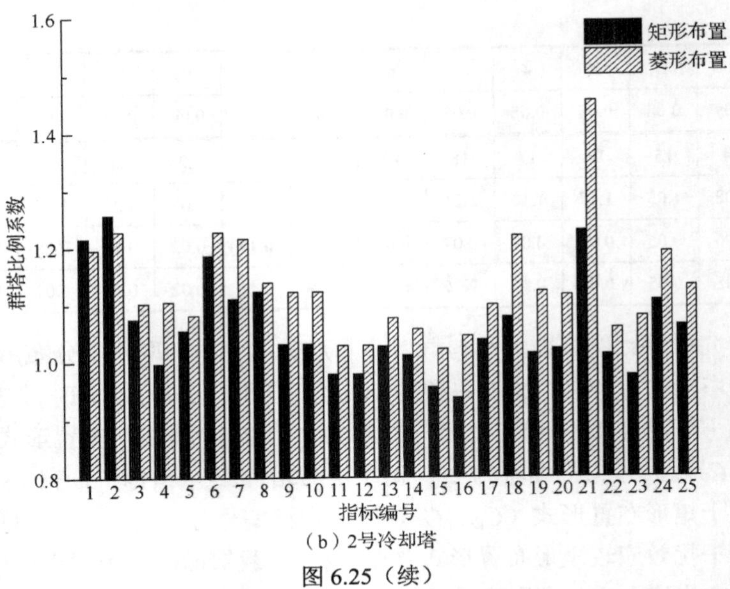

（b）2号冷却塔

图 6.25（续）

表 6.11 统计了某 215m 冷却塔在六塔矩形布置和六塔菱形布置，塔间距分别为 1.5*D*、1.75*D* 和 2.0*D* 下，25 种群塔比例系数的最大值及其对应工况，并将不利工况的频率分布在图 6.26 中以饼状图的形式表示。图 6.26 中菱形布置形式和矩形布置形式出现的频率分别为 88%、12%，说明菱形布置较矩形不利。其中，以菱形布置、1.75 倍冷却塔底部直径塔间距的 1 号塔最严重，出现频率为 36%，其最不利风向角为 315°。

表 6.11　群塔比例系数最大值及对应工况

指标编号	群塔比例系数最大值	对应工况		指标编号	群塔比例系数最大值	对应工况	
		塔位	风向角/（°）			塔位	风向角/（°）
1	1.47	Rho_1.5*D*_T1	315	14	1.18	Rho_1.75*D*_T1	315
2	1.59	Rec_1.75*D*_T1	337.5	15	1.13	Rho_2.0*D*_T3	90
3	1.22	Rho_2.0*D*_T3	45	16	1.30	Rho_1.75*D*_T3	67.5
4	1.35	Rho_2.0*D*_T1	337.5	17	1.20	Rho_2.0*D*_T1	337.5
5	1.17	Rho_1.75*D*_T1	315	18	1.29	Rho_1.75*D*_T3	90
6	1.17	Rho_1.75*D*_T1	315	19	1.28	Rho_1.5*D*_T2	135
7	1.15	Rho_1.75*D*_T1	315	20	1.36	Rho_1.75*D*_T1	315
8	1.15	Rho_1.75*D*_T1	315	21	1.71	Rho_1.5*D*_T1	315
9	1.12	Rho_1.5*D*_T2	90	22	1.11	Rec_1.75*D*_T1	270
10	1.11	Rho_1.5*D*_T2	90	23	1.26	Rho_1.75*D*_T1	90
11	1.11	Rho_1.75*D*_T1	315	24	1.36	Rho_1.5*D*_T2	202.5
12	1.18	Rho_1.75*D*_T1	315	25	1.18	Rho_1.5*D*_T3	112.5
13	1.19	Rec_2.0*D*_T1	337.5				

注：Rho 代表六塔菱形布置，Rec 代表六塔矩形布置；1.5*D*、1.75*D*、2.0*D* 分别代表塔间距为 1.5 倍、1.75 倍和 2.0 倍塔底直径；T1、T2、T3 分别代表 1 号冷却塔、2 号冷却塔和 3 号冷却塔。

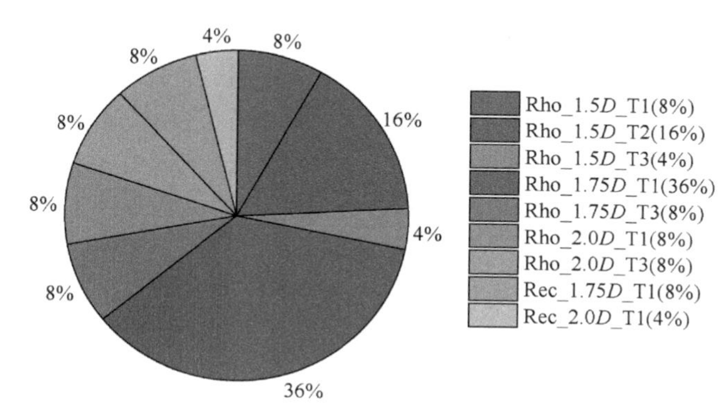

图 6.26　不利工况出现频率

6.3.2　基于配筋包络的群塔干扰准则

以某 215m 冷却塔矩形布置、塔间距 1.75*D* 为例，为比较基于荷载、响应和配筋 3 个层面的群塔比例系数，表 6.12 统计了 1 号塔上述 25 种指标的群塔比例系数 IF 的最大值及对应风向角。其中，IF=I_g/I_s，I_g 为群塔指标，I_s 为单塔相应指标。由表可以看出：不同层面的群塔比例系数之间差异性与一致性并存，虽然在数值上存在差异，但 25 种群塔比例系数最大值对应风向角在大多数情况下相同或相近，说明不同群塔比例系数在体现最不利工况上具有总体一致性。

表 6.12　1 号冷却塔群塔比例系数最大值及对应风向角

分组形式	定义指标	群塔比例系数	对应风向角/(°)	分组形式	定义指标	群塔比例系数	对应风向角/(°)
荷载层面	顺风向整体荷载系数	1.46	337.5	配筋层面	塔筒环向外侧最大配筋率	1.11	270
	横风向整体荷载系数	1.59	337.5		塔筒环向内侧最大配筋率	1.19	270
	最大体型系数	1.18	270		塔筒子午向外侧最大配筋率	1.08	270
	最小体型系数	1.20	315		塔筒子午向内侧最大配筋率	1.11	67.5
响应层面	塔筒环向最大拉力	1.12	315	响应层面	底支柱最大压力	1.10	315
	塔筒环向最大拉应力	1.12	315		塔筒最大位移	1.04	315
	塔筒环向最大压力	1.07	315		第一主应力	1.09	315
	塔筒环向最大压应力	1.07	315		第三主应力	1.13	180
	塔筒子午向最大拉力	1.07	315		塔筒子午向最大正弯矩	1.25	337.5
	塔筒子午向最大拉应力	1.05	315		塔筒子午向最大负弯矩	1.16	337.5
	塔筒子午向最大压力	1.04	315		塔筒环向最大正弯矩	1.19	315
	塔筒子午向最大压应力	1.10	315		塔筒环向最大负弯矩	1.35	90
	底支柱最大拉力	1.13	337.5				

选取 1 号塔作为研究对象，进一步研究该塔的配筋包络曲线，图 6.27 展示了该塔在 16 个风向角下的不同塔筒高度处子午向外侧、子午向内侧、环向外侧、环向内侧最大配筋率（配筋面积）及其包络线。4 种包络曲线可以定义为实际工程冷却塔基于准确荷载加载条件、真实内力作用下设计配筋分布情况，并将其与单塔在实测塔筒表面三维分布风荷载作用条件下相应配筋数据作对比。

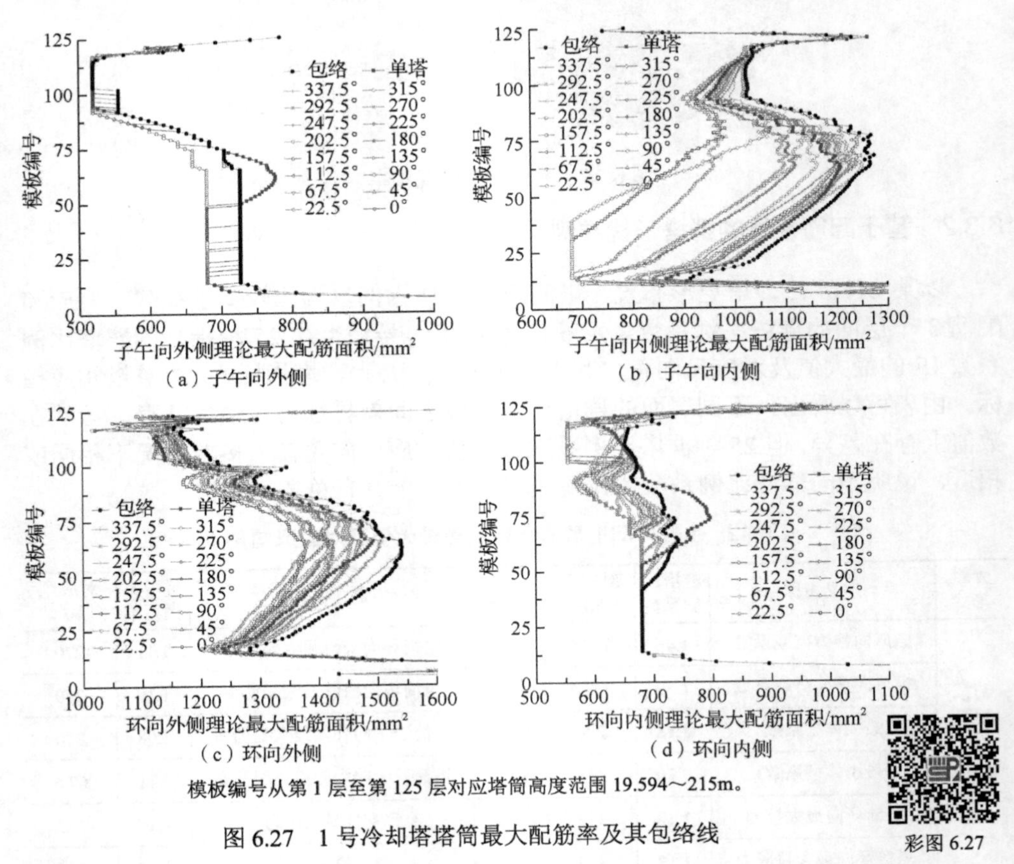

（a）子午向外侧　　（b）子午向内侧

（c）环向外侧　　（d）环向内侧

模板编号从第 1 层至第 125 层对应塔筒高度范围 19.594～215m。

图 6.27　1 号冷却塔塔筒最大配筋率及其包络线

彩图 6.27

由图 6.27 可知，配筋曲线不仅随模板位置变化，而且在不同的配筋形式之间亦有不同。在塔筒不同高度模板处，4 种不同类型的塔筒配筋包络线分布形式以及与相应单塔配筋曲线之间的数值差异特点明显，具体如下：子午向外侧配筋在 3～13、92～102 和 119～121 号模板范围内群塔干扰配筋包络数值大于单塔，大于单塔沿高度模板配筋超出率为 20.0%，在 50～73 和 114～117 号模板范围内配筋包络数值小于单塔，其他位置二者重合。子午向内侧配筋在 5～113 号模板范围内包络数值大于单塔，模板配筋超出率为 87.2%，在 114～123 号模板范围内包络数值小于单塔，其余位置二者相等。环向外侧配筋在全部塔筒高度范围内均为群塔干扰配筋包络数值大于单塔，大于单塔沿高度模板配筋超出率为 100%。环向内侧配筋在 42～60 和 100～125 号模板范围内配筋包络数值大于单塔，模板配筋超出率为 36.0%，61～99 号模板范围内配筋包络数值小于单塔，其余位置二者相等。子午向外侧和环向内侧分别在 103～113 和 1～41 模板高度范围出现了塔筒以结构构造要求的最小配筋率为配筋设计值的情况，一定程度上表明在特定模板位置风荷载作用的非敏感性。

表 6.13 统计了 4 种配筋类型不同高度范围内的模板在群塔干扰配筋包络大于单塔配筋时对应的风向角工况，并将对应模板数最多的风向角定义为最不利风向角。由表可以看出：塔筒喉部附近配筋受群塔干扰效应影响明显，体现为塔筒喉部附近模板在较多的风向角工况下出现配筋放大的现象，环向外侧和环向内侧配筋的对应工况甚至涵盖了 16 个风向角。塔筒中下部配筋的明显放大发生在相对集中的风向角工况下，体现为其对应的风向角工况较少。子午向外侧、子午向内侧和环向外侧配筋的最不利风向角相同，均为 315°；环向内侧配筋的最不利风向角为 315°、337.5°。结合表 6.12 可知，响应层面的群塔比例系数更能反映群塔干扰配筋超出单塔配筋的现象。这是因为内力是结构配筋的主要依据，而配筋层面的群塔比例系数在反映局部配筋增大比例方面更具优势，在衡量配筋增大的模板数方面精度低于响应层面的群塔比例系数。

表 6.13　群塔干扰配筋最不利工况汇总

配筋类型	模板编号	风向角工况/（°）	最不利风向角/（°）
子午向外侧	3～13	315	315
	92～102	67.5、112.5～157.5、247.5～337.5	
	119～121	0、22.5、90、112.5、157.5～202.5、270	
子午向内侧	5～64	315	315
	65～113	67.5～157.5、247.5～337.5	
环向外侧	94～115	几乎所有	315
	其他	135、157.5、247.5～337.5	
环向内侧	42～60	67.5、135、315	315、337.5
	100～117	0、157.5、180、337.5	
	125～118	几乎所有	

工程中常采用统一的群塔比例系数放大规范中简化的二维风压来定义荷载、分析内力和设计配筋，为评价其精度和合理性，图 6.28 给出了子午向外侧、子午向内侧、环向外侧、环向内侧 4 种配筋分别在多种不同的单一比例等效风荷载定义方式下的配筋率（配筋面积）随塔筒高度变化曲线。4 条曲线对应的风荷载取

值方式分别为：实测群塔干扰三维风压分布（IF=1.0），单一群塔比例系数放大规范二维风压（IF=1.25），单一群塔比例系数放大规范二维风压（IF=1.40），在不同塔筒高度处采用不同分项系数放大规范二维风压，其中在 1～60、61～75、76～100、101～125 号模板范围内采用的群塔比例系数分别为 1.3、1.25、1.3、1.4。群塔比例系数与最大配筋率之间存在非等比例变化关系，当结构配筋设计考虑多种不同的荷载组合，风荷载效应仅为其中的一部分时，风荷载的增减并不会引起组合内力等比例变化；在特定的模板位置配筋率由结构构造要求控制，在一定的范围内不受风压变化影响，如图 6.28（d）塔筒环向内侧配筋的 1～41 号模板。增大群塔比例系数可以明显地让更多塔筒模板的设计配筋率大于包络配筋率，确保结构安全，但同时会在更多的其他模板位置处增加多余的安全储备，无法做到在确保结构安全性的前提下兼顾工程经济性。当群塔比例系数取值为 1.25 时，在塔筒高度局部位置，根据放大后的二维风压求出的结构配筋率小于群塔干扰配筋包络数值，意味着在这些部位不能保证结构安全；当群塔比例系数取值为 1.4 时，根据放大后的二维风压求出的配筋曲线已可以将群塔实测风压下的配筋包络曲线完全包住，但在较多模板位置处二者数值相差较大，意味着不必要的过大安全储备。对于表 6.12 和图 6.28，荷载层面和配筋层面均明显存在高估或忽略群塔组合效应的现象，其中内力层面以弯矩为准则相对比较接近优化后分项群塔比例系数，但弯矩本身易受局部荷载作用影响，存在荷载作用的过度敏感性；总之，基于荷载规范建议的单一群塔比例系数难以涵盖干扰效应导致的复杂三维风压分布变化。采用分项系数求解的 4 条塔筒配筋曲线均能够完全包围群塔干扰配筋包络曲线，且二者数值差异小，意味着采用分项系数这一做法可以在保证结构安全的前提下兼顾工程经济性。在图 6.28 中，分项群塔比例系数配筋曲线与群塔包络曲线外包重合，大于单塔沿高度模板配筋超出率均为 100%。不同种类的配筋对风荷载变化的敏感性不同，子午向配筋率随风压比环向配筋敏感度更高，在此例中，分项系数的确定主要由环向配筋尤其是环向外侧配筋控制。

综上所述，由群塔干扰引起的塔筒配筋的变化表现为配筋率在单塔基础上的放大或缩小，且在不同塔筒高度处放大和缩小的幅度不同，配筋量的大幅增加往往只出现在塔筒局部位置。因此，若通过在塔筒全部高度范围内采取统一的群塔比例系数放大风荷载，以实现在假定的简化二维风压分布条件下计算所得的配筋曲线完全覆盖根据实际三维风压分布计算所得配筋包络曲线，则会在塔筒多数位置出现过度保守和不经济的情况。兼顾结构设计过程的便捷、经济和合理性，推荐基于配筋包络比选的在塔筒高度范围内变化的分项干扰系数作为工程应用群塔比例系数。

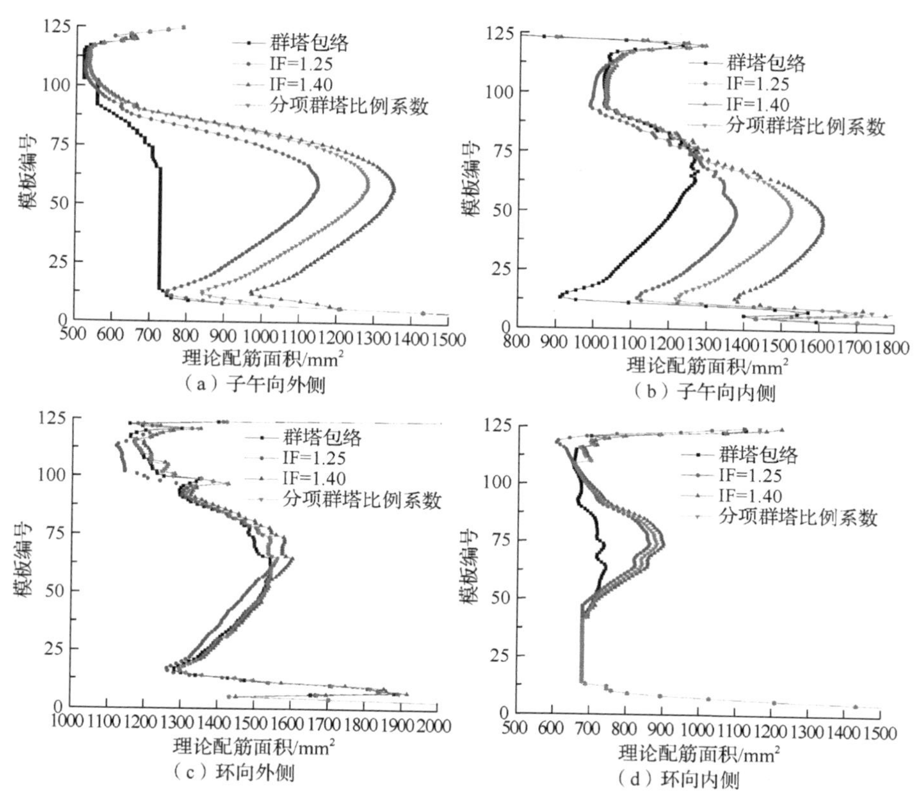

图 6.28　冷却塔塔筒配筋率随塔筒高度的变化曲线

彩图 6.28

6.4　小　　结

本章基于典型群塔布置形式，采用三角级数公式拟合了塔筒表面平均风荷载和脉动风荷载的分布，给出了群塔干扰下最不利平均风荷载分布模式，探讨了群塔干扰下脉动风压对风压相关性和频谱特性的影响。对比了基于荷载、响应和配筋 3 个层面的群塔干扰系数波动性和离散性，提出了基于配筋包络的群塔干扰准则。

第 7 章　大型冷却塔结构风致失效

渡桥电厂冷却塔风毁事故后，研究者对冷却塔结构壳体风致稳定性的关注越来越多，并基于物理模型试验提出了壳体整体稳定和局部稳定验算准则。随着冷却塔朝着超高超大的趋势发展，壳体结构的高厚比逐渐增大，风荷载壳体稳定性更是成为了大型冷却塔结构设计的关键控制因素。本章基于三维非对称风压分布开展大型冷却塔壳体风致整体稳定和局部稳定验算，研究大型冷却塔结构风致倒塌全过程结构失效作用机理。

7.1　壳体风致稳定验算

7.1.1　规范稳定验算

借鉴 der Joseph[60]和 Mungan[62]的试验结果，给出了风荷载作用下冷却塔弹性范围内的整体稳定验算公式［见式（7.1）、式（7.2）］和局部稳定验算公式［见式（7.3）～式（7.5）］。

$$q_{cr} = CE\left(\frac{T_0}{R_T}\right)^{2.3} \tag{7.1}$$

$$\gamma_B = \frac{q_{cr}}{v_H} \tag{7.2}$$

式中，q_{cr} 为塔筒屈曲临界压力值；C 为经验系数，取 0.052；E 为塔筒混凝土强度等级；T_0 为塔筒喉部壁厚；R_T 为塔筒喉部中面半径；v_H 为塔顶设计风速；γ_B 为整体稳定系数，为保证塔筒不发生整体失稳，规定 $\gamma_B \geqslant 5$。

$$\sigma_{110} = \frac{E}{(1-\nu^2)^{3/4}}\left(\frac{t}{R_T}\right)^{3/4} F_{G11}\phi_{11} \tag{7.3}$$

$$\sigma_{220} = \frac{E}{(1-\nu^2)^{3/4}}\left(\frac{t}{R_T}\right)^{3/4} F_{G22}\phi_{22} \tag{7.4}$$

$$0.8K_B\left(\frac{\sigma_{11}}{\sigma_{110}} + \frac{\sigma_{22}}{\sigma_{220}}\right) + 0.2K_B^2\left[\left(\frac{\sigma_{11}}{\sigma_{110}}\right)^2 + \left(\frac{\sigma_{22}}{\sigma_{220}}\right)^2\right] = 1 \tag{7.5}$$

式中，σ_{110}、σ_{220} 分别为环向和子午向临界屈曲压应力；ν 为塔筒混凝土泊松比；t、R_{T} 分别为塔筒某一高度处的壳体壁厚与半径；F_{G11}、F_{G22} 分别为环向和子午向考虑几何尺度和边界条件的计算因子；ϕ_{11}、ϕ_{22} 分别为环向和子午向考虑试验结果与线性分支点理论结果误差的修正因子；σ_{11}、σ_{22} 分别为环向和子午向荷载作用下塔筒壳体某一位置处的压应力；K_{B} 为局部稳定系数，为保证塔筒不发生局部失稳，规定 $K_{\mathrm{B}} \geqslant 5$。

以某 215m 冷却塔为研究对象（塔型同第 3 章），当整体稳定系数 $\gamma_{\mathrm{B}}=5$ 时，良态风环境 A、B、C 3 类地貌下的临界风速分别为 89m/s、82m/s 和 68m/s；当局部稳定系数 $K_{\mathrm{B}}=5$ 时，良态风环境 A、B、C 3 类地貌下的临界风速分别为 83m/s、77m/s 和 68m/s；同时，相同风环境下，地面粗糙度越大，失稳时的临界参考风速越小。

7.1.2　分支点失稳分析

在弹性范围内，结构发生失稳宏观表现为荷载增量很小时结构位移急剧增大，在数学上意味着结构的总体刚度矩阵出现奇异。结构弹性稳定计算的经典方法包括分支点失稳分析和极值点失稳分析两种，张军锋[118]研究表明：冷却塔结构由于几何非线性效应不明显，分支点分析获得的稳定因子与极值点分析结果接近，并且得到的失稳形态也很相似，因此，弹性状态下可以采用分支点分析代替极值点分析。分支点分析中，考虑到轴向力或中面内力对弯曲变形的影响，结构在稳定平衡状态下的平衡方程如下：

$$\left(\boldsymbol{K}_{\mathrm{E}}+\boldsymbol{K}_{\mathrm{G}}\right)\boldsymbol{U}=\boldsymbol{P} \tag{7.6}$$

式中，$\boldsymbol{K}_{\mathrm{E}}$ 为结构的弹性刚度矩阵；$\boldsymbol{K}_{\mathrm{G}}$ 为结构的几何刚度矩阵；$\boldsymbol{U}$ 为节点位移向量；$\boldsymbol{P}$ 为节点荷载向量。

为得到随遇平衡方程，系统势能的二阶变分应为零，即

$$\left(\boldsymbol{K}_{\mathrm{E}}+\boldsymbol{K}_{\mathrm{G}}\right)\delta\boldsymbol{U}=\boldsymbol{0} \tag{7.7}$$

因此有

$$\left|\boldsymbol{K}_{\mathrm{E}}+\boldsymbol{K}_{\mathrm{G}}\right|=0 \tag{7.8}$$

式（7.8）可以写成特征值方程的形式，即

$$\left(\boldsymbol{K}_{\mathrm{E}}+\lambda\boldsymbol{K}_{\mathrm{G}}\right)\boldsymbol{\phi}=\boldsymbol{0} \tag{7.9}$$

式中，λ 为特征值，也是屈曲荷载系数；$\boldsymbol{\phi}$ 为特征值对应的特征向量，也是屈曲荷载对应的失稳模态。

分支点分析中施加的荷载为 $G+\lambda w$。其中，G 为重力荷载；λ 为风荷载加载倍数，即分支点分析中获得的特征值；w 为风荷载。

采用分支点失稳分析方法，获得某 215m 冷却塔在良态风环境 A、B、C 3 类地貌下的临界风速，分别为 240m/s、221m/s 和 180m/s；该风速是基于物理试验获得的规范稳定验算临界风速的 2～3 倍，这与黄克智等[119]壳体结构失稳的试验值一般仅为理论值的 1/5～1/2 的研究结论相一致。图 7.1 给出了良态风环境下塔筒出现分支点失稳时的失稳模态，失稳模态呈现塔筒喉部以上在迎风区的局部内凹变形。

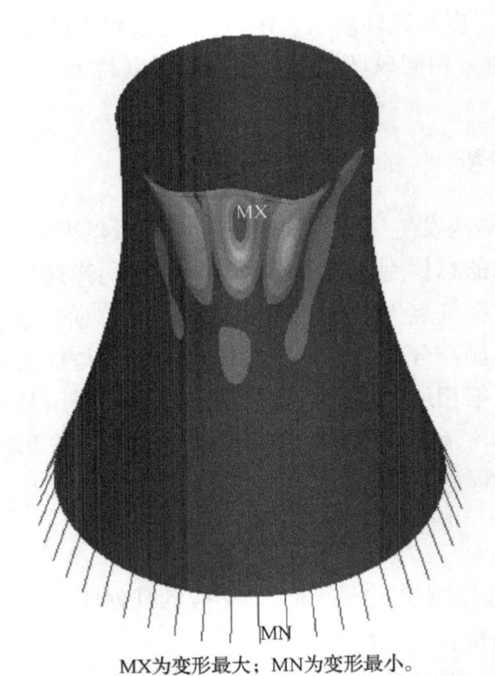

MX为变形最大；MN为变形最小。

图 7.1　良态风环境下塔筒分支点失稳模态

7.2　壳体局部稳定验算公式修正

7.2.1　规范局部稳定公式来源

现行的国内外水工规范[4, 18, 79]多采用 20 世纪 70 年代提出的基于环向均匀荷载加载试验方案的局部稳定验算公式，亦称为屈曲应力状态（buckling stress state，BSS）公式。该公式基于 Mungan 的双曲壳静水压力试验[62]，加载装置和试验模型如图 7.2 所示。试验高度 H_{SM}=1200mm、底部直径 D=600mm、喉部高度 H_T=600mm，喉部半径 R_T=200mm，模型材料为环氧树脂，共制作了壁厚分别为 1.3mm、1.4mm 和 1.5mm 的 3 种模型。试验研究发现：对称结构的双曲旋转壳体模型喉部应力状态与冷却塔结构双曲旋转壳体模型相比差异较小，为了试验加载方便，采用了如图 7.2 所示的对称双曲壳体结构来代替冷却塔壳体结构。试验模型被放置在密闭的水压容器中，环向水压与轴向的压力组合可以得到不同的应力状态。密闭容器外接气泵，通过改变水面的气压分布得到不同环向均布静水压力，模型上端千斤顶实现轴向的荷载变化，由此可以实现轴向与环向荷载的任意组合。密闭容器外部的水体分布使得屈曲发生过程减缓，以便在观察到第一个屈曲谐波时能及时卸载，试验能够实现模型的反复利用。通过模型喉部位置的应变片测量数据可以得到屈曲临界荷载作用下不同的环向和子午向应力组合。Mungan 结合该双曲壳体静水压力试验，并结合线性分支点理论提出了式（7.3）～式（7.5）的壳体局部稳定验算方法。

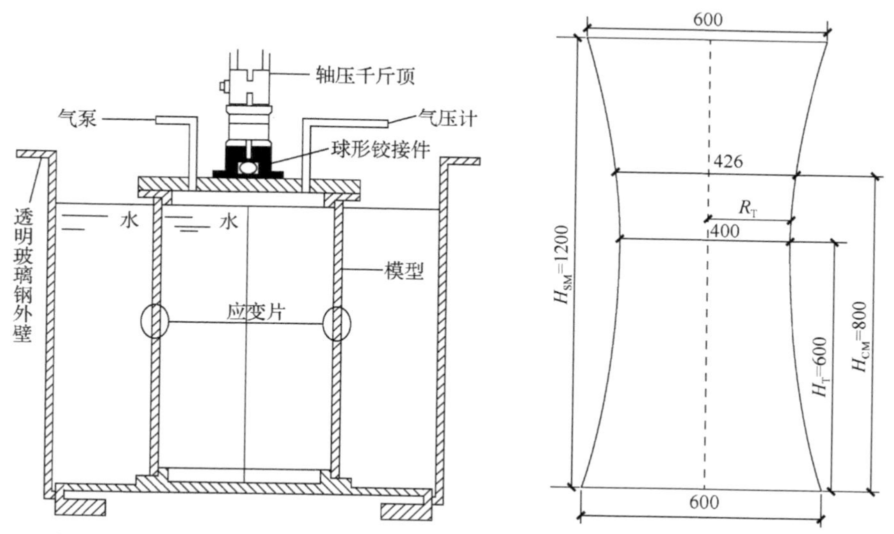

H_{SM}为对称壳体模型的高度；H_{CM}为冷却塔模型的高度，冷却塔模型是将对称壳体模型截断得到的。

图 7.2　加载装置和试验模型

壳体局部稳定验算公式中对于修正因子 ϕ 的取值，Mungan 给出了有限元解与试验拟合曲线之间的对比［见图 7.3（a）］，图中“SM”表示对称壳体模型、“CM”表示冷却塔壳体模型［见图 7.3（b）］。为了更好地接近试验曲线，针对壳体上缘不同的边界条件给出 4 条计算曲线。对比结果表明：模型上缘的边界条件对屈曲应力状态影响较大，SM 与 CM 的不同引起的应力状态差别较小，冷却塔模型上

端释放自由度 Uz 的理论模型（CB）的有限元解比较符合试验曲线。故试验值与有限元解之间的误差修正，以 CB 曲线为基准。最终修正因子 ϕ 取试验结果拟合曲线两个端点（$\sigma_{110}=0$、$\sigma_{220}=0$）对释放平动自由度的 CM 有限元解曲线 CB 的两个端点（$\sigma_{110,N}=0$、$\sigma_{220,N}=0$）的修正系数。可能考虑了对方程参数的简化，Mungan 针对不同的子午线型采取了相同的 ϕ 作为修正系数，即假设有限元解与试验解之间的误差不受子午线型的影响。因此，国内规范[4]参照 Mungan 的分析对 ϕ 的取值为固定值 $\phi_{11}=0.985$，$\phi_{22}=0.612$。通过上述分析，可以发现其中的一些不足，即针对不同的子午线型应当取不同的 ϕ 值对理论值与试验值进行修正。

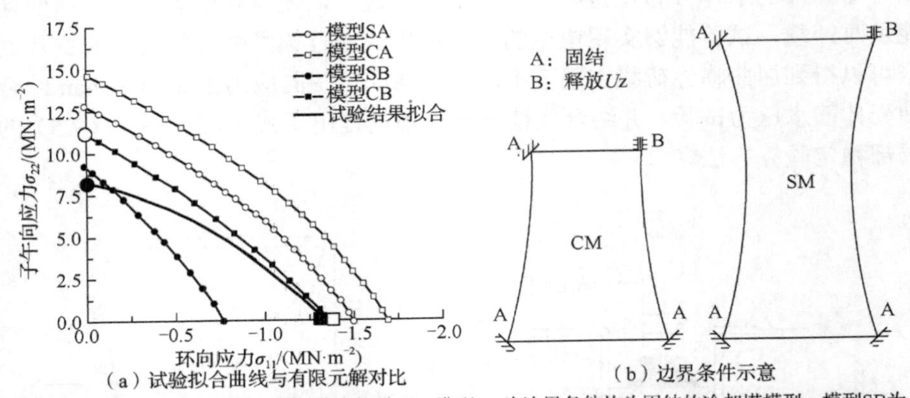

（a）试验拟合曲线与有限元解对比　　（b）边界条件示意

模型SA为边界条件均为固结的对称壳体模型；模型CA为边界条件均为固结的冷却塔模型；模型SB为一端释放Uz自由度，其余边界均为固结的对称壳体模型；模型CB为一端释放Uz自由度，其余边界均为固结的冷却塔模型。

图 7.3　加载装置和试验模型

对于局部稳定安全因子 K_B 的取值，我国《火力发电厂水工设计规范》（DL/T 5339—2018）[4]规定必须满足 $K_B \geqslant 5$，安全因子 5 的取值是基于图 7.4 中 5 个方面的考虑。第一部分变形分项安全因子根据欧洲规范[120]中的假定，即各种壳体在特定荷载作用下屈曲前会出现特定的变形，根据双曲壳体施加的荷载模式此部分安全因子取 2.10。第二部分混凝土安全分项根据欧洲规范[120]中对于混凝土抗力的安全余度的规定取 1.50。许多国家的混凝土设计规范中对壳体的脆性失效也增加了安全因子，第三部分脆性分项取 1.30。针对双曲壳体结构对几何缺陷的敏感性，第四部分几何缺陷分项取 1.25。最后一部分为考虑特征值屈曲算法的误差，算法误差分项取 1.30。至此，将全部安全分项考虑在内的局部稳定安全因子 K_B 在 4.50 左右，为了保证实际冷却塔双曲壳体结构的稳定性安全，将 K_B 放宽至 5.00，这就是德国规范 VGB-R610ue[18]和国内规范[4]中冷却塔局部稳定性安全因子取值的依据。

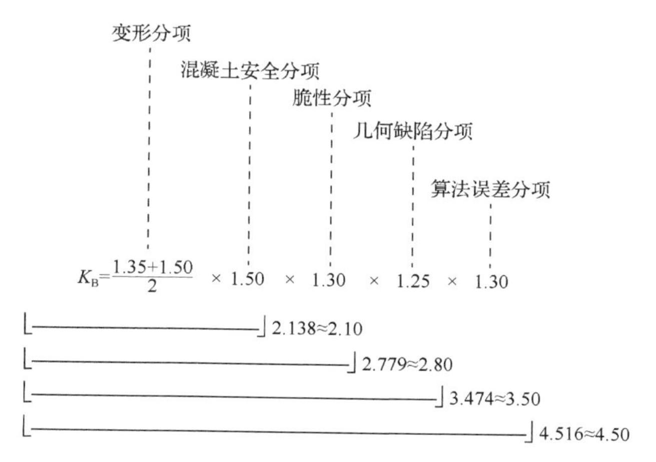

图 7.4　局部稳定安全因子取值

前国际空间结构和薄壳学会主席梅德瓦多夫斯基（Medwadowski）认为 BSS 方法不仅可以用于冷却塔壳体结构的稳定性评价，还可以用于普通的混凝土壳体屋面结构的稳定性评价。但是，通过对 BSS 公式形成过程的研究发现：该公式只关注模型喉部位置的应力状态，当应用到实际冷却塔稳定性验算中会出现风荷载模式模拟不足、理论与试验结果差异、边界条件差异、模型试验荷载模式与实际差异、旋转壳线型和壁厚与实际差异等试验条件不相符的地方。具体来说：试验模型采用环向均布静水压力来模拟实际环向荷载，对于实际环向非均匀分布风荷载的作用不能准确反映；该公式针对不同的子午线型采取了相同的误差修正因子，忽略数值解与试验解之间误差受子午线型的影响；边界条件的修正只是模拟了试验条件的特定边界条件，试验边界条件与冷却塔边界条件有较大差异；该公式试验模型处于二维双向受力状态，与实际冷却塔结构在自重和风荷载作用下处于三维受力状态不一致；工程应用过程中壳体多采用分段线性线型，且壁厚并非与试验一致，采用渐变壁厚等。

7.2.2　考虑非均匀风压的局部稳定公式

BSS 公式只适用于弹性范围，对于完善结构第一类稳定问题中的分支点屈曲问题求解通常采用有限元分析中的特征值屈曲分析法［见式（7.6）～式（7.9）］。其中，屈曲模态表明整体刚度矩阵与几何刚度矩阵比值的分布状态，屈曲模态最大的区域也是结构稳定性能最为薄弱的区域。

Mungan 在设计模型试验时只关注塔筒最危险区域的应力状态，即认为喉部位置为屈曲分析的控制位置，而线性分支点理论则是通过整体弹性刚度与几何刚度之间的比值关系来判定。在壳体有限元建模时需要使壳体在环向均布压力下的屈曲模态最大区域与试验条件下关注的位置相吻合，并且 BSS 公式应用于冷却塔壳体稳定性验算时需要考虑底支柱的影响。线性分支点屈曲理论分析结果对边界条件的选择比较敏感，通过改变壳体上端和下端边界的约束条件，特征值屈曲模态会发生变化。为了再现 Mungan 当时的试验状态，选择的壳体边界条件为约束试验模型顶端转动自由度和模型底部完全固结，此时壳体屈曲模态与试验条件类似，最大模态位移出现在壳体喉部位置附近。

为了定量地评价所建立的有限元模型与 Mungan 试验模型的相似性，利用有限元特征值屈曲法对 Mungan 试验模型施加环向均压时的边界条件进行模拟计算，得出环向均压作用下各线型的环向极限应力。计算壳体极限应力状态时，双曲壳体线型的变化主要体现在式（7.3）计算因子 F_{G11} 中。图 7.5 给出了 BSS 公式中 Mungan 所推荐的不同双曲壳体线型计算因子 F_{G11} 根据已建立的有限元模型计算得出的 F_{G11} 取值的对比。由图可以看出：在环向均布压力作用下，计算所得的各线型双曲壳体环向极限应力与 Mungan 的试验值较为接近，环向极限应力随着壳体喉部半径与喉部高度比值的增大而增大，随着壳体喉部半径与底部半径比值的增大而减小，所建立的有限元模型能够较好地模拟 Mungan 的试验模型。

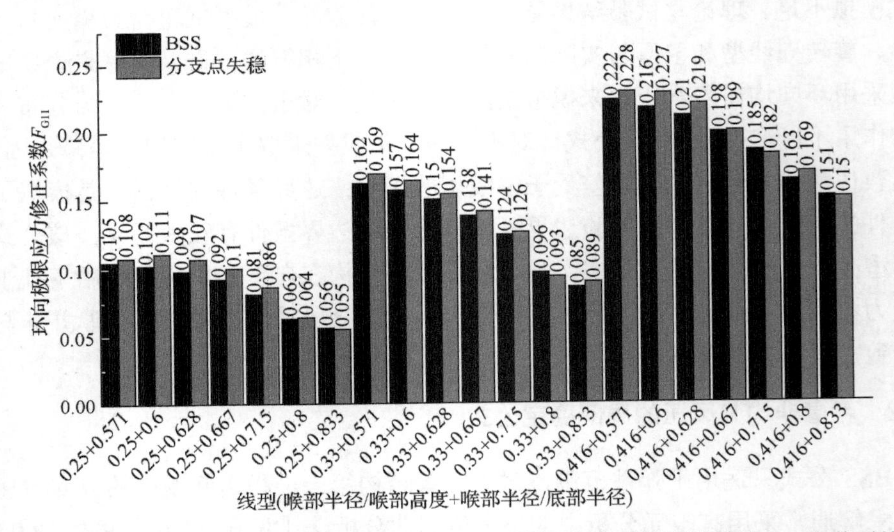

图 7.5　BSS 公式中环向极限应力修正系数 F_{G11} 与根据有限元模型计算的 F_{G11} 取值对比

在 Mungan 的试验过程中壳体底部进行固结处理，稳定验算公式也是在此基础上得出的。但当 BSS 公式用于冷却塔的稳定性能验算时必须考虑底支柱边界条件的差异，为此，建立了带有底支柱的壳体模型。其中，双曲壳体与 Mungan 试验模型保持一致，即壁厚 2mm、高 820mm、零米高度直径 600mm、出口直径 426mm、喉部直径 400mm；均压指模拟试验状态下表面的静水压力，非均布风压代表《火力发电厂水工设计规范》（DL/T 5339—2018）[4]中的平均风压。在施加环向风压时有无底支柱对壳体的屈曲模态影响较小（见图 7.6）；同时，通过屈曲荷载作用下喉部位置环向临界应力的对比（见图 7.7），有无底支柱对壳体喉部位置环向临界应力的影响可以忽略。综上分析，冷却塔稳定性分析所建立的有限元模型可选择无底支柱、上端约束转动的边界条件。

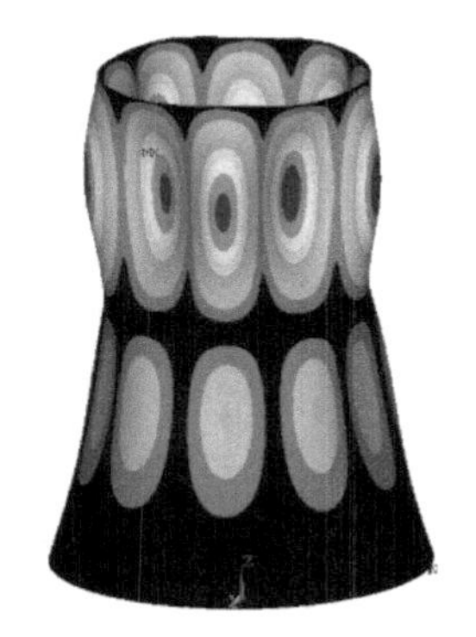

（a）无底支柱+均压失稳模态

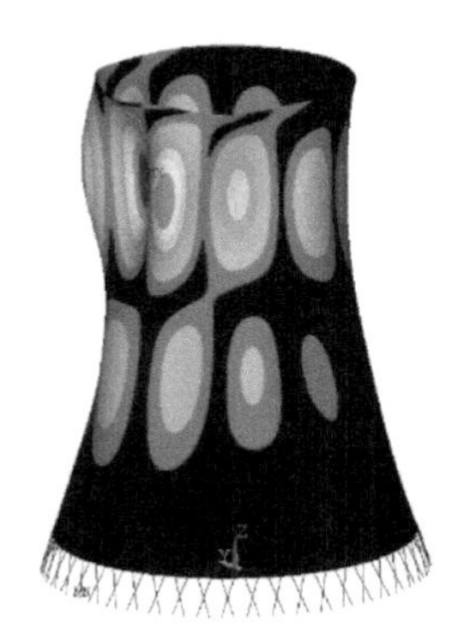

（b）有底支柱+非均布风压失稳模态

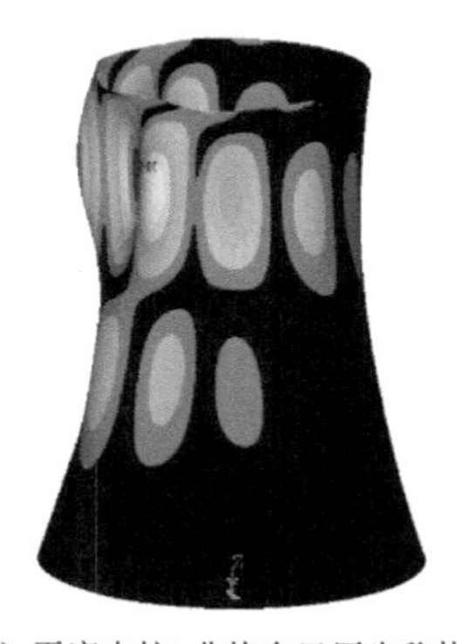

（c）无底支柱+非均布风压失稳模态

图 7.6　失稳模态

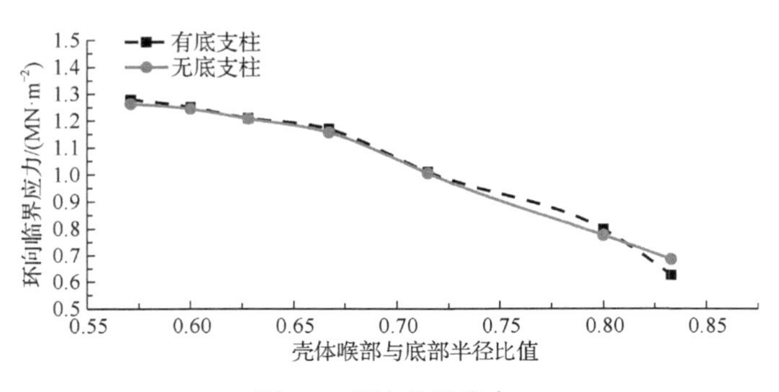

图 7.7　环向临界应力

针对环向荷载的不合理性，计算了各个线型壳体在风荷载单独作用下的环向临界应力。最终在 BSS 环向临界应力计算基础上提出了改进的环向临界应力计算公式（7.10），均压与风压的修正主要体现在计算因子 F^{*}_{G11} 上，具体取值见表 7.1。

表 7.1　改进前后环向临界应力修正系数

R_0/Z_r	改进 BSS 公式 F^*_{G11}							BSS 公式 F_{G11}						
	R_0/R_u							R_0/R_u						
	0.571	0.600	0.628	0.667	0.715	0.800	0.833	0.571	0.600	0.628	0.667	0.715	0.800	0.833
0.250	0.130	0.119	0.117	0.108	0.086	0.065	0.058	0.105	0.102	0.098	0.092	0.081	0.063	0.056
0.333	0.183	0.166	0.163	0.153	0.152	0.139	0.117	0.162	0.157	0.150	0.138	0.124	0.096	0.085
0.416	0.236	0.230	0.218	0.211	0.206	0.182	0.170	0.222	0.216	0.210	0.198	0.185	0.163	0.151
改进前后对比曲线														

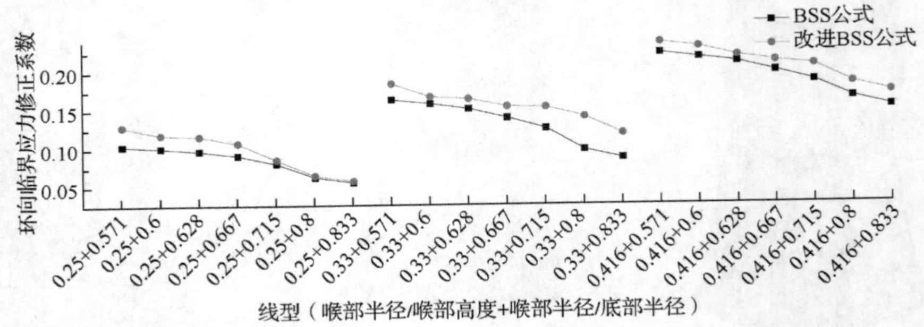

注：R_0为塔筒喉部半径；R_u为塔筒壳底半径；Z_r为塔筒喉部至壳底的距离。

从表 7.1 给出的环向临界应力修正系数中可以看出，各个线型在非均布风压作用下的环向临界应力相比于均压作用下均有所提高，且修正前的 F_{G11} 与修正后的 F^*_{G11} 变化趋势较为一致，环向临界应力都随着喉部半径与底部半径比值的增大而降低，表明当壳体线型从双曲壳体线型向圆柱壳体线型变化时，壳体的不稳定性逐渐增加，这也从侧面反映了大型冷却塔设计时采用双曲壳体线型而不采用圆柱壳体线型的合理性。

Mungan 提出的局部稳定验算公式是一个理论结合试验修正的计算公式，这一点体现在单轴临界应力计算式（7.3）和式（7.4）的修正参数 ϕ_{11} 与 ϕ_{22} 中。仅仅通过均压作用与风压作用下的环向临界应力差异对 BSS 公式进行修正并不能全面地反映风压作用下双曲壳体稳定性能的变化，按照 Mungan 的应力状态理论，冷却塔结构工程应用应更加关注双向应力状态的关系表达式。对于环向施加风压的壳体，当发生屈曲时，与环向施加均压相比，双向应力状态关系式是不一致的。为了量化这种关系，在提出环向临界应力修正后进行了环向与轴向荷载同时作用下的屈曲计算。与试验状态相似，轴向加载通过在壳体上端施加竖直向下的荷载来实现。由于不同荷载组合状态下的屈曲模态有所不同，选取屈曲模态最大点的应力状态作为临界屈曲组合应力，归一化的双向应力状态如图 7.8 所示。

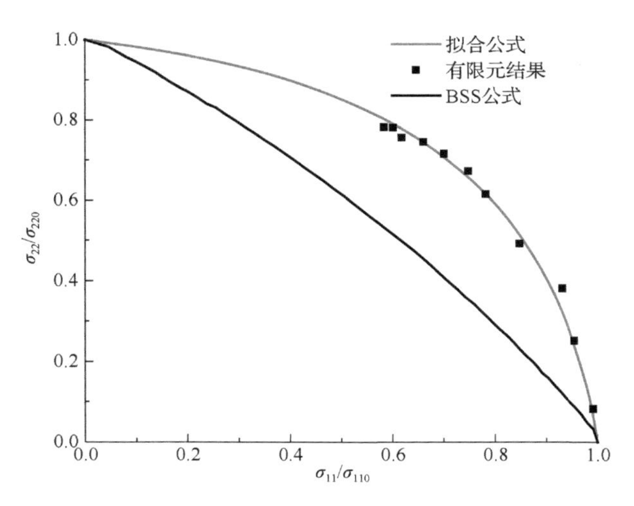

图 7.8　归一化的双向应力状态

考虑风荷载作用的修正 BSS 公式见式（7.10）～式（7.12）。式中各参数含义与式（7.3）～式（7.5）相同，子午向临界应力保持不变，F^{*}_{G11} 取值见表 7.1。式（7.10）～式（7.12）为双曲壳体环向风荷载与轴向荷载同时作用下的双向应力之间的关系式，采用 BSS 公式中以应力组合的一次与二次项的方法拟合从而保留了表达式的简洁性。

环向临界应力：

$$\sigma_{110}=\frac{E}{(1-\nu^2)^{3/4}}\left(\frac{t}{R_{\mathrm{T}}}\right)^{3/4}F^{*}{}_{\mathrm{G11}}\phi_{11} \tag{7.10}$$

子午向临界应力：

$$\sigma_{220}=\frac{E}{(1-\nu^2)^{3/4}}\left(\frac{t}{R_{\mathrm{T}}}\right)^{3/4}F^{*}{}_{\mathrm{G22}}\phi_{11} \tag{7.11}$$

双向应力拟合公式：

$$0.12K_{\mathrm{B}}\left(\frac{\sigma_{11}}{\sigma_{110}}+\frac{\sigma_{22}}{\sigma_{220}}\right)+0.88K_{\mathrm{B}}^{2}\left[\left(\frac{\sigma_{11}}{\sigma_{110}}\right)^{2}+\left(\frac{\sigma_{22}}{\sigma_{220}}\right)^{2}\right]=1 \tag{7.12}$$

7.2.3　工程应用

为了更加具体地评价考虑非均匀风压的局部稳定公式（下文简称“改进公式”）

与 BSS 公式之间的差异性，选取了一座具体的双曲线型冷却塔进行稳定性验算。该双曲线型冷却塔塔高 222m，底部直径 164.52m，出口直径 129.21m，喉部直径 123.43m，喉部模板标高 166.40m，喉部壁厚 0.37m；基本风压 0.45kPa，塔筒内风压系数相对于塔顶来流风压取-0.5，地貌类型为 B 类，风剖面幂指数为 0.15。有限元模型如图 7.9 所示。其中，塔筒采用 Shell63 空间壳单元模拟，底支柱与环基采用 Beam188 空间梁单元模拟，地基等效土弹簧采用 Combine14 单元模拟，并考虑实际冷却塔渐变壁厚的影响。

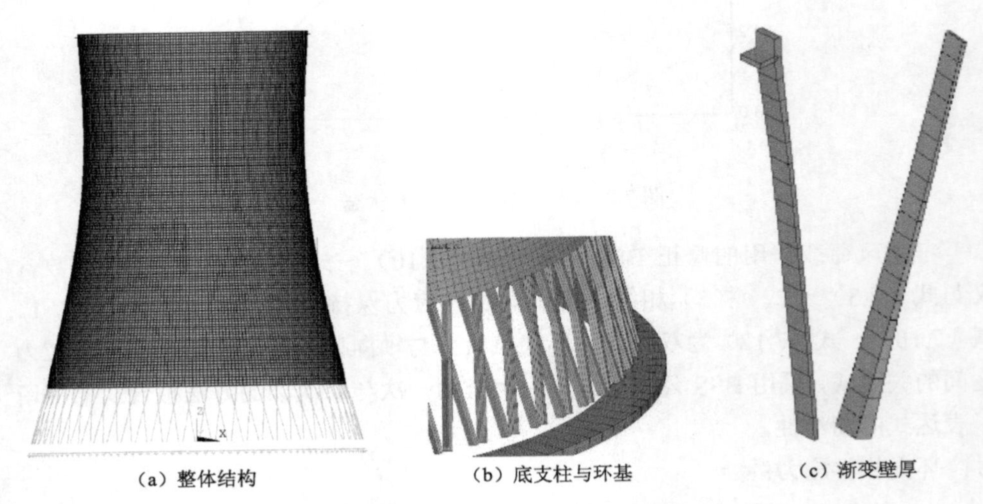

（a）整体结构　（b）底支柱与环基　（c）渐变壁厚

图 7.9　基 222m 冷却塔有限元模型

图 7.10 分别按照 BSS 公式与改进公式给出了设计风荷载作用下每层模板高度处最小稳定安全因子 K_B 分布。需要明确的是，由于只是关注了双向受压荷载作用下的稳定性，故计算过程中压应力取正值且拉应力取零值。总体来看二者的结果变化趋势相近，但改进公式与 BSS 公式相比较为保守。以上二者之间的不同点从改进公式与 BSS 公式之间的差异中亦可看出，相比于环向施加的均布压力，环向施加风压使塔筒的环向临界屈曲荷载明显增加；同时从双向应力状态关系的拟合曲线中可以看出改进公式相比 BSS 公式能包络更多的应力变化范围。以上两点的共同作用导致冷却塔在符合实际情况的风荷载作用下局部稳定性能有较明显的提高，这点从改进公式与 BSS 公式推荐拟合公式之间的变化中也可以看出。对于一个关于 K_B 的常数项为-1 的一元二次方程，在增加二次项系数同时减少一次项系数（拟合公式中推荐的一次项系数、二次项系数均为正值），其正根 K_B 必然会有所增加。经改进公式计算得出的局部稳定安全因子都符合规范规定的 $K_B \geq 5$ 的要求。

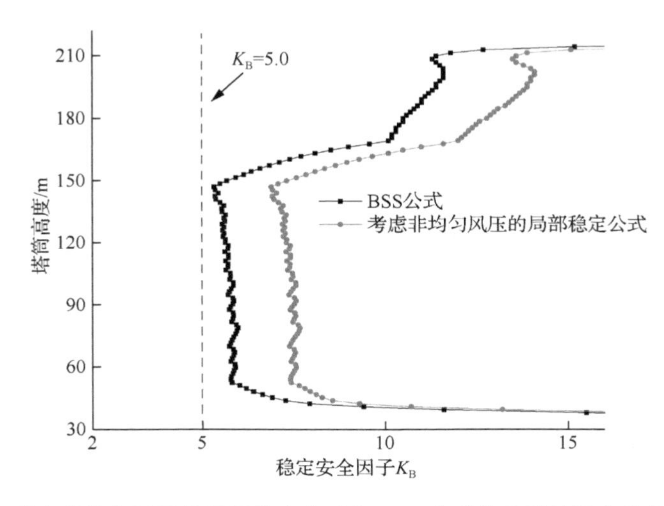

图 7.10　考虑非均匀风压的局部稳定公式与 BSS 公式各高度处最小稳定安全因子

7.3　结构风致倒塌分析

7.3.1　结构倒塌有限元模型

一些学者对冷却塔在风荷载作用下是否发生弹性失稳破坏有着不同的看法[71-73]。通过对双曲冷却塔风致响应的理论分析，采用有限单元法对冷却塔风荷载下的损伤、失效过程进行数值模拟，认为导致塔筒风致破坏的主要原因是材料达到极限强度而非壳体屈曲失稳。由于早期的结构失效数值分析一般采用基于隐式积分算法的有限单元法，在结构完全失效濒临倒塌时无法绕过矩阵奇异等问题，因而无法模拟冷却塔从变形→损伤→倒塌的失效全过程。本节将基于显式动力分析有限元软件 LS-DYNA 再现风荷载作用下冷却塔风致失效的全过程，探究冷却塔风致失效模式和失效机理。

本节的研究对象为某 215m 冷却塔，塔型同第 3 章。在冷却塔塑性失效分析过程中，有限元模型的建立，风荷载的加载，单元从开始破坏至失效退出工作的过程中变形、应力等响应的探讨，以及结构完全失效进入倒塌阶段时碎片的散落情况分析均是在整体坐标系 $OXYZ$ 下进行的，该坐标系为右手直角坐标系。其中，X 轴和 Y 轴沿水平方向［见图 7.11（a)］，Z 轴沿子午线方向［见图 7.11（b)］，坐标原点 O 与柱底圆心重合，即所有支柱底部节点的标高均为±0.000。

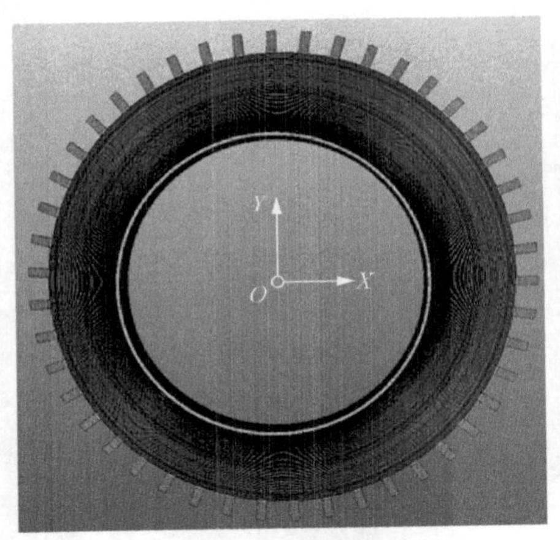

（a）俯视图中的整体坐标系OXY

（b）侧视图中的整体坐标系OXZ

图 7.11　冷却塔塑性失效分析中采用的整体坐标系

塔筒选用 4 节点 Shell163 显式薄壳单元，每个节点具有 X、Y、Z 3 个方向的平动、速度、加速度和绕 3 个轴的转动共计 12 个自由度。单元具备弯曲和薄膜特性，可加载面内和法向荷载；同时基于同步旋转坐标系和速度应变-位移关系的波莱奇科（Belytschko）-林（Lin）-蔡（Tsay）算法，适用于塑性变形严重的大位移、大转动，而且计算效率高。实际的冷却塔塔筒沿壳体厚度方向在内外两侧均布置了不同配筋率的环向和子午向钢筋，采用分层壳单元模型进行塔筒建模。该模型将塔筒中每个壳体单元沿厚度方向划分成若干层，并根据实际的配筋情况确定各层的厚度和相应的材料。如图 7.12（a）所示，沿厚度 θ^3 方向，从内向外依次是塔筒内侧混凝土保护层、内侧环向钢筋、内侧子午向钢筋、中心混凝土层、外侧子午向钢筋、外侧环向钢筋和外侧混凝土保护层。为了获得失效全过程中每一层的应力、应变情况以及各层钢筋或混凝土的受力情况，在每一层中均布置一个积分点[见图 7.12（b）]。中心混凝土层厚度相比其他各层较厚，为了保证计算精度，将其等分成 9 份，布置 9 个积分点，每个壳体单元沿厚度方向共布置 15 个积分点。分层壳单元在外荷载作用下首先基于复合材料力学原理得到壳体中面的曲率和应变，再根据平截面假定得到壳体中钢筋、混凝土每层的应变，进而根据材料本构关系得到各积分点的应力，最后通过各积分点数值积分获得每块壳体单元的内力。该 215m 冷却塔的塔筒按照实际工程中的模板高度建模，沿子午向共 154 层模板。其中，第 153 层为刚性平台板，第 154 层为刚性环裙板；每圈模板沿环向共划分为 874 个单元，每根柱柱顶包含 4 个单元，柱间包含 15 个单元（见图 7.13）；塔筒总计 134596 个壳单元，2018940 个材料积分点，1625640 个自由度。

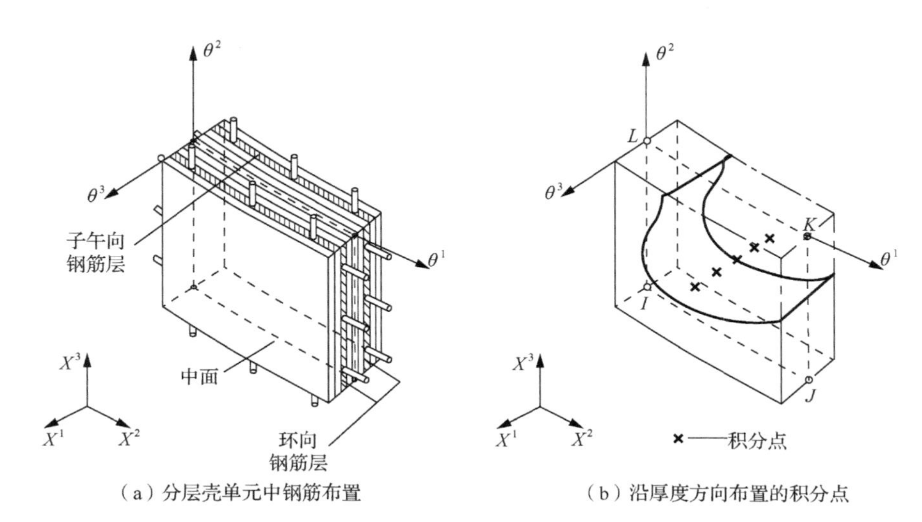

（a）分层壳单元中钢筋布置　　（b）沿厚度方向布置的积分点

图 7.12　分层壳单元模型

图 7.13　塔筒沿环向单元划分

支柱采用分离式建模。支柱混凝土采用 8 节点的 Solid164 显式三维实体单元，每个节点具有 X、Y、Z 3 个方向的平动、速度和加速度 9 个自由度，并采用单点高斯积分算法加上沙漏控制来加快单元方程式的运算。支柱内的钢筋（包括纵向钢筋和箍筋）则采用 Beam161 显式三维梁单元，该单元具有 I、J、K 3 个节点。其中，I、J 节点用于确定梁的轴线，K 节点用于确定截面的主轴方向。这种基于 Hughes（休斯）-Liu（刘）算法的梁单元本质上是从 Hughes-Liu 薄壳这种 8 节点实体单元退化而来的，每个节点具有 X、Y、Z 3 个方向的平动、速度、加速度和绕 3 个轴的转动共 12 个自由度。单元节点可以偏离梁单元的轴线放置。当模拟混凝土中的钢筋时可以通过设置节点的偏置来考虑混凝土保护层的厚度；当模拟柱中的钢筋时该单元与混凝土实体单元能较好地协调，从而大大提高了计算效率和鲁棒性。图 7.14 给出了该 215m 冷却塔底支柱的有限元模型，包含了混凝土实体单元、纵向钢筋单元、箍筋单元。建模过程中按照钢筋面积和作用点等效的原则将支柱中沿环向的纵筋简化为 5 根，沿径向的纵筋简化为 3 根，每根支柱中有 112 个混凝土实体单元，210 个纵筋梁单元，180 个箍筋梁单元，整个底支柱共计 5152 个实体单元，17940 个钢筋梁单元，124200 个自由度。

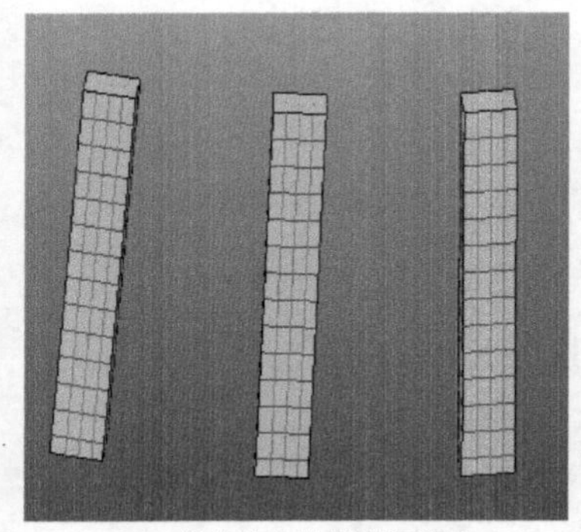
（a）底支柱中的钢筋混凝土

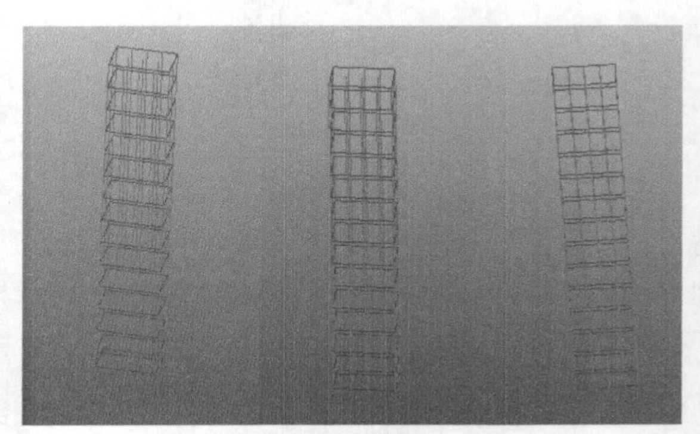
（b）钢筋布置

图 7.14　底支柱模型

塔筒 C50 混凝土和 HRB400 钢筋的材料模型采用 CONCRETE_EC2，支柱 C60 混凝土材料模型为连续面盖帽模型 CSCM_CONCRETE，支柱 HRB400 钢筋采用随动强化模型 PLASTIC_KINEMATIC。倒塌过程中，碎片接触模型选用罚函数 CONTACT_AUTOMATIC_SINGLE_SUFACE 进行接触、滑动界面的处理。

冷却塔塑性失效分析采用材料失效准则，基本思路是：通过单元中代表材料的各积分点是否达到破坏临界点来判断局部区域的材料是否失效，当失效区域发展到一定范围时就会引起构件破坏，当破坏的构件达到一定数量时就会引起结构的倒塌，即材料失效→构件失效→结构失效→结构倒塌。具体失效准则如下：①当塔筒分层壳中的材料积分点达到钢筋极限拉应变或者混凝土极限压应变时，塔筒壳单元失效；②当底支柱中混凝土实体单元的积分点达到混凝土极限压应变时，柱中混凝土单元失效；③当底支柱中钢筋的拉应变超过钢材的极限拉应变时，钢筋发生断裂失效，当柱中钢筋的压应变超过混凝土的极限压应变时，钢筋失去支撑发生屈曲。这种从材料层面上定义失效准则作为结构失效的依据不仅物理概念清晰、应用方便、阈值可以直接采用规范或者相关材料试验，而且可以同时定义多种材料的失效准则，在加载过程中满足任何一种失效准则即会发生材料破坏，从而真实反映材料破坏过程中可能涉及的多种失效模式。

7.3.2 风致倒塌全过程数值分析

良态风环境 A、B、C 3 类地貌下 10m 高度处的倒塌临界风速分别为 75m/s、69m/s 和 63m/s，且 3 类地貌下倒塌形式相同。当 10m 高度处来流风速小于倒塌临界风速时，结构不发生破坏，而是沿环向在迎风区产生内凹变形［见图 7.15（a）］，在两侧风区对称产生外凸变形［见图 7.15（b）］，在背风区的外凸变形较小且数值相近，这与塔筒表面风荷载的环向分布相一致。沿子午向，变形随着高度的增大先增大再减小，在塔筒喉部位置达到最大。子午向的变形受两个因素影响，即风荷载沿高度逐渐增大，塔筒壁厚随高度的增大先减小再增大，并且在喉部位置壁厚最薄。

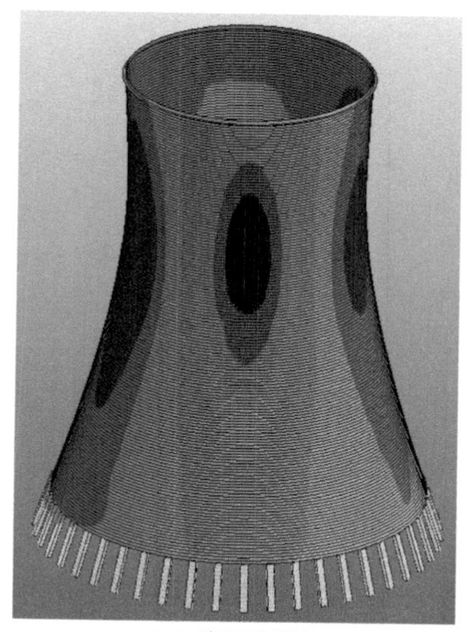

（a）迎风区变形

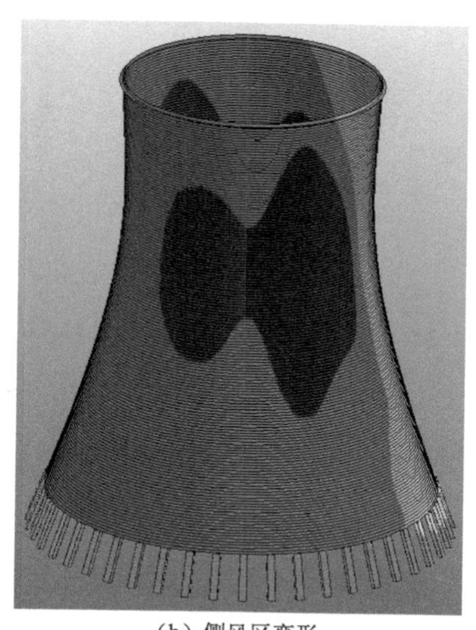

（b）侧风区变形

图 7.15　良态风环境下冷却塔结构破坏前的位移变形

随着 10m 高度处来流风速继续增大，结构逐步进入塑性，当达到倒塌临界风速时，首先在塔筒喉部的迎风驻点出现环向裂缝 1［见图 7.16（a）］，裂缝 1 逐渐向两侧开展，同时在塔筒中下部的迎风区出现了环向裂缝 2［见图 7.16（b）］；随后在塔筒喉部的迎风区出现了子午向裂缝 3［见图 7.16（c）］，随着裂缝 3 沿子午向不断展开，在塔筒中部的迎风区出现了子午向裂缝 4，同时在两侧风区的最大负压处和塔顶刚性环上也开始出现子午向裂缝［见图 7.16（d）］；随着上述子午向裂缝的不断开展，子午向裂缝 3 与环向裂缝 1 相交，同时在裂缝 3 中间衍生出了环向裂缝 5［见图 7.16（e）］；子午向裂缝 4 与环向裂缝 2 相交，在裂缝 4 中间衍生出了环向裂缝 6［见图 7.16（f）］。此后，塔筒中部以及塔顶刚性环从迎风区至侧风区出现了越来越多的子午向裂缝，子午向裂缝 3 的宽度越来越大，并衍生出了更多的环向裂缝［见图 7.16（g）］。当环向裂缝 1 与子午向裂缝 3 的宽度达到一定程度时，子午向裂缝 3 两侧的壳单元开始脱离，环向裂缝 1 上下两侧的壳单元也开始脱离，在迎风区正压的作用下塔筒喉部以上的壳单元开始向塔筒内部塌落［见图 7.16（h）］。随后，在迎风区，子午向裂缝 4 两侧、裂缝 1 与 4 之间以及裂缝 4 与 2 之间的壳体相继向塔筒内部塌落［见图 7.16（i）］；迎风区塔筒的内陷式倒塌连带着侧风区的壳体在负压作用下出现从塔顶向塔底的外陷式塌落［见图 7.16（j）～图 7.16（l）］。最后，背风区的塔筒也从塔顶开始出现内陷式塌落［见图 7.16（m）和图 7.16（n）］；倒塌过程全部结束后，冷却塔 1/6 高度范围内的塔筒与底支柱残留［见图 7.16（o）］。

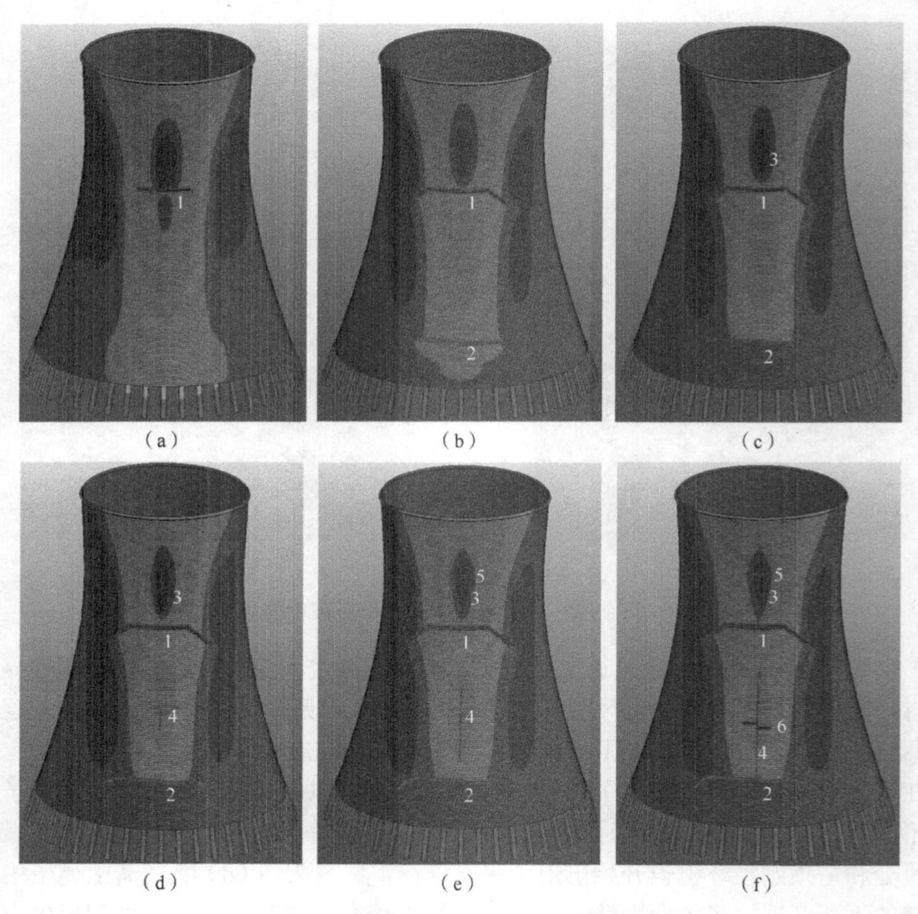

图 7.16　良态风环境下冷却塔结构倒塌全过程

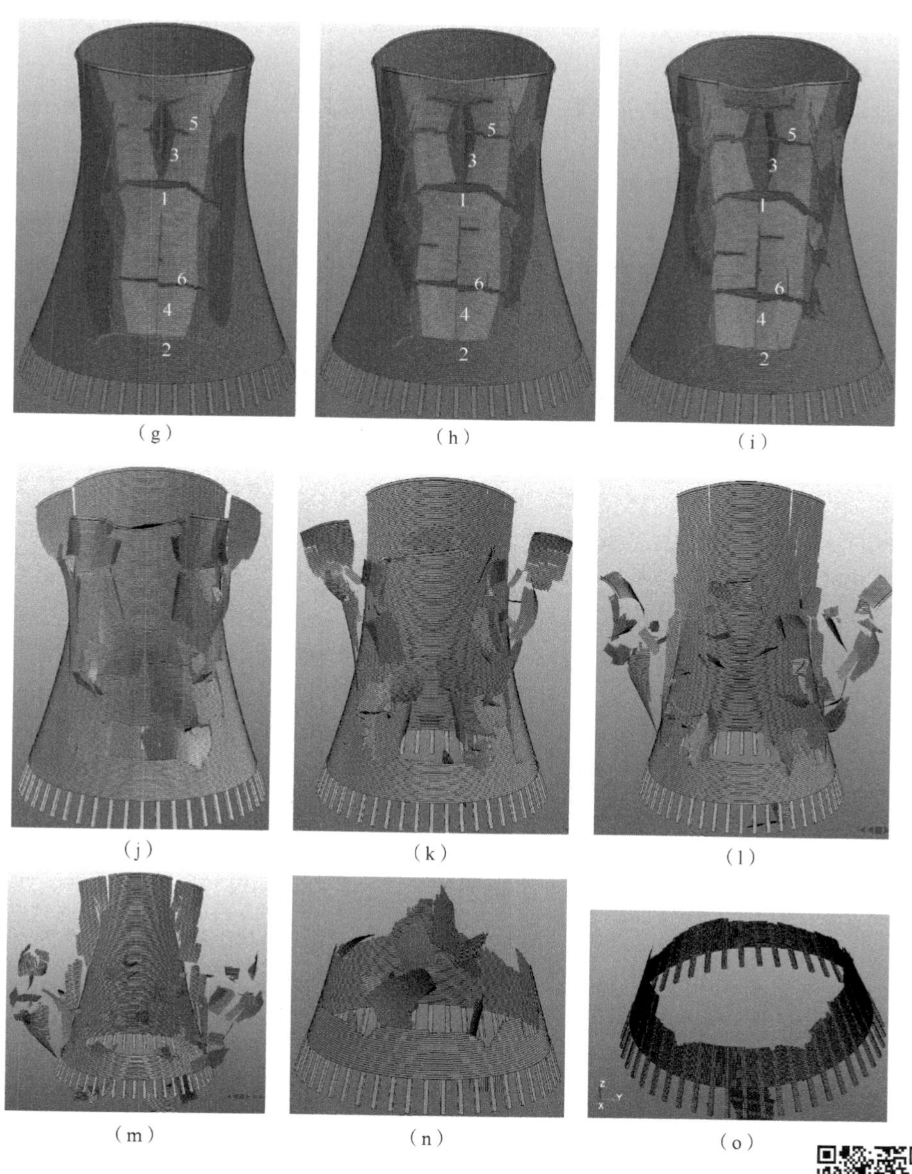

图 7.16（续）

彩图 7.16

7.3.3　风致倒塌模式和机理

从上述结构倒塌的全过程可以看出：环向裂缝 1、2，子午向裂缝 3、4 是导致塔筒开裂倒塌的直接原因，从 4 条裂缝中分别取一个分层壳单元，查询代表混凝土、钢筋的 15 个积分点的应力情况（见图 7.17）。结果显示：环向裂缝是由于子午向钢筋拉断导致，其中内侧子午向钢筋的应力增长大于外侧子午向钢筋，当单元破坏时，内、外两侧子午向钢筋几乎同时达到极限拉应力而退出工作；子午向裂缝是由于环向钢筋拉断导致，内侧环向钢筋应力大于外侧环向钢筋应力，内侧钢筋达到极限拉应力的瞬时，外侧钢筋也达到极限拉应力，进而单元失效退出工作；因此，迎风区塔筒裂缝产生至单元退出工作是由于内侧钢筋受拉断裂继而相应的外侧钢筋也受拉断裂导致，内侧钢筋先于外侧钢筋破坏主要是由于迎风区在压力作用下，塔筒内侧钢筋相当于壳体底部钢筋，外侧钢筋相当于壳体顶部钢筋，从而导致内侧钢筋应力大于外侧钢筋应力，内侧钢筋先于外侧钢筋发生破坏。

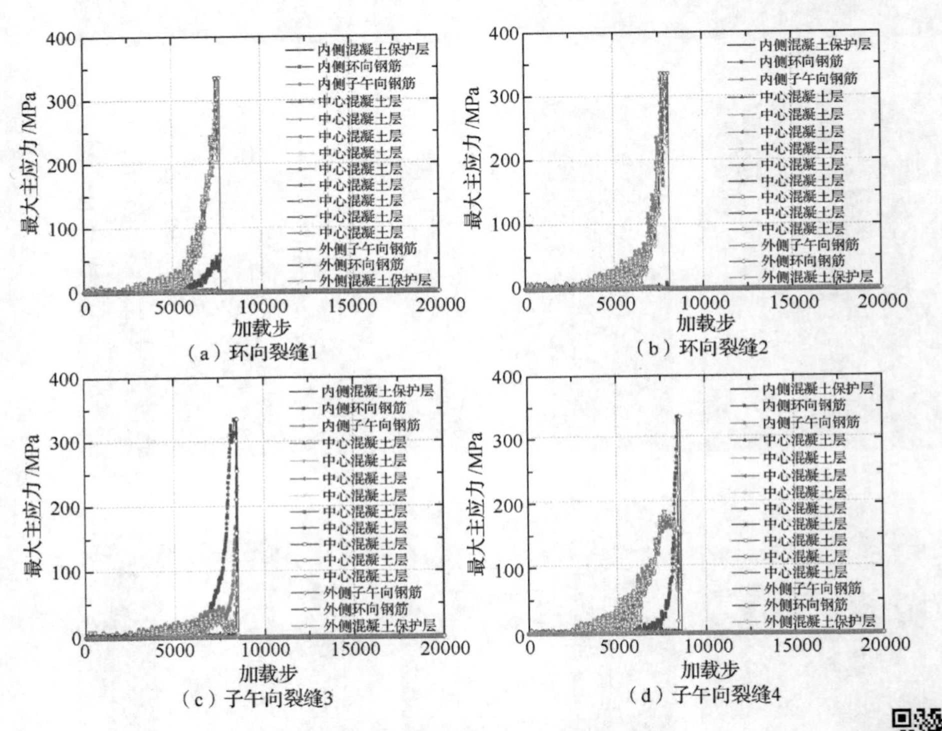

图 7.17　裂缝处分层壳单元内的积分点应力

彩图 7.17

通过对比冷却塔风荷载作用下弹性失稳和塑性倒塌的临界风速，良态风环境下冷却塔发生结构倒塌时的临界风速小于《火力发电厂水工设计规范》（DL/T 5339—2018）[4]中结构整体和局部弹性失稳的临界风速，更远小于结构分支点失稳临界风速，说明冷却塔风致失效是由于材料破坏导致的非线性屈曲而非弹性屈曲，或者说冷却塔风致失效是由于强度破坏而非弹性失稳破坏。

从倒塌模式来看：冷却塔结构风致失效是源于迎风区塔筒的开裂、裂缝蔓延扩张继而导致迎风区塔筒中部的内陷式破坏，并带动侧风区和背风区从塔顶开始的外陷式坍塌。

从倒塌机理来看：塔筒从破坏至倒塌的全过程中迎风区环向、子午向的初始裂缝是导致塔筒内陷式倒塌的关键因素。其中，环向裂缝往往先于子午向裂缝产生，这是由于环向裂缝、子午向裂缝分别是子午向钢筋和环向钢筋受拉断裂导致，环向钢筋如同一个闭合的箍，其整体性能优于两端没有足够约束的子午向钢筋；内侧钢筋先于外侧钢筋破坏，这是由于受压区的内侧钢筋相当于分布荷载下壳体底部的受拉钢筋，外侧钢筋则相当于壳体顶部的受拉钢筋，底部受拉钢筋一般先于顶部受拉钢筋破坏。因此，建议在冷却塔抗风设计时适当增加塔筒内侧子午向钢筋的数量和强度。

7.4 小　结

本章以 Mungan 提出的静水压力试验为基础，基于结构有限元分析算法，构建了早期壳体物理试验模型的有限元模型，分析了双曲旋转壳体在环向均布风压作用下的稳定性与试验结果的差异，验证了早期试验在特定条件下的正确性。为进一步评价该算法应用于以大型冷却塔为代表的壳体结构设计的适用性和合理性，计算了 21 种线型的双曲旋转壳体在环向非均布风压作用下的极限荷载，提出了适用于非均布荷载作用下环向应力临界荷载计算公式。采用《火力发电厂水工设计规范》（DL/T 5339—2018）提供的稳定验算方法、分支点失稳分析方法和 LS-DYNA 显式动力分析方法，数值分析了良态风环境下大型冷却塔弹性失稳和塑性倒塌全过程，给出了冷却塔风致失效模式和失效机理。

第 8 章　大型冷却塔结构优化选型

随着冷却塔日趋大型化，群塔组合日趋复杂化，风荷载成为群塔结构设计的关键控制因素。然而以风荷载为主导的冷却塔结构优化设计多局限于上部结构塔筒本身，以稳定性作为优化设计的指标，难于评判结构设计的安全性与经济性。本章将响应面法和梯度搜索法引入冷却塔结构优化选型，进行结构整体优化，结合群塔组合风荷载模式，研究兼具塔筒稳定性、强度安全性和经济性最优塔型。

8.1　结构参数影响分析

8.1.1　塔筒

双曲冷却塔结构主要由塔筒、支柱和环基组成（见图 8.1）。其中，塔筒线型包括环向线型和子午向线型。环向线型是圆曲线，子午向线型（即母线）由两段双曲线或两段双曲线及一段直线组成，通常提及的双曲线型指的是子午向线型。子午向线型通常有两段线和三段线两种形式。三段线子午向线型由塔筒顶部至喉部的线段是双曲线Ⅰ，从塔筒喉部至底部的线段由双曲线Ⅱ和一段直线Ⅲ构成，线段Ⅱ、Ⅲ在交点处斜率一致；两段线只有Ⅰ和Ⅱ两段曲线组成，两段线可认为是三段线的特殊情况。

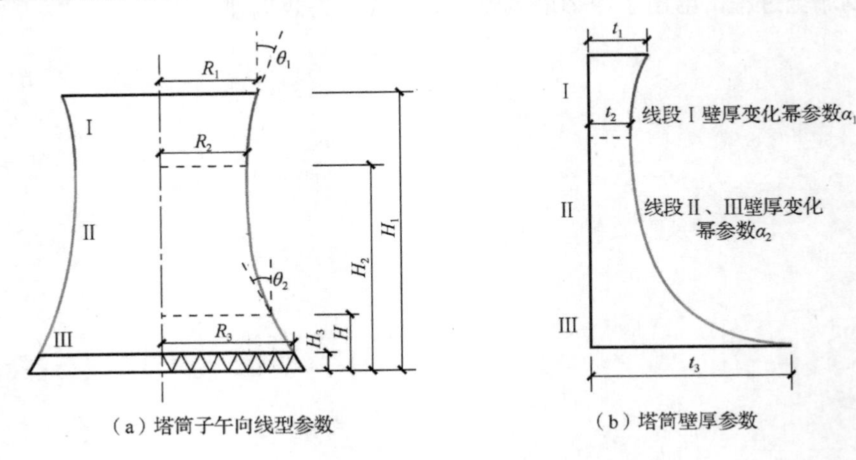

（a）塔筒子午向线型参数　　（b）塔筒壁厚参数

图 8.1　双曲冷却塔结构参数

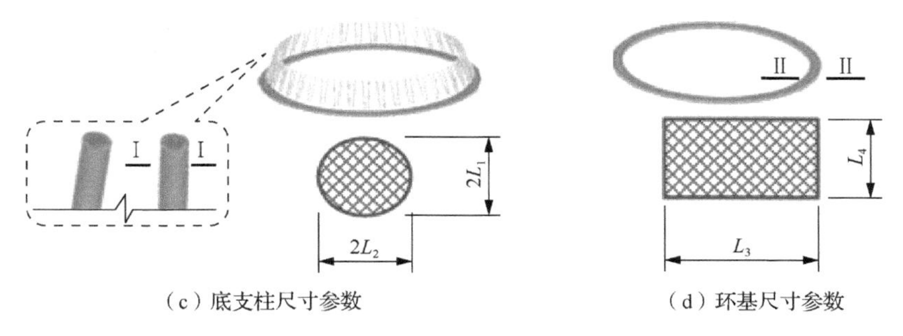

（c）底支柱尺寸参数　　（d）环基尺寸参数

图 8.1（续）

线段Ⅰ和Ⅱ采用移轴双曲线，其方程坐标系为以双曲面中轴线高度±0.000m处为原点的直角坐标系，两线段的方程为

$$\left(\frac{r}{R_2}\right)^2 = 1 + \left(\frac{h - H_2}{B_i}\right)^2 \tag{8.1}$$

$$B_1 = R_2\sqrt{\frac{H_1 - H_2}{R_1 \tan\theta_1}} \tag{8.2}$$

$$B_2 = R_2\sqrt{\frac{H_2 - H}{R_3 \tan\theta_2 - (H - H_3)\tan^2\theta_2}} \tag{8.3}$$

式中，r 为塔筒中面半径；h 为塔筒高度；R_2 为塔筒喉部中面半径；H_2 为塔筒喉部中面高度；B_i 为第 i 段的双曲线参数（i=1,2）；R_1 为塔筒顶部中面半径；H_1 为塔筒顶部中面高度；θ_1 为塔筒顶部出风口切角；R_3 为塔筒底部/底支柱顶部中面半径；H_3 为塔筒底部/底支柱顶部中面高度；θ_2 为塔筒底部进风口切角；H 为线段Ⅱ、Ⅲ的切点高度。

线段Ⅲ采用直线，其方程为

$$\frac{h - H_3}{r - R_3} = -\frac{1}{\tan\theta_2} \tag{8.4}$$

壁厚 t 的方程为

$$t = t_2 + (t_i - t_2)\exp\left(-\alpha_i \frac{|h - H_i|}{R_2}\right) \tag{8.5}$$

式中，t_2 为塔筒喉部壁厚；t_i 为第 i 段塔筒端部壁厚，对线段Ⅰ取 i=1，对线段Ⅱ和Ⅲ取 i=3（i=1,3）；H_i 为第 i 段塔筒端部中面高度（i=1,3）；α_i 为第 i 段塔筒壁厚变化幂参数（i=1,2），对线段Ⅰ取 i=1，对线段Ⅱ和Ⅲ取 i=2。

为保证线段Ⅰ、Ⅱ和Ⅲ整体保持下凹曲线和圆锥直线，须满足

$$\tan\theta_1 > \frac{R_1 - R_2}{H_1 - H_2} \tag{8.6}$$

$$\tan\theta_2 \geqslant \frac{R_3 - R_2}{H_2 - H_3} \tag{8.7}$$

对冷却塔整体结构而言，结构优化的参量包括上部结构（即塔筒和刚性环）的形状参数和尺寸参数，下部结构（即底支柱和环基）的尺寸参数。本章的研究对象为某 200m 钢筋混凝土冷却塔，塔型初始参数详见表 8.1。

表 8.1　塔型初始参数

结构参数	初始值	结构参数	初始值
通风筒模板高度	2m	切线高度 H	15m
塔筒顶部中面半径 R_1	42m	塔筒底部/底支柱顶部中面半径 R_3	66m
塔筒顶部中面高度 H_1	200m	塔筒底部/底支柱顶部中面高度 H_3	15m
塔筒喉部中面半径 R_2	38m	支柱截面径向半径 L_1	1m
塔筒喉部中面高度 H_2	150m	支柱截面环向半径 L_2	1m
塔筒顶部出风口切角 θ_1	8°	柱底高度	0m
塔筒底部进风口切角 θ_2	15°	刚性环平台板宽度 D_2	1.2m
塔筒顶部壁厚 t_1	0.4m	刚性环平台板厚度 D_1	0.4m
塔筒喉部壁厚 t_2	0.33m	线段Ⅰ壁厚变化幂参数 α_1	10
塔筒底部壁厚 t_3	1m	线段Ⅱ、Ⅲ壁厚变化幂参数 α_2	12
环基截面宽度 L_3	7m	环基截面高度 L_4	2.5m
钢筋用量 M_s	8603t	混凝土用量 V_c	33126m^3
钢筋造价比 ρ_e	0.609	整体稳定系数 K_{GS}	12.9
局部稳定系数 K_{LS}	5.15	总造价 P_T	4237 万元

注：底支柱柱底半径由柱顶半径、柱顶高度、柱底高度、进风口切角 θ_2 确定。

含钢率 ρ 是指结构（混凝土）单位体积配筋量，用含钢率 ρ 来衡量结构的强度安全性，公式如下：

$$\rho = \frac{M_s}{V_c} \tag{8.8}$$

式中，M_s 为钢筋用量，单位为 t；V_c 为混凝土用量，单位为 m^3。

总造价 P_T 是评价工程经济性的指标，计算公式如下：

$$P_T = M_s P_{ms} + V_c P_{vc} \tag{8.9}$$

式中，P_{ms} 为钢筋平均造价，取 3000 元/t；P_{vc} 为混凝土平均造价，取 500 元/m^3。考虑到材料用量与经济性的关系，式（8.9）可进一步变换为

$$\rho_e = \frac{M_s P_{ms}}{V_c P_{vc} + M_s P_{ms}} \tag{8.10}$$

式中，ρ_e 为钢筋造价比，实际上是考虑了经济因素的含钢率。

1）出风口切角

考察出风口切角 θ_1 的扰动对结构稳定性、安全性和经济性的影响，θ_1 取值为 5°、6°、7°、8° 和 9°，如图 8.2 所示。从图 8.2 中可以看出：整体稳定系数不随 θ_1 变化，除 θ_1=5° 外，最小局部稳定系数也不随 θ_1 变化，说明过小的出风口切角会使喉部以上子午向线型曲线更近似直线，进而降低塔筒局部稳定性；钢筋造价比基本不随 θ_1 变化，除 θ_1=9° 外，总造价随 θ_1 变化保持稳定，说明过大的出风口切角会使喉部以上子午向线型曲线曲率过大，进而降低经济性。

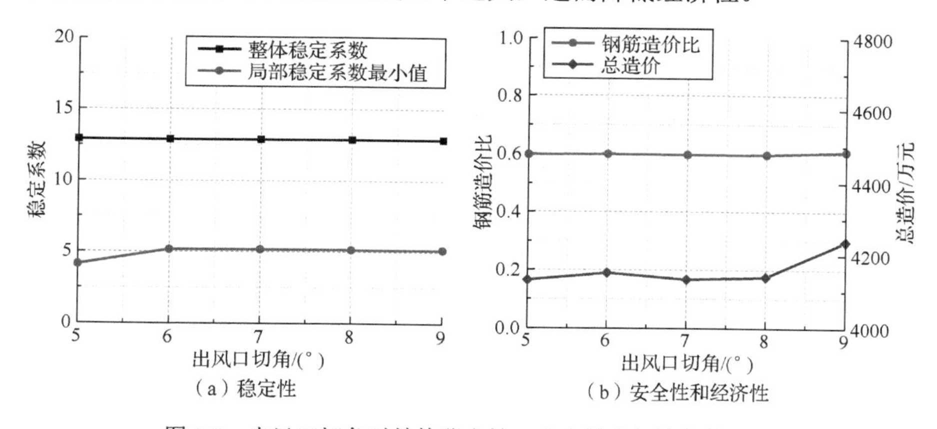

（a）稳定性　　（b）安全性和经济性

图 8.2　出风口切角对结构稳定性、安全性和经济性的影响

2）进风口切角

考察进风口切角 θ_2 的扰动对结构稳定性、安全性和经济性的影响，在塔筒顶部、喉部、底部位置不变的情况下，θ_2 取值为 13°、15°、17°、19° 和 21°，如图 8.3 所示。从图 8.3 中可以看出：整体稳定系数不随 θ_2 变化，除 θ_2=13° 外，最小局部稳定系数随 θ_2 波动较小，说明过小的进风口切角会使喉部以下子午向线型曲线更近似直线，进而降低塔筒局部稳定性；钢筋造价比随 θ_2 增大而减小，说明增大进风口切角会使塔筒受力更加合理，随 θ_2 增大，总造价先线性下降而后下降趋势放缓，说明喉部以下子午向线型曲线曲率越大，经济性越好。

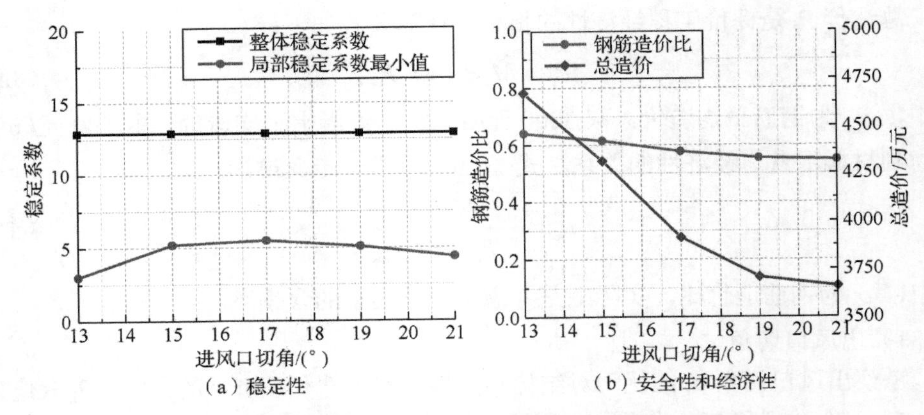

图 8.3　进风口切角对结构稳定性、安全性和经济性的影响

3）直线段高度

考察直线段高度（$H-H_3$）的扰动对结构稳定性、安全性和经济性的影响，（$H-H_3$）的取值为 10m、25m、40m、55m 和 70m，对应的切点高度分别为 25m、40m、55m、70m 和 85m，如图 8.4 所示。从图 8.4 中可以看出：整体稳定系数不随（$H-H_3$）变化，最小局部稳定系数随（$H-H_3$）波动较小，说明直线段高度对塔筒稳定性影响较小。钢筋造价比基本不随（$H-H_3$）变化，说明直线段的存在无法改善结构受力，随（$H-H_3$）增加，总造价不断增加，说明直线段的存在会不利于经济性。

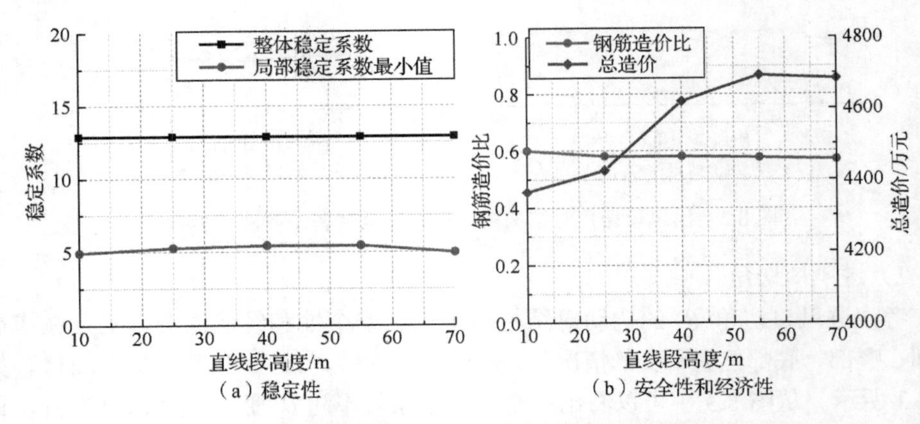

图 8.4　直线段高度对结构稳定性、安全性和经济性的影响

4）线段 I 壁厚变化幂参数

考察线段 I 壁厚变化幂参数 α_1 的扰动对结构稳定性、安全性和经济性的影响，α_1 的取值为 2、6、10、14 和 18，如图 8.5 所示。从图 8.5 中可以看出：整体稳定

系数和最小局部稳定系数都不随 α_1 变化，说明线段 I 壁厚变化幂参数变化对稳定系数没有影响；钢筋造价比不随 α_1 变化，随 α_1 增加，总造价在波动中保持稳定，说明线段 I 壁厚变化幂参数对经济性的影响是不确定的。

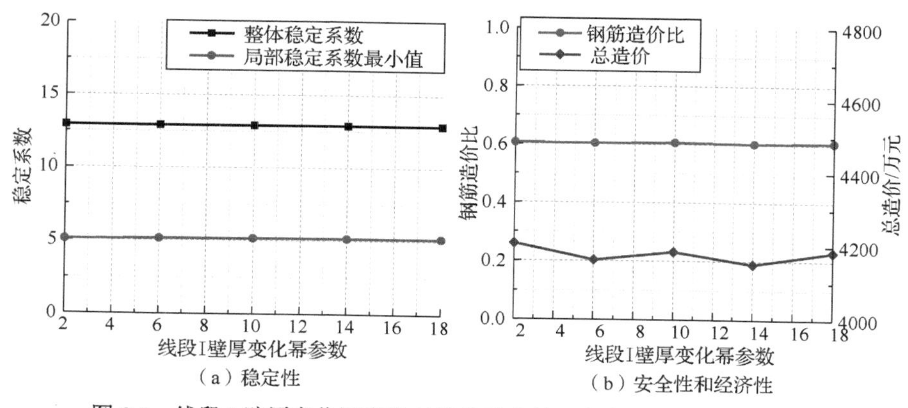

图 8.5　线段 I 壁厚变化幂参数对结构稳定性、安全性和经济性的影响

5）线段Ⅱ、Ⅲ壁厚变化幂参数

考察线段Ⅱ、Ⅲ壁厚变化幂参数 α_2 的扰动对结构稳定性、安全性和经济性的影响，α_2 的取值为 4、6、8、10 和 12，如图 8.6 所示。从图 8.6 中可以看出：整体稳定系数和最小局部稳定系数都不随 α_2 变化，说明线段Ⅱ、Ⅲ壁厚变化幂参数变化对稳定系数没有影响；钢筋造价比基本不随 α_2 变化，随 α_2 增加，总造价的波动越来越剧烈，说明线段Ⅱ、Ⅲ壁厚变化幂参数对经济性的影响是不确定的。

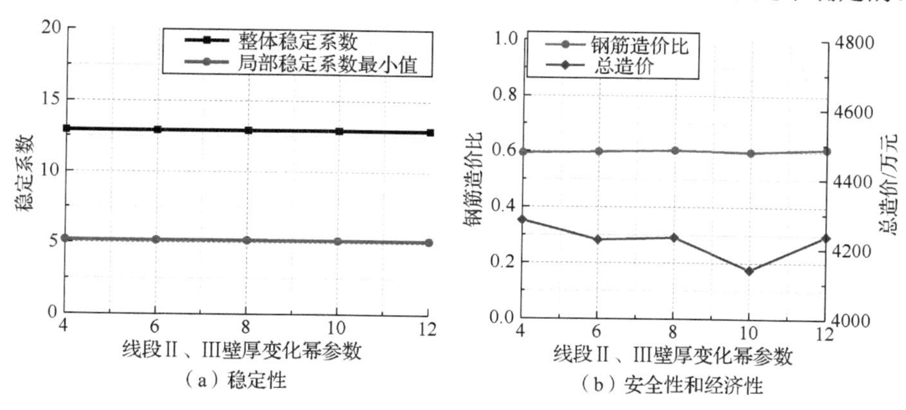

图 8.6　线段Ⅱ、Ⅲ壁厚变化幂参数对结构稳定性、安全性和经济性的影响

6）塔筒喉部壁厚

考察塔筒喉部壁厚 t_2 的扰动对结构稳定性、安全性和经济性的影响，t_2 的取值为 0.27m、0.30m、0.33m、0.36m 和 0.39m，如图 8.7 所示。从图 8.7 中可以看

出：整体稳定系数和最小局部稳定系数随 t_2 增加而呈线性增长，说明适当增加喉部壁厚有利于提高塔筒稳定性；钢筋造价比随 t_2 增加而减小，说明适当增加喉部壁厚会使塔筒受力更加合理；随 t_2 增大，总造价波动越来越剧烈，说明适当增加喉部壁厚有可能带来经济性的提高。

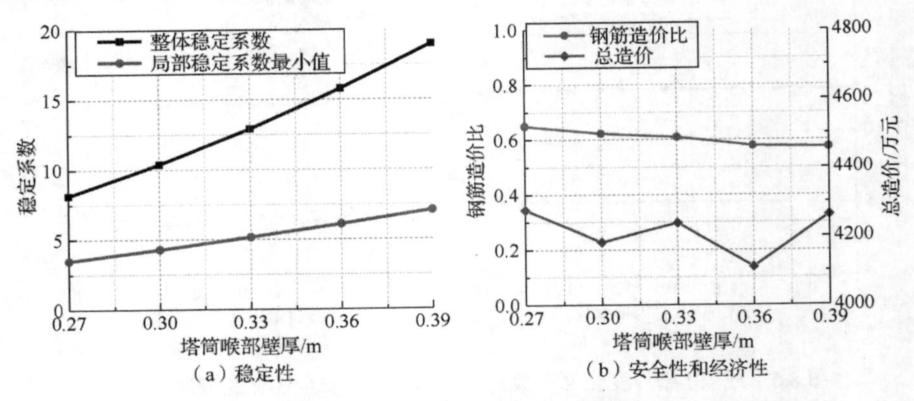

（a）稳定性　　（b）安全性和经济性

图 8.7　塔筒喉部壁厚对结构稳定性、安全性和经济性的影响

7）塔筒顶部壁厚

考察塔筒顶部壁厚 t_1 的扰动对结构稳定性、安全性和经济性的影响，t_1 的取值为 0.25m、0.30m、0.35m、0.40m 和 0.45m，如图 8.8 所示。从图 8.8 中可以看出：整体稳定系数和最小局部稳定系数都不随 t_1 变化，说明塔筒顶部壁厚变化对塔筒稳定性没有影响；钢筋造价比基本不随 t_1 变化，随 t_1 增大，总造价先增长后降低，说明适当增加塔筒顶部壁厚有利于提高经济性。

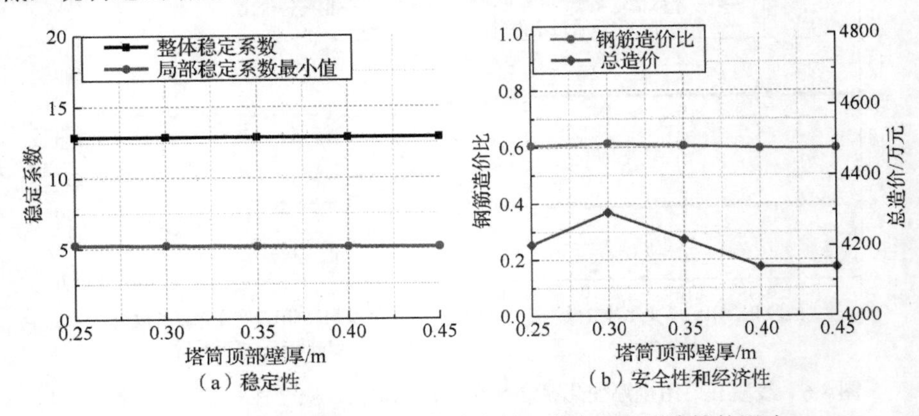

（a）稳定性　　（b）安全性和经济性

图 8.8　塔筒顶部壁厚对结构稳定性、安全性和经济性的影响

8）塔筒底部壁厚

考察塔筒底部壁厚 t_3 的扰动对结构稳定性、安全性和经济性的影响，t_3 的取

值为 0.8m、0.9m、1.0m、1.1m 和 1.2m，如图 8.9 所示。从图 8.9 中可以看出：整体稳定系数和最小局部稳定系数都不随 t_3 变化，说明塔筒底部壁厚变化对稳定系数没有影响；钢筋造价比基本不随 t_3 变化，随 t_3 增加，总造价在波动中保持稳定，说明塔筒底部壁厚对经济性的影响是不确定的。

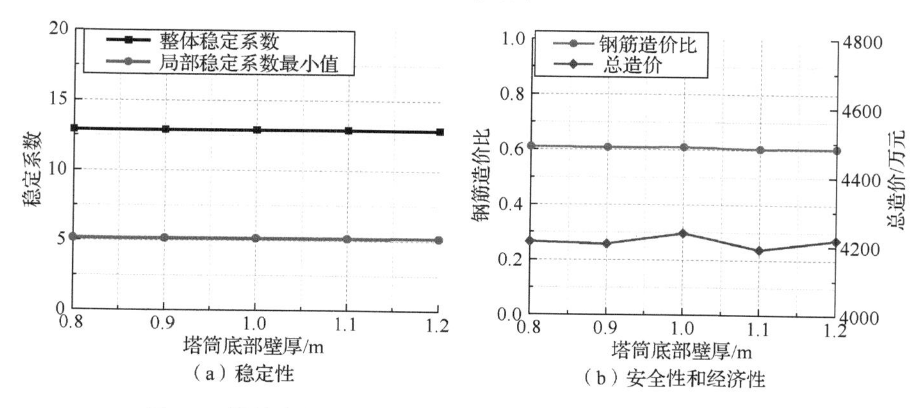

（a）稳定性　（b）安全性和经济性

图 8.9　塔筒底部壁厚对结构稳定性、安全性和经济性的影响

9）刚性环平台板厚度

考察刚性环平台板厚度 D_1 的扰动对结构稳定性、安全性和经济性的影响，D_1 取值为 0.2m、0.3m、0.4m、0.5m 和 0.6m，如图 8.10 所示。从图 8.10 中可以看出：整体稳定系数和最小局部稳定系数都不随 D_1 变化，说明刚性环平台板厚度变化对稳定系数没有影响；钢筋造价比基本不随 D_1 变化，随 D_1 增加，总造价小幅增长后下降，说明适当增加刚性环平台板厚度有利于提高经济性。

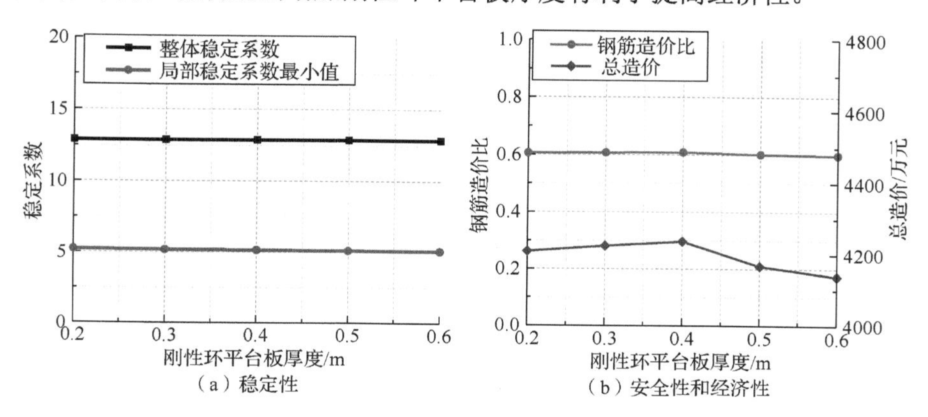

（a）稳定性　（b）安全性和经济性

图 8.10　刚性环平台板厚度对结构稳定性、安全性和经济性的影响

10）刚性环平台板宽度

考察刚性环平台板宽度 D_2 的扰动对结构稳定性、安全性和经济性的影响，

D_2取值为0.6m、0.9m、1.2m、1.5m和1.8m，如图8.11所示。从图8.11中可以看出：整体稳定系数和最小局部稳定系数都不随D_2变化，说明刚性环平台板宽度变化对稳定系数没有影响；钢筋造价比基本不随D_2变化，随D_2增加，总造价缓慢增长，说明适当减小刚性环平台板宽度有利于提高经济性。

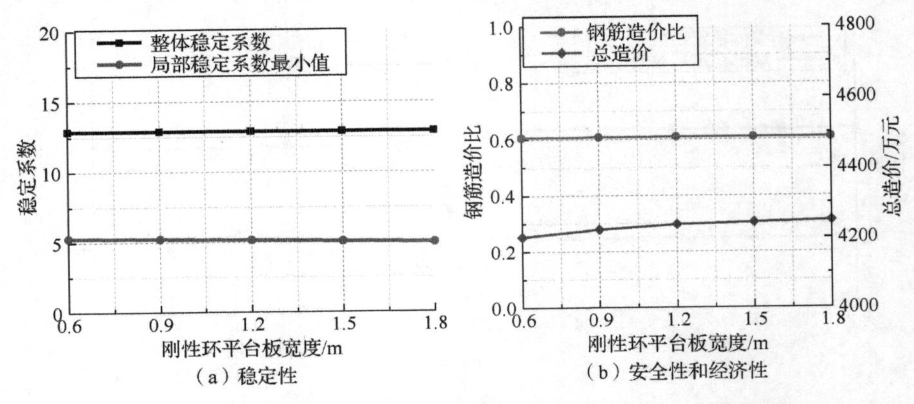

图8.11　刚性环平台板宽度对结构稳定性、安全性和经济性的影响

8.1.2　支柱

1）支柱截面径向半径

考察支柱截面径向半径L_1的扰动对结构稳定性、安全性和经济性的影响，L_1的取值为1.0m、1.1m、1.2m、1.3m和1.4m，如图8.12所示。从图8.12中可以看出：整体稳定系数和最小局部稳定系数都不随L_1变化，说明支柱截面径向半径变化对稳定系数没有影响；钢筋造价比基本不随L_1变化，随L_1增加，总造价先下降后上升；值得注意的是，在L_1=0.9m时会导致塔筒裂缝验算不通过，说明过小或过大的支柱截面径向半径无法兼顾设计配筋要求和经济性要求。

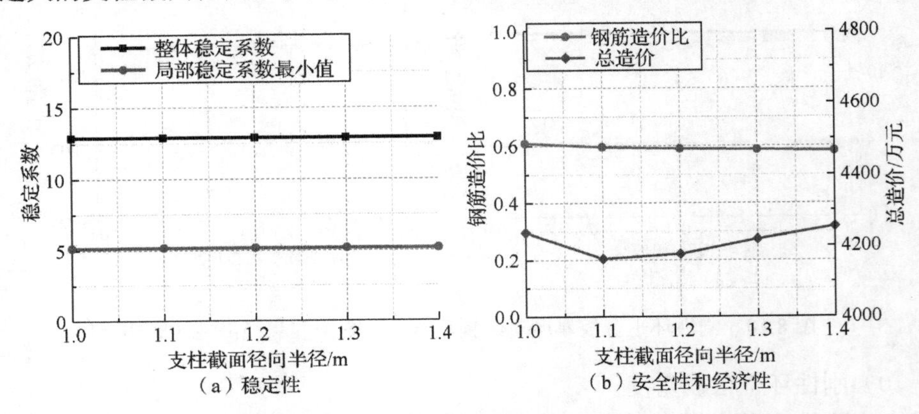

图8.12　支柱截面径向半径对结构稳定性、安全性和经济性的影响

2）支柱截面环向半径

考察支柱截面环向半径 L_2 的扰动对结构稳定性、安全性和经济性的影响，L_2 的取值为 1.0m、1.1m、1.2m、1.3m 和 1.4m，如图 8.13 所示。从图 8.13 中可以看出：整体稳定系数和最小局部稳定系数都不随 L_2 变化，说明 L_2 变化对稳定系数没有影响；钢筋造价比基本不随 L_2 变化，随 L_2 增加，总造价先下降后上升；值得注意的是，在 L_2=0.9m 时会导致塔筒裂缝验算不通过，说明过小或过大的支柱截面环向半径无法兼顾设计配筋要求和经济性要求。

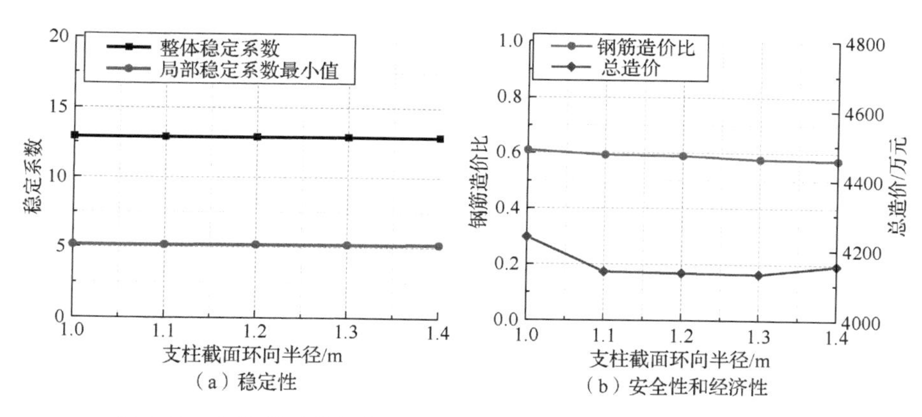

图 8.13　支柱截面环向半径对结构稳定性、安全性和经济性的影响

8.1.3　环基

1）环基截面宽度

考察环基截面宽度 L_3 的扰动对结构稳定性、安全性和经济性的影响，L_3 的取值为 5.5m、5.8m、6.1m、6.4m 和 6.7m，如图 8.14 所示。从图 8.14 中可以看出：整体稳定系数和最小局部稳定系数都不随 L_3 变化，说明环基截面宽度变化对稳定系数没有影响；钢筋造价比基本不随 L_3 变化，随 L_3 增加，总造价先下降后逐步上升，说明适当减小环基截面宽度有利于提高经济性。

2）环基截面高度

考察环基截面高度 L_4 的扰动对结构稳定性、安全性和经济性的影响，L_4 的取值为 1.5m、1.7m、1.9m、2.1m 和 2.3m，如图 8.15 所示。从图 8.15 中可以看出：整体稳定系数和最小局部稳定系数都不随 L_4 变化，说明环基截面高度变化对稳定系数没有影响；钢筋造价比随 L_4 增加而缓慢下降，随 L_4 增加，总造价先下降后上升，说明适当减小环基截面高度有利于提高经济性。

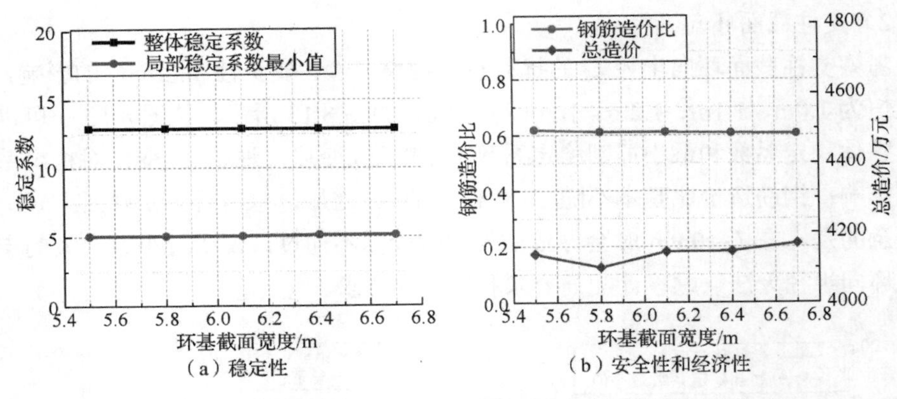

(a) 稳定性　　(b) 安全性和经济性

图 8.14　环基截面宽度对结构稳定性、安全性和经济性的影响

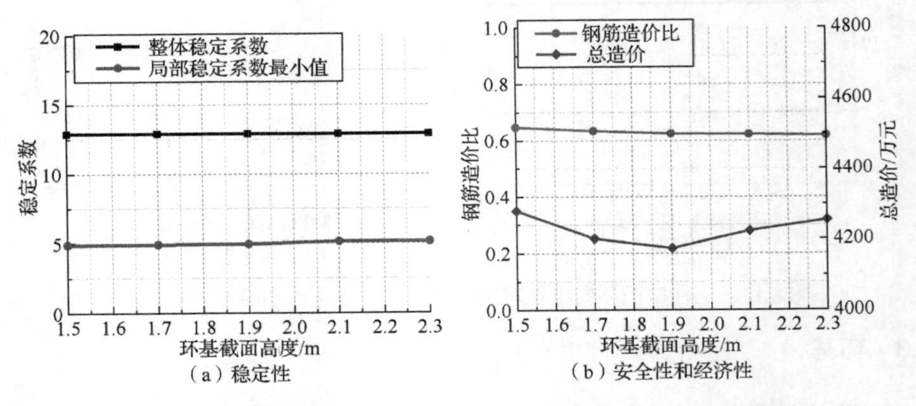

(a) 稳定性　　(b) 安全性和经济性

图 8.15　环基截面高度对结构稳定性、安全性和经济性的影响

通过规范对称风压下对冷却塔上部结构和下部结构的塔型参数进行扰动分析对比，汇总了针对上述结构参数单一优化的建议，如表 8.2 所示。

表 8.2　各结构参数单独优化建议

结构参数	取值建议	依据
塔筒顶部出风口切角 θ_1	避免取靠近允许范围的上、下限的值	避免局部稳定性突降或经济性突降
塔筒底部进风口切角 θ_2	允许范围内增大取值	大幅提高经济性，同时局部稳定性略微降低
直线段高度（H–H_3）	不参与优化	直线段的存在对稳定性影响较小，无法改善结构安全性，不利于经济性
线段Ⅰ壁厚变化幂参数 α_1	增大取值范围和数量	对经济性的影响不确定
线段Ⅱ、Ⅲ壁厚变化幂参数 α_2	适当减小取值	减小造价波动，保持稳定的经济性

续表

结构参数	取值建议	依据
塔筒喉部壁厚 t_2	适当增大取值	提高稳定性和结构安全性，有可能提高经济性
塔筒顶部壁厚 t_1	适当增大取值	提高经济性
塔筒底部壁厚 t_3	增大取值范围和数量	对经济性的影响不确定
刚性环平台板厚度 D_1	适当增大取值	提高经济性
刚性环平台板宽度 D_2	适当减小取值	提高经济性
支柱截面径向半径 L_1	适当减小取值	提高经济性
支柱截面环向半径 L_2	适当减小取值	提高经济性
环基截面宽度 L_3	适当减小取值	提高经济性
环基截面高度 L_4	适当减小取值	提高经济性

8.2　结构整体优化分析

8.2.1　两阶段混合优化算法

当前的冷却塔结构优化选型中，国内各电力设计院大多采用控制变量法（只改变单一变量的值来考察响应量与控制变量的关系）结合穷举比选法优化塔型，这种方法效率低，并非真正意义上的结构优化设计。本节优化算法是响应面法与梯度搜索法的结合。响应面法的原理是通过有限次确定性计算结果结合回归分析，拟合一个显性闭合多项式函数，即功能函数，其作用在于确定某特定目标域内的最优目标响应及其位置来近似表达目标响应量与控制变量的隐性函数关系。这样就可以利用功能函数来确定最优目标响应及其位置。但每一次确定性计算的迭代位置都需要根据上一次计算位置的梯度来确定，基于敏感性分析技术的梯度搜索法为计算具有复杂形式功能函数的梯度矢量提供了有效的手段。通过响应面法与梯度搜索法的结合，可以计算每一迭代位置的功能函数值及其梯度矢量，逐步逼近最优响应。

响应面法是一种结合统计方法的渐进拟合算法，它适用于目标响应量受多个控制变量影响的问题，其目的在于得到考虑控制变量随机性或不确定性之后的最优目标响应。梯度搜索法是基于随机有限元法的敏感性分析技术而发展的优化算法，通过敏感性分析可以获得功能函数在当前计算位置的梯度矢量，进而确定下一步计算位置。随机有限元法是考虑了变量（如载荷、构件截面面积、惯性矩、材料弹性模量等）的随机性或不确定性的有限元法，适用于解决具有较强随机性的复杂结构问题，这种方法在简单结构的随机场分析、材料及几何非线性分析等方面已经开始了初步尝试。其中，敏感性分析技术可了解基本变量的随机性对于结构不确定性的贡献程度，根据某变量对结构响应的影响程度，或收集更多的信息以改善结构设计的可靠性，或忽略某些变量，以在不影响结果的情况下提高计算效率。

现利用响应面法与梯度搜索法解决“寻找特定区域内海拔最高点”这一问题，来说明响应面法与梯度搜索法的实现过程。问题：利用优化检验函数 eggholder 构造一个三维曲面函数 $z=g(x, y)$ 来表示某区域的地形（见图 8.16）。其中，z 为海拔高度，(x, y) 为区域水平坐标，$-1000\leqslant x, y\leqslant 1000$，$z_{\max}=2289.1$，通过区域任一点坐标 (x, y) 可得其海拔 z，利用响应面法、梯度搜索法寻找此区域海拔最高点及其海拔值。

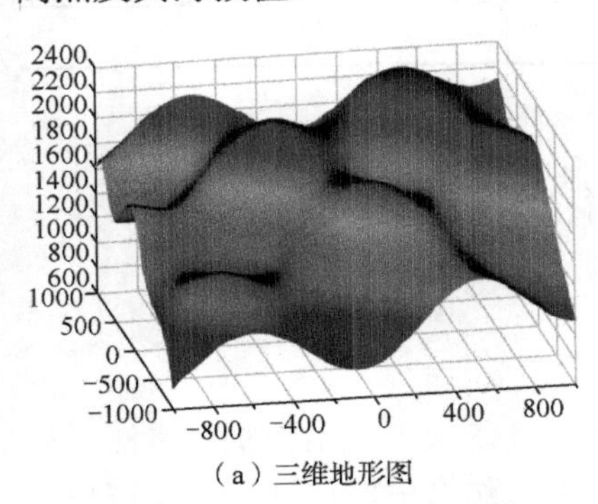

（a）三维地形图

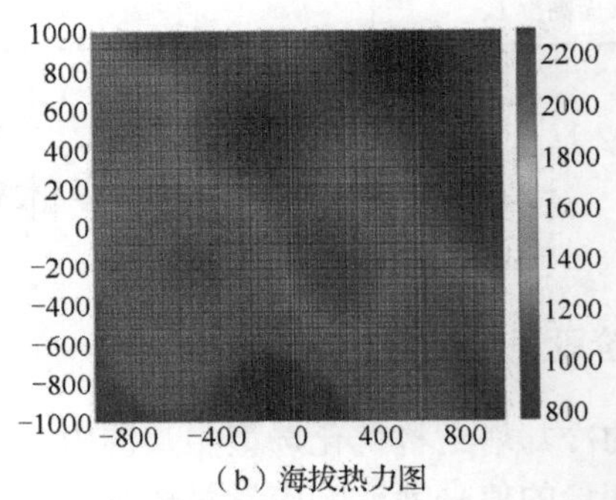

（b）海拔热力图

图 8.16　某区域地势三维曲面示意图

彩图 8.16

优化实现步骤如下：

（1）在区域内均匀选取计算点 (x, y)（见图 8.17），得到相应的海拔 z。

（2）构造显性闭合多项式函数，见式（8.11）。

$$z=\sum_{i=0}^{5} A_{ij} x^{i} y^{j} \tag{8.11}$$

式中，i, j 为整数，$i+j=5$，对（2）步骤中的数据 (x, y, z) 采用最小二乘法进行回归分析，得到拟合曲面［见图 8.18（a）］，最高海拔点有较高概率位于海拔 2000～2200 的鹅黄色区域［见图 8.18（b）］。

（3）选取鹅黄色区域内海拔较高点作为起始点，沿其某一较大梯度方向选取下一点，若下一点的海拔较高，则以下一点为新的起始点；若下一点海拔较低，改变方向重新选取下一点，直至确认当前点海拔最高，搜索终止。在此选取 1 个起始点（见图 8.19），即①号点（800,800），沿其较大梯度方向（黑色的点代表可以选取的点，各点最大梯度方向如红色箭头标记）选取②号点（700,800），以此类推，黑色虚线标记出了搜索路径，④号点是搜索到的海拔最高的点，其海拔为 2220.4，为最高海拔的 97%。

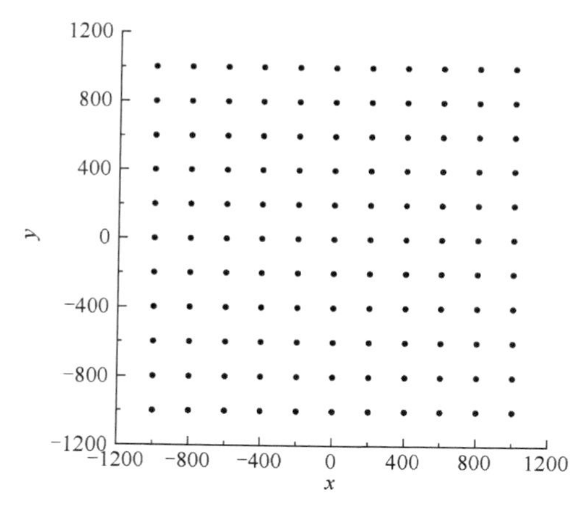

图 8.17　在某区域内均匀选取计算点

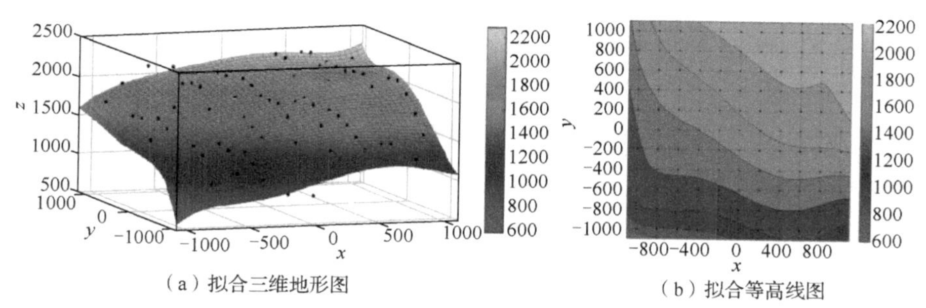

图 8.18　响应面法拟合曲面示意图

彩图 8.18

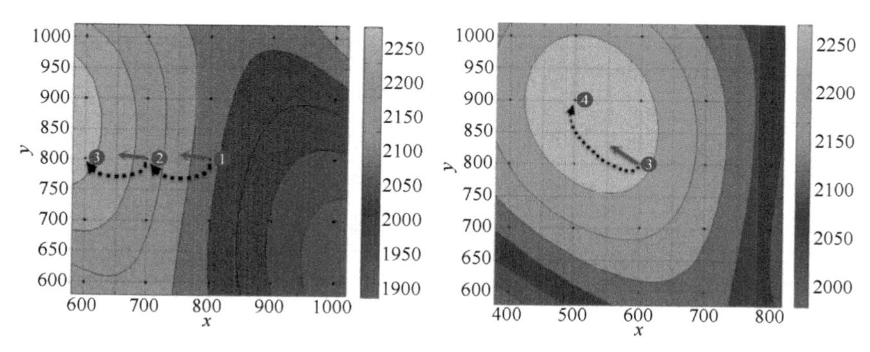

图 8.19　梯度搜索路径图

彩图 8.19

8.2.2　优化目标和约束条件

优化过程以总造价为主导，以构件配筋率和稳定系数兼顾安全性和稳定性。其中，以总造价 P_T 作为评价经济性的指标，以含钢率 ρ 作为结构强度安全性指标。根据结构参数影响分析，挑选出风口切角 θ_1，进风口切角 θ_2，塔筒顶部壁厚 t_1，塔筒喉部壁厚 t_2，塔筒底部壁厚 t_3，线段Ⅰ壁厚变化幂参数 α_1，线段Ⅱ、Ⅲ壁厚变化幂参数 α_2，刚性环平台板厚度 D_1，刚性环平台板宽度 D_2，支柱截面径向半径 L_1，支柱截面环向半径 L_2，环基截面宽度 L_3 和环基截面高度 L_4 这 13 个参数作为优化参量。

约束条件为：①由冷却塔工艺性能确定塔筒顶部半径、高度，塔筒底部/底支柱顶部半径、高度，喉部高度、半径；②为保证线段Ⅰ、Ⅱ和Ⅲ整体保持下凹曲线和圆锥直线，θ_1 和 θ_2 分别满足式（8.6）和式（8.7）；③塔筒的几何尺寸应结合结构、施工等因素确定，根据《火力发电厂水工设计规范》（DL/T 5339—2018）[4]，优化时塔型几何尺寸取值范围满足 R_2/R_3=0.55～0.63、H_2/H_1=0.75～0.85、θ_1=5°～9°、θ_2=13°～21°、$t_2 \geqslant 0.25$；④塔筒整体弹性稳定安全因子和局部弹性稳定安全因子不小于 5.0；⑤所有结构构件满足设计配筋要求，包括构件承载能力验算、裂缝验算、配筋率校核等。

8.2.3　优化过程及结果

载荷考虑结构自重、风荷载、温度荷载和地震荷载，荷载组合工况见表 8.3，基本风压取 0.45kN/m²，地震烈度取 8 度。以规范模式二维对称风荷载（见图 8.20）为例阐述每次优化变量设置及相应的优化结果。

表 8.3　荷载组合工况

	序号	荷载组合（冬温组合）	序号	荷载组合（夏温组合）
基本组合	1.1	$1.0S_G+1.4S_W+0.6S_{WT}$	1.2	$1.0S_G+1.4S_W+0.6S_{ST}$
	2.1	$1.0S_G+0.84S_W+S_{WT}$	2.2	$1.0S_G+0.84S_W+S_{ST}$
	3.1	$1.2S_G+1.4S_W+0.6S_{WT}$	3.2	$1.2S_G+1.4S_W+0.6S_{ST}$
	4.1	$1.3S_G+1.5S_W+0.9S_{WT}$	4.2	$1.3S_G+1.5S_W+0.9S_{ST}$
	5.1	$1.3S_G+0.9S_W+1.5S_{WT}$	5.2	$1.3S_G+0.9S_W+1.5S_{ST}$

续表

	序号	荷载组合（冬温组合）	序号	荷载组合（夏温组合）
地震组合	6.1	$1.0S_G+0.35S_W+0.6S_{WT}+1.3S_{Ehk}+0.5S_{Evk}$	6.2	$1.0S_G+0.35S_W+0.6S_{ST}+1.3S_{Ehk}+0.5S_{Evk}$
	7.1	$1.0S_G+0.35S_W+0.6S_{WT}-1.3S_{Ehk}-0.5S_{Evk}$	7.2	$1.0S_G+0.35S_W+0.6S_{ST}-1.3S_{Ehk}-0.5S_{Evk}$
	8.1	$1.2S_G+0.35S_W+0.6S_{WT}+1.3S_{Ehk}+0.5S_{Evk}$	8.2	$1.2S_G+0.35S_W+0.6S_{ST}+1.3S_{Ehk}+0.5S_{Evk}$
	9.1	$1.2S_G+0.35S_W+0.6S_{WT}-1.3S_{Ehk}-0.5S_{Evk}$	9.2	$1.2S_G+0.35S_W+0.6S_{ST}-1.3S_{Ehk}-0.5S_{Evk}$
标准组合	10.1	$1.0S_G+1.0S_W+0.6S_{WT}$	10.2	$1.0S_G+1.0S_W+0.6S_{ST}$
	11.1	$1.0S_G+0.6S_W+1.0S_{WT}$	11.2	$1.0S_G+0.6S_W+1.0S_{ST}$

注：S_G 为自重项；S_W 为风荷载项；S_{ST} 为夏温项；S_{WT} 为冬温项；S_{Ehk} 为水平地震；S_{Evk} 为竖向地震。

设置优化变量时，在中间值上下分别取值，如果优化值小于中间值，则降低取值下限；若等于中间值，则暂不优化或降低取值步长；若大于中间值，则提高取值上限。优化变量第一次优化的变量取值设置如下：θ_1、θ_2 是子午线形状的决定性参数。t_2 对稳定性有较大影响，t_3 会约束 t_1、t_2 取值允许范围，参与第一次优化。L_1、L_2、L_3、L_4 为下部结构即支柱和环基主要尺寸，参与第一次优化。第一次优化结果如下：θ_1、t_2 取中间值，暂不优化；θ_2、t_3、α_1、α_2 都达到取值上限，应提高取值上限；L_1、L_2、L_3、L_4 达到取值下限，应降低下限；以此指导第二次优化变量设置。同样以第二次优化结果指导第三次优化变量设置。优化变量设置见表 8.4。

表 8.4　优化变量设置

结构参数	第一次优化		第二次优化		第三次优化	
	取值	优化值	取值	优化值	取值	优化值
θ_1/（°）	7、8、9	8	8	8	8	8
θ_2/（°）	14、15、17	17	17、18、19、20	20	20	20
t_1/m	0.4	0.4	0.3、0.4、0.5	0.3	0.25、0.3、0.35	0.3
t_2/m	0.3、0.33、0.36	0.33	0.33	0.33	0.31、0.33、0.35	0.35
t_3/m	0.8、1、1.2	1.2	1、1.2、1.4	1.4	1.2、1.4、1.6	1.4
α_1	6、10、14	14	10、14、18	18	18、22、26、30	26
α_2	10、12、14	14	12、14、16	14	14	14
D_1/m	0.4	0.4	0.4	0.4	0.2、0.4、0.6	0.6
D_2/m	1.2	1.2	1.2	1.2	0.9、1.2、1.5	0.9
L_1/m	0.9、1、1.1	0.9	0.8、0.9、1	0.8	0.7、0.8、0.9	0.7

续表

结构参数	第一次优化		第二次优化		第三次优化	
	取值	优化值	取值	优化值	取值	优化值
L_2/m	0.9、1、1.1	0.9	0.8、0.9、1	0.8	0.7、0.8、0.9	0.8
L_3/m	6.7、7、7.3	7	6.8、6.9、7	6.9	6.9	6.9
L_4/m	2.3、2.5、2.7	2.3	1.9、2.1、2.3	1.9	1.9	1.9

经三次优化，所得推荐塔型的整体稳定系数、局部稳定系数较初始塔型都有提高，且满足《火力发电厂水工设计规范》（DL/T 5339—2018）不小于 5.0 的要求，用钢量下降 23.3%，混凝土用量下降 12.2%，钢筋造价比下降 5.4%，总造价下降 19.0%，具体结果见表 8.5。第一次优化组合总数 59049，迭代次数约 4000 次，相比于控制变量法和穷举法，优化效率得到了极大的提高。

表 8.5　优化结果

优化指标	初始塔型	第一次优化塔型	第二次优化塔型	第三次优化塔型
整体稳定系数	12.9	15.76	12.9	14.77
局部稳定系数	5.15	5.27	5.08	5.23
用钢量/t	8603	7603	6890	6597
混凝土用量/m^3	33126	31877	30467	29100
钢筋造价比	0.609	0.589	0.576	0.576
总造价/万元	4237	3875	3590	3434

对于群塔干扰下的遮挡干扰三维非对称风压、试验等效三维非对称风压、通道加速气流三维对称风压（见图 8.20）均按照相同的方式优化三次得到推荐塔型，连同规范模式二维对称风压下的推荐塔型与初始塔型对比，结果见表 8.6，各推荐塔型的子午线型见图 8.21。

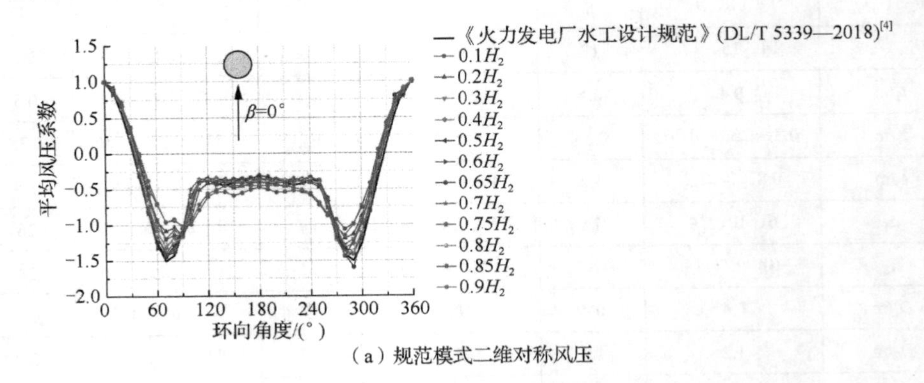

（a）规范模式二维对称风压

图 8.20　典型风荷载分布模式

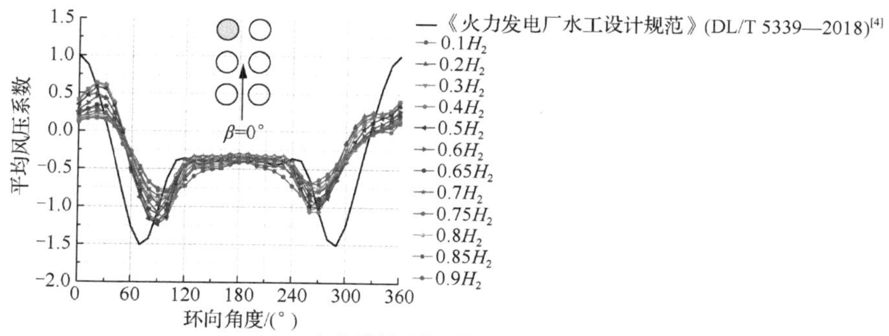

（b）遮挡干扰三维非对称风压

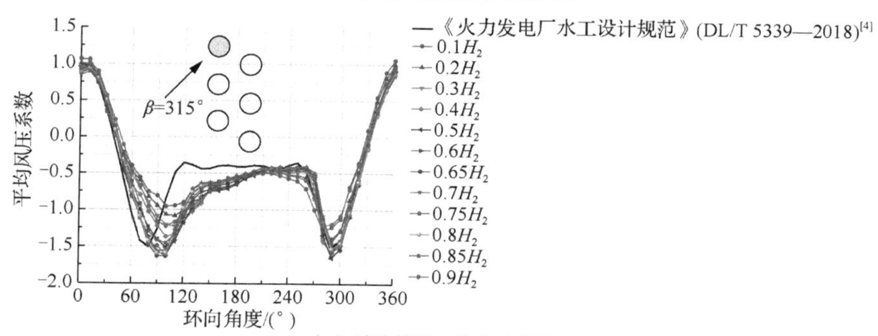

（c）试验等效三维非对称风压

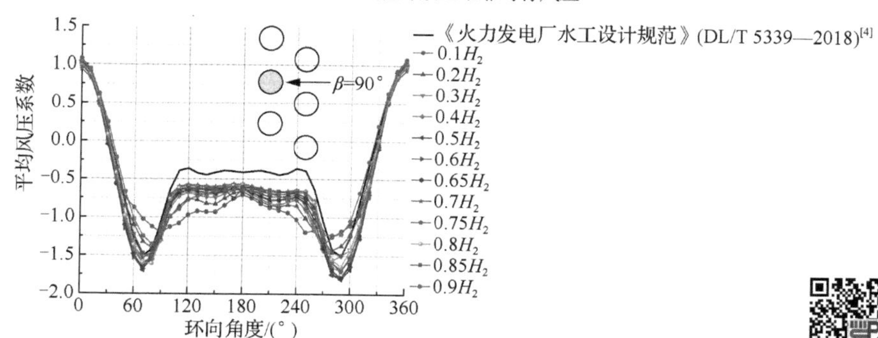

（d）通道加速气流三维对称风压

图 8.20（续）

彩图 8.20

表 8.6　不同风荷载分布模式下的冷却塔结构参数

风荷载模式	初始	规范模式二维对称风压	遮挡干扰三维非对称风压	试验等效三维非对称风压	通道加速气流三维对称风压
		推荐 1	推荐 2	推荐 3	推荐 4
θ_1/（°）	8	8	9	8	8
θ_2/（°）	15	20	20	20	20

续表

风荷载模式	初始	规范模式二维对称风压	遮挡干扰三维非对称风压	试验等效三维非对称风压	通道加速气流三维对称风压
		推荐 1	推荐 2	推荐 3	推荐 4
t_1/m	0.4	0.3	0.25	0.25	0.25
t_2/m	0.33	0.35	0.33	0.34	0.35
t_3/m	1	1.4	1.2	1.4	1.2
α_1	10	26	10	26	2
α_2	12	14	12	14	10
D_1/m	0.4	0.6	0.6	0.6	0.6
D_2/m	1.2	0.9	0.9	0.9	0.9
L_1/m	1	0.7	0.6	0.7	0.7
L_2/m	1	0.8	0.8	0.8	0.8
L_3/m	7	6.9	6.1	6.4	6.7
L_4/m	2.5	1.9	1.7	2.1	1.7

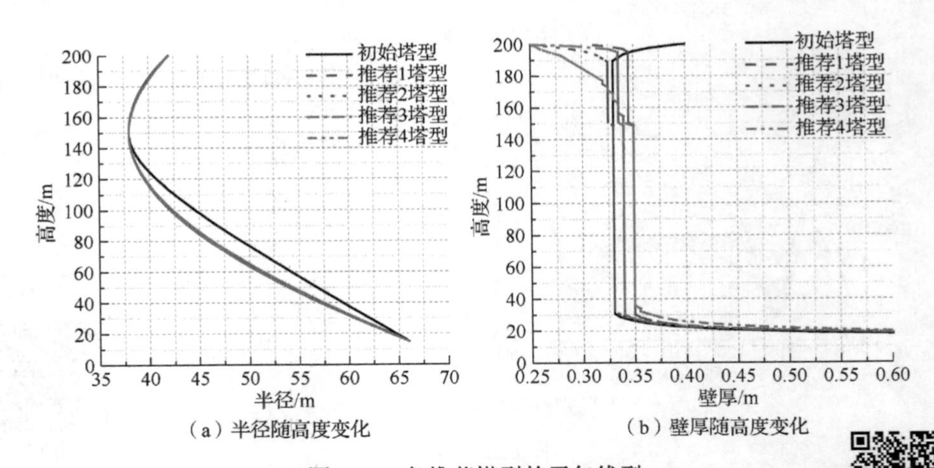

图 8.21 各推荐塔型的子午线型

彩图 8.21

相较于初始塔型，各推荐塔型喉部以上子午线型与初始子午线型十分接近，对结构性能影响较小；喉部以下子午线型接近，但曲率均较初始子午线型增大，对结构性能影响显著。t_3> t_2> t_1，t_1 接近 0.25m，t_2 分布在 0.33～0.35m 范围内，t_3 分布在 1.2～1.4m 范围内；α_1 最优值差异较大，这与较小的局部稳定系数分布的模板位置有关，对规范模式二维对称风压、试验等效三维非对称风压而言，较小的 α_1 意味着喉部以上壁厚减小，局部稳定性降低，可能小于 5.0，不满足《火力发电厂水工设计规范》（DL/T 5339—2018）[4]对于局部稳定性的要求；α_2 分布在 10～14 范围内，意味着喉部以下大部分子午向模板壁厚都等于 t_2；刚性环壁宽厚比 D_2 / D_1 为 1.5，支柱截面环向径向半径比 L_2/L_1 分布在 1.2～1.4 范围内，环基截面宽高比 L_3 / L_4 分布在 3～4 范围内。

为选定最优塔型，对各推荐塔型在 4 种风荷载分布模式下进行了塔筒稳定性、强度安全性和经济性的交叉对比（见表 8.7）。图 8.22 给出了选定的最优塔型即推荐塔型 1 在各风荷载分布模式下的塔筒理论配筋曲线。

推荐塔型 2 在除了遮挡干扰三维非对称风压下最小局部稳定系数都小于 5.0，推荐塔型 4 的最小局部稳定系数在规范模式二维对称风压下小于 5.0，二者都不满足《火力发电厂水工设计规范》（DL/T 5339—2018）关于局部稳定性的要求。只有推荐塔型 1，3 通过了稳定性验算。在各风荷载分布模式下，推荐塔型 1 与推荐塔型 3 的各项指标都很接近，但推荐塔型 1 在除了规范模式二维对称风压下的经济性指标没有明显的优势外，其余风荷载分布模式下稳定性、强度安全性、经济性都略胜一筹，整体稳定系数提高 6.9%，最小局部稳定系数最大提高 6.1%，钢筋造价比最大降低 2.8%，总造价最大降低 4.6%。可以认为推荐塔型 1 的子午线型和整体结构刚度分配更加合理，在规范二维模式对称风压和复杂群塔条件下，均能提高结构效率。

一种推荐塔型在其他风荷载分布模式下的稳定性、强度安全性、经济性指标难以呈现出相同结果。对比塔筒理论配筋，不难发现同一塔型在不同风荷载分布模式下的配筋截然不同：在规范模式二维对称风压下，推荐塔型 1 的子午向外侧、内侧理论配筋量在绝大多数塔筒范围内都大于其他风荷载分布模式的相应值；环向外侧、内侧至少 70%的塔筒范围内配筋量都不小于其他风荷载分布模式的相应值；其余曲线交叉情况出现在 0.9 倍塔高及以上或 0.12 倍塔高及以下的塔筒，端部三维绕流效应明显，规范模式二维对称风压下的配筋趋于保守。总体来说，推荐塔型 1 在规范二维对称风压下的配筋较多，这也是推荐塔型 1 经济性略低于在其他 3 种风荷载下设计结果的原因。

从塔筒稳定性（整体稳定系数、局部稳定系数）、强度安全性（钢筋造价比、塔筒理论配筋量）和经济性（总造价）3 方面，选取推荐塔型 1 作为六塔组合的最优塔型。其中，初始塔型的整体稳定系数为 12.9，最小局部稳定系数为 5.15，钢筋造价比为 0.609，总造价为 4237 万元；而最优塔型的整体稳定系数为 14.77，最小局部稳定系数为 5.23，钢筋造价比为 0.576，总造价为 3434 万元。可见，在规范模式二维对称风压下，最优塔型的稳定系数相较于初始塔型都有所提高，钢筋造价比降低 5.4%，总造价降低 19.0%。

表 8.7　各推荐塔型交叉对比

风荷载分布模式	风荷载效应指标	推荐 1	推荐 2	推荐 3	推荐 4
规范模式二维对称风压	整体稳定系数	14.77	12.90	13.81	14.77
	最小局部稳定系数	5.23	4.80	5.07	4.94
	钢筋造价比	0.576	0.600	0.578	0.579
	总造价/万元	3434	3277	3398	3368
遮挡干扰三维非对称风压	整体稳定系数	14.77	12.9	13.81	14.77
	最小局部稳定系数	5.57	5.11	5.33	5.38
	钢筋造价比	0.419	0.462	0.431	0.436
	总造价/万元	2429	2481	2519	2511
试验等效三维非对称风压	整体稳定系数	14.77	12.9	13.81	14.77
	最小局部稳定系数	5.37	4.91	5.06	5.07
	钢筋造价比	0.498	0.525	0.507	0.515
	总造价/万元	2826	2760	2962	2922
通道加速气流三维对称风压	整体稳定系数	14.77	12.9	13.81	14.77
	最小局部稳定系数	5.26	4.82	5.02	5.06
	钢筋造价比	0.510	0.534	0.520	0.516
	总造价/万元	2892	2814	2984	2992

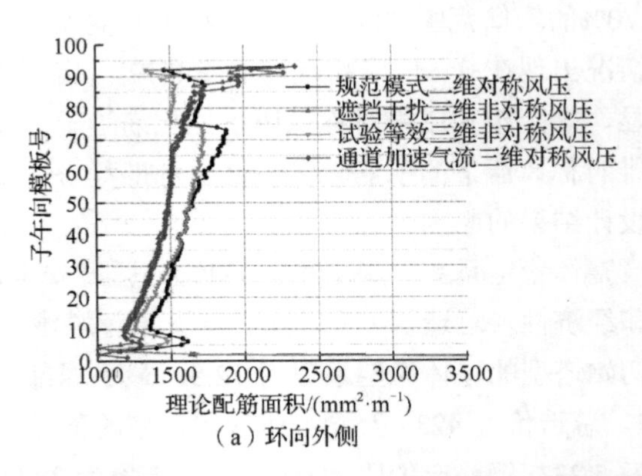

（a）环向外侧

图 8.22　推荐塔型 1 在 4 种风荷载分布模式下的塔筒理论配筋曲线

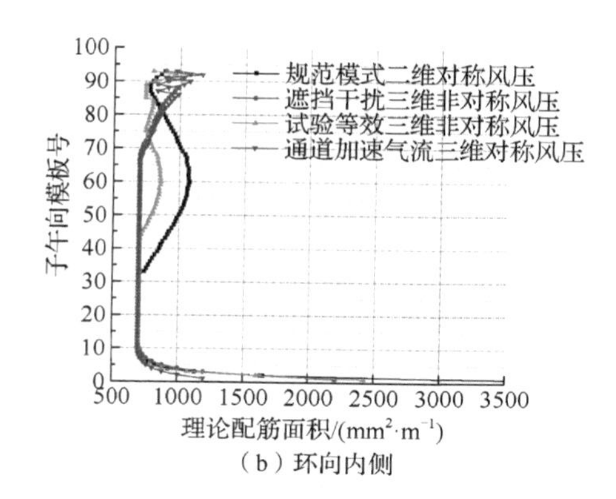

（b）环向内侧

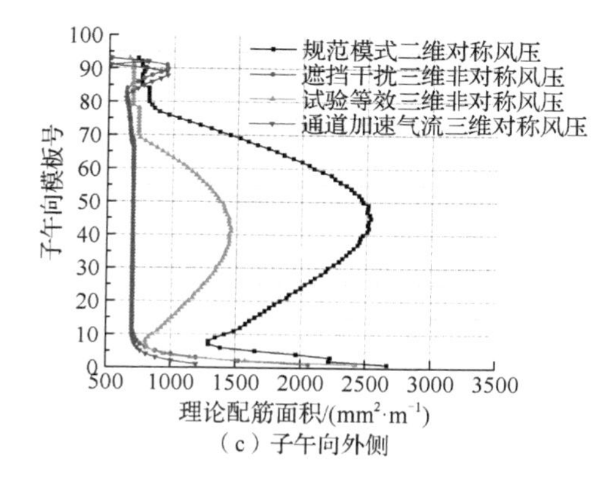

（c）子午向外侧

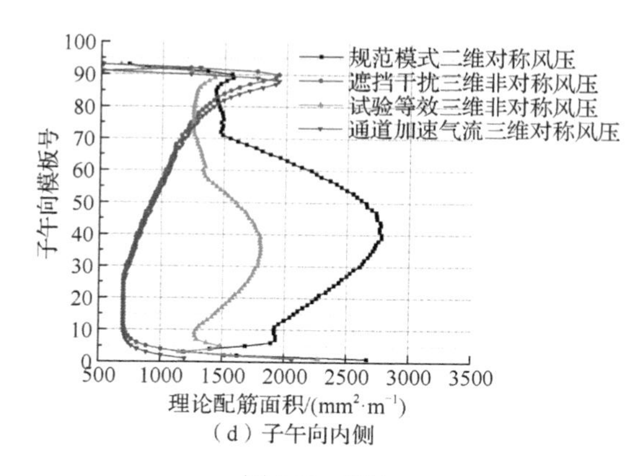

（d）子午向内侧

图 8.22（续）

彩图 8.22

8.3　小　　结

本章以结构稳定性、安全性和经济性为目标，针对大型冷却塔上部结构形状参数、尺寸参数以及下部结构尺寸参数进行单参数扰动分析，提出了单一结构参数优化的建议；基于响应面法和梯度搜索法结合的两阶段混合优化算法开展大型冷却塔整体结构优化选型分析，推荐了适用于群塔干扰风荷载作用模式同时兼具结构安全性和稳定性的最优塔型设计方案。

参 考 文 献

[1] 赵振国. 冷却塔[M]. 北京: 中国水利水电出版社, 1996.

[2] Damjakob H, Tummers N. Back to the future of the hyperbolic concrete tower[C]//Proceedings of the Fifth International Symposium on Natural Draught Cooling Towers. Istanbul: A A Balkema Publishers, 2004: 3-21.

[3] Busch D, Harte R, Krätzig W B, et al. New natural draft cooling tower of 200m of height[J]. Engineering Structures, 2002, 24(12): 1509-1521.

[4] 国家能源局. 火力发电厂水工设计规范: DL/T 5339—2018[S]. 北京: 中国计划出版社, 2018.

[5] CEGB. Report of the COI into collapse of cooling towers at Ferrybridge, Monday 1 November 1965[R]. London: Central Electricity Generating Board, 1966.

[6] Pope R A. Structural deficiencies of natural draught cooling towers at UK power stations. Part 1: failures at Ferrybridge and Fiddlers Ferry[J]. Structures and Buildings, 1994, 104(1): 1-10.

[7] Bosman P B. Review and feedback of experience gained over the last fifty years in design and construction of natural-draught cooling towers[J]. Engineering Structures, 1985, 7(4): 268-272.

[8] Bamu P C, Zingoni A. Damage, deterioration and the long-term structural performance of cooling-tower shells: a survey of developments over the past 50 years[J]. Engineering Structures, 2005, 27(12): 1794-1800.

[9] Niemann H J, Pröpper H. Some properties of fluctuating wind pressures on a full-scale cooling tower[J]. Journal of Wind Engineering and Industrial Aerodynamics, 1975, 1: 349-359.

[10] Sollenberger N J, Scanlan R H. Pressure-difference measurements across the shell of a full-scale natural draft cooling tower[C]//Proceedings of the Symposium on Full-scale Measurements of Wind Effects, University of Western Ontario, Canada,1974.

[11] Scanlan R H, Fortier L J. Turbulent winds and pressure effects around a rough cylinder at high Reynolds number[J]. Journal of Wind Engineering and Industrial Aerodynamics, 1982, 9(3): 207-236.

[12] Armit J. Wind loading on cooling towers[J]. Journal of the Structural Division, 1980, 106(3): 623-641.

[13] Sun T F, Zhou L M. Wind pressure distribution around a ribless hyperbolic cooling tower[J]. Journal of Wind Engineering and Industrial Aerodynamics, 1983, 14(1-3): 181-192.

[14] Sun T F, Gu Z F, Zhou L M, et al. Full-scale measurement and wind-tunnel testing of wind loading on two neighboring cooling towers[J]. Journal of Wind Engineering and Industrial Aerodynamics, 1992, 43(1): 2213-2224.

[15] Zhao L, Ge Y J, Kareem A. Fluctuating wind pressure distribution around full-scale cooling towers[J]. Journal of Wind Engineering and Industrial Aerodynamics, 2017, 165: 34-45.

[16] Pröpper H, Welsch J. Wind pressures on cooling tower shells[C]//Proceedings of the 5th International Conference on Wind Engineering, Collins, Colorado, USA, 1980, 1: 465-478.

[17] Niemann H J. Wind effects on cooling-tower shells[J]. Journal of the Structural Division, 1980, 106(3): 643-661.

[18] VGB Power Tech e.V. VGB-Guideline: Structural Design of Cooling Tower-Technical Guideline for the Structural Design, Computation and Execution of Cooling Tower: VGB-R610ue[S]. Essen: VGB Power Tech Service Gmbh, 2005.

[19] Kasperski M, Niemann H J. On the correlation of dynamic wind loads and structural response of natural-draught cooling towers[J]. Journal of Wind Engineering & Industrial Aerodynamics, 1988, 30(1): 67-75.

[20] 孙天风，周良茂. 无肋双曲线型冷却塔风压分布的全尺寸测量和风洞研究[J]. 空气动力学学报，1983(4): 68-76.

[21] 顾志福，季书弟. 沙岭子电厂冷却塔群风荷载的风洞研究[J]. 力学学报, 1992, 24(2): 129-135.

[22] 李鹏飞, 赵林, 葛耀君, 等. 超大型冷却塔风荷载特性风洞试验研究[J]. 工程力学, 2008, 25(6): 60-67.

[23] 操金鑫, 赵林, 葛耀君, 等. 双曲线圆截面建筑结构雷诺数效应模拟实践[J]. 实验流体力学, 2009, 23(4): 46-50.

[24] 董锐, 赵林, 葛耀君, 等. 双曲圆截面冷却塔壁面粗糙度对其绕流动态特性影响[J]. 空气动力学学报, 2013, 31(2): 250-259.

[25] 柯世堂, 葛耀君, 赵林. 大型双曲冷却塔表面脉动风压随机特性:非高斯特性研究[J]. 实验流体力学, 2010, 24(3): 12-18.

[26] 柯世堂, 赵林, 葛耀君, 等. 动态风压极值分析中峰值因子取值的探讨[J]. 武汉理工大学学报, 2010, 32(6): 11-15.

[27] 柯世堂, 赵林, 葛耀君. 大型双曲冷却塔表面脉动风压随机特性: 风压极值探讨[J]. 实验流体力学, 2010, 24(4): 7-12.

[28] Chen X, Zhao L, Cao S Y, et al. Extreme wind loads on super-large cooling towers[J]. Journal of the IASS, 2016, 57(1): 49-58.

[29] Zhao L, Chen X, Ge Y. Investigations of adverse wind loads on a large cooling tower for the six-tower combination[J]. Applied Thermal Engineering, 2016, 105: 988-999.

[30] 刘若斐, 沈国辉, 孙炳楠. 大型冷却塔风荷载的数值模拟研究[J]. 工程力学, 2006, 23: 177-183.

[31] 沈国辉, 刘若斐, 孙炳楠. 双塔情况下冷却塔风荷载的数值模拟[J]. 浙江大学学报(工学版), 2007, 41(6): 1017-1022.

[32] 鲍侃袁, 沈国辉, 孙炳楠. 大型双曲冷却塔平均风荷载的数值模拟研究[J]. 空气动力学学报, 2009, 27(6): 650-655.

[33] Cao F C, Ge Y J, Zhao L. Numerical investigation of interference effects on wind pressure on a group of large scale cooling towers[C]//Proceedings of the 6th International Symposium on Cooling Towers, Cologne, Germany, 2012, 6: 145-152.

[34] Ke S T, Liang J, Zhao L, et al. Influence of ventilation rate on the aerodynamic interference between two extra-large indirect dry cooling towers by CFD[J]. Wind and Structures, 2015, 20(3): 449-468.

[35] 柯世堂, 杜凌云, 刘东华, 等. 直筒-锥段型钢结构冷却塔平均风荷载及静风响应分析[J]. 振动与冲击, 2017, 36(7): 149-155.

[36] American Society of Civil Engineers. Manuals and reports on engineering practice: wind tunnel models studies of buildings and structures: ASCE 1987[S]. Virginia: ASCE Publisher, 1987.

[37] Niemann H J, Köpper H D. Influence of adjacent buildings on wind effects on cooling towers[J]. Engineering Structures, 1998, 20(10): 874-880.

[38] 邹云峰, 牛华伟, 陈政清. 基于完全气动弹性模型的冷却塔风致响应风洞试验研究[J]. 建筑结构学报, 2013, 34(6): 60-67.

[39] 赵林, 葛耀君, 曹丰产. 双曲薄壳冷却塔气弹模型的等效梁格方法和实验研究[J]. 振动工程学报, 2008, 21(1): 31-37.

[40] Zhao L, Chen X, Ke S T, et al. Aerodynamic and aero-elastic performances of super-large cooling towers[J]. Wind and Structures, 2014, 19(4): 443-465.

[41] Ke S T, Ge Y J. The influence of self-excited forces on wind loads and wind effects for super-large cooling towers[J]. Journal of Wind Engineering and Industrial Aerodynamics, 2014, 132: 125-135.

[42] Lin J H, Zhang Y H, Li Q S, et al. Seismic spatial effects for long-span bridges, using the pseudo excitation method[J]. Engineering Structures, 2004, 26(9): 1207-1216.

[43] 许林汕, 赵林, 葛耀君. 超大型冷却塔随机风振响应分析[J]. 振动与冲击, 2009, 28(4): 180-184.

[44] Ke S T, Ge Y J, Zhao L, et al. A new methodology for analysis of equivalent static wind loads on super-large cooling towers[J]. Journal of Wind Engineering and Industrial Aerodynamics, 2012, 111: 30-39.

[45] Orlando M. Wind-induced interference effects on two adjacent cooling towers[J]. Engineering Structures, 2001, 23(8): 979-992.

[46] Zahlten W, Borri C. Time-domain simulation of the non-linear response of cooling tower shells subjected to stochastic wind loading[J]. Engineering Structures, 1998, 20(10): 881-889.

[47] Yu M, Zhao L, Zhan Y Y, et al. Wind-resistant design and safety evaluation of cooling towers by reinforcement area criterion[J]. Engineering Structures, 2019, 193: 281-294.

[48] Winney P E. The modal properties of model and full scale cooling towers[J]. Journal of Sound and Vibration, 1978, 57(1): 131-148.

[49] Jeary A P, Fridline D, Wang L. Dynamic stability considerations for a natural-draft cooling tower under repair with hurricane-force wind action[C]//Dutch-Flemish Wind Engineering Association. Proceedings of the 13th International Conference on Wind Engineering, Amsterdam, the Netherlands, 2011: 1-8.

[50] Ke S T, Yu W, Zhu P, et al. Full-scale measurements and damping ratio properties of cooling towers with typical heights and configurations[J]. Thin-Walled Structures, 2018, 124: 437-448.

[51] Wang H, Ke S T, Ge Y J. Research on non-stationary wind-induced effects and the working mechanism of full scale super-large cooling tower based on field measurement[J]. Journal of Wind Engineering and Industrial Aerodynamics, 2019, 184: 61-76.

[52] 颜大椿. 大型冷却塔群风荷载的风洞实验[J]. 空气动力学学报, 1986, 4(4): 416-421.

[53] 顾志福, 孙天风, 陈强. 两个相邻冷却塔风荷载的相互作用[J]. 空气动力学学报, 1992, 10(4): 519-524.

[54] 张军锋, 赵林, 柯世堂, 等. 大型冷却塔双塔组合表面风压干扰效应试验[J]. 哈尔滨工业大学学报(工学版), 2011, 43(4): 81-87.

[55] 赵林, 葛耀君, 许林汕, 等. 超大型冷却塔风致干扰效应试验研究[J]. 工程力学, 2009, 26(1): 149-154.

[56] 卢文达, 顾皓中. 带有环向肋的双曲冷却塔的线性稳定分析[J]. 应用数学和力学, 1989, 10(7): 559-567.

[57] 杨智春, 李斌, 樊丽君. 双曲冷却塔在风载下的应力分析与屈曲稳定性分析[J]. 工程力学, 2003(S1): 385-387.

[58] 李龙元, 卢文达. 加肋双曲冷却塔的非线性稳定分析[J]. 应用数学和力学, 1989, 10(2): 105-110.

[59] 陈健, 黄志龙, 武际可, 等. 旋转壳及附属结构应力分析软件系统[J]. 计算力学学报, 1995, 12(3): 337-343.

[60] der Joseph T, Fidler R. A model study of the buckling behavior of hyperbolic shells[C]//ICE. Proceedings of the Institution of Civil Engineers. London, England: ICE Publisher, 1968: 105-118.

[61] Mungan I. Buckling stress states of cylindrical shells[J]. Journal of the Structural Division, 1974, 100(11): 2289-2306.

[62] Mungan I. Buckling stress states of hyperboloidal shells[J]. Journal of the Structural Division, 1976, 102(10): 2005-2020.

[63] Mungan I. Buckling stresses of stiffened hyperboloidal shells[J]. Journal of the Structural Division, 1979, 105(8): 1589-1604.

[64] 孙琪超. 自然通风冷却塔整体稳定性模型实验及有限元分析研究[D]. 杭州: 浙江大学, 2017.

[65] 田敏, 赵林, 焦双健, 等. 双曲壳结构非均匀风压作用局部稳定验算[J]. 工程力学, 2019, 36(9): 136-143.

[66] Sabouri-Ghomi S, Kharrazi M H K, Javidan P. Effect of stiffening rings on buckling stability of R. C. hyperbolic cooling towers[J]. Thin-Walled Structure, 2006, 44(2): 152-158.

[67] Xu Y Z, Bai G L. Random buckling bearing capacity of super-large cooling towers considering stochastic material properties and wind loads[J]. Probabilistic Engineering Mechanics, 2013, 33: 18-25.

[68] 柯世堂，赵林，张军锋，等. 电厂超大型排烟冷却塔风洞试验与稳定性分析[J]. 哈尔滨工业大学学报，2011, 43(2): 114-118.

[69] 柯世堂，杜凌云. 不同气动措施对特大型冷却塔风致响应及稳定性能影响分析[J]. 湖南大学学报(自然科学版), 2016, 43(5): 79-89.

[70] 柯世堂，朱鹏. 超大型冷却塔施工全过程风致稳定性能演化规律研究[J]. 振动与冲击, 2018, 37(10): 172-180.

[71] Mang H A, Floegl H, Trappel F, et al. Wind-loaded reinforced-concrete cooling towers: buckling or ultimate load?[J]. Engineering Structures, 1983, 5(3): 163-180.

[72] Djerroud M, Merabet O, Reynouard J M, et al. Buckling and failure analysis of cooling tower and its application to a real case[C]//Transactions of the 12th International Conference on Structural Mechanics in Reactor Technology. Stuttgart, Germany: North-Holland Publishing Company, 1993: 339-334.

[73] Noh S Y, Kratzig W B, Meskouris K. Numerical simulation of serviceability, damage evolution and failure of reinforced concrete shells[J]. Computers & Structures, 2003, 81(8): 843-857.

[74] Yu Q Q, Gu X L, Li Y, et al. Collapse mechanism of reinforced concrete super large cooling towers subjected to strong winds[J]. Journal of Performance of Constructed Facilities, 2017, 31(6): 1-10.

[75] 吴鸿鑫，柯世堂，王飞天，等. 超大型冷却塔风致倒塌全过程数值仿真与受力性能分析[J]. 工程力学，2019, 30(1): 1-10.

[76] 陈旭. 台风和龙卷风作用下大型冷却塔风荷载及风致失效[D]. 上海：同济大学, 2018.

[77] 张宗芳. 大型自然通风冷却塔失效分析与优化设计[M]. 大连：大连理工大学出版社, 2011.

[78] 黄刚，司凯文，陈朝，等. 北方某电厂 5500m^2 冷却塔结构塔型优化研究[J]. 特种结构, 2012, 29(6): 23-25.

[79] British Standard Institution. Water cooling towers – Part4: Code of practice for structural design and construction: BS4485-4[S]. London: BSI Publisher, 1996.

[80] Ruscheweyh H. Wind loadings on hyperbolic natural draft cooling towers[J]. Journal of Wind Engineering and Industrial Aerodynamics, 1976, 1: 335-340.

[81] Sageau J F. Caractérisation des champs de pression moyens et fluctuants à la surface des grands aérorefrigérants[J]. La Houille Blanche, 1980(1-2): 61-67.

[82] Davenport A G, Isyumov N. The dynamic and static action of wind on hyperbolic cooling towers[M]. Ontario: the University of Western Ontario, 1966.

[83] 中华人民共和国住房和城乡建设部. 建筑结构荷载规范：GB 50009—2012[S]. 北京：中国建筑工业出版社，2012.

[84] 张春艳. 中国沿海登陆台风灾害风险特征分析[D]. 赣州：江西理工大学, 2019.

[85] 肖仪清，李利孝，宋莉莉. 基于近海海面观测的台风黑格比风特性研究[J]. 空气动力学学报，2012, 30(3): 380-387.

[86] Chow S. A study of the wind field in the planetary boundary layer of a moving tropical cyclone[D]. New York: New York University, 1971.

[87] Shapiro L J. The asymmetric boundary layer flow under a translating hurricane[J]. Journal of the Atmospheric Sciences, 1983, 40(8): 1984-1998.

[88] Meng Y, Matsui M, Hibi K. An analytical model for simulation of the wind field in a typhoon boundary layer[J]. Journal of Wind Engineering and Industrial Aerodynamics, 1995, 56(2-3): 291-310.

[89] Fang G, Zhao L, Cao S, et al. A novel analytical model for wind field simulation under typhoon boundary layer considering multi-field correlation and height-dependency[J]. Journal of Wind Engineering and Industrial Aerodynamics, 2018, 90(175): 77-89.

[90] 中国气象局. 热带气旋年鉴[M]. 北京：气象出版社, 1949～2015.

[91] Cao S Y, Tamura Y, Kikuchi N, et al. Wind characteristics of a strong typhoon[J]. Journal of Wind Engineering and Industrial Aerodynamics, 2009, 97(1): 11-21.

[92] Sharma R N, Richards P J. A re-examination of the characteristics of tropical cyclone winds[J]. Journal of Wind Engineering and Industrial Aerodynamics, 1999, 83(1-3): 21-33.

[93] Architectural Institute of Japan. Recommendations for loads on building [S] .Tokyo: AIJ Publisher, 2004

[94] Kareem A, Cheng C M. Pressure and force fluctuations on isolated roughened circular cylinders of finite height in boundary layer flows[J]. Journal of Fluids & Structures, 1989, 3(5): 481-508.

[95] 陈政清, 项海帆. 桥梁风工程[M]. 北京: 人民交通出版社, 2005.

[96] 邹云峰. 巨型冷却塔的风效应及其风洞试验方法研究[D]. 长沙: 湖南大学, 2013.

[97] 蔡亦钢. 流体传输管道动力学[M]. 杭州: 浙江大学出版社, 1990.

[98] 张军锋, 葛耀君, 赵林, 等. 双曲冷却塔表面三维绕流特性及风压相关性研究[J]. 工程力学, 2013, 30(9): 234-242.

[99] Ke S T, Ge Y J. Extreme wind pressures and non-Gaussian characteristics for super-large hyperbolic cooling towers considering aeroelastic effects[J]. Journal of Engineering Mechanics, 2015, 141(7): 04015010.

[100] Kasperski M. Specification of the design wind load based on wind tunnel experiments[J]. Journal of Wind Engineering and Industrial Aerodynamics, 2003, 91(4): 527-541.

[101] Holmes J D, Cochran L S. Probability distributions of extreme pressure coefficients[J]. Journal of Wind Engineering and Industrial Aerodynamics, 2003, 91(7): 893-901.

[102] Davenport A G. Gust loading factors[J]. Journal of the Structural Division, 1967, 93(3): 11-34.

[103] Kareem A, Zhao J. Analysis of non-Gaussian surge response of tension leg platforms under wind loads[J]. Journal of Offshore Mechanics and Arctic Engineering, 1994, 116(3): 137-144.

[104] Sadek F, Simiu E. Peak non-Gaussian wind effects for database-assisted low-rise building design[J]. Journal of Engineering Mechanics, 2002, 128(5): 530-539.

[105] 吴太成. 建筑物表面风压峰值因子取值的目标概率法[C]//中国土木工程学会. 第十三届全国结构风工程学术会议论文集. 大连: 中国土木工程学会, 2007: 118-124.

[106] 张相庭. 结构风压与风振计算[M]. 上海: 同济大学出版社, 1985.

[107] Alexander C R, Wurman J. The 30 May 1998 Spencer, South Dakota, Storm. Part I: the structural evolution and environment of the tornadoes[J]. Monthly Weather Review, 2005, 133(1): 72-97.

[108] Lee W C, Wurman J. Diagnosed three-dimensional axisymmetric structure of the Mulhall tornado on 3 May 1999[J]. Journal of the Atmospheric Sciences, 2005, 62(7): 2373-2393.

[109] Lee J J, Samaras T M, Young C R. Pressure measurements at the ground in an F-4 tornado[C]//Proceedings of the 22nd Conference on Severe Local Storms, Session 15, Tornadoes, 15.3, 2004.

[110] Chang C C. Tornado wind effects on buildings and structures with laboratory simulation[C]//Proceedings of the Third International Conference on Wind Effects on Buildings and Structures. Tokyo: Japanese organizing committee, 1971: 213-240.

[111] Ward N B. The exploration of certain features of tornado dynamics using a laboratory model[J]. Journal of Atmospheric Sciences, 1972, 29: 1194-1204.

[112] Haan F L, Sarkar P P, Gallus W A. Design, construction and performance of a large tornado simulator for wind engineering applications[J]. Engineering Structures, 2008, 30(4): 1146-1159

[113] 王锦, 周强, 曹曙阳, 等. 龙卷风风场的试验模拟[J]. 同济大学学报(自然科学版), 2014, 42(11): 1654-1659.

[114] Tari P H, Gurka R, Hangan H. Experimental investigation of tornado-like vortex dynamics with swirl ratio: The mean and turbulent flow fields[J]. Journal of Wind Engineering & Industrial Aerodynamics, 2010, 98(12): 936-944.

[115] Church C R, Snow J T, Baker G L, et al. Characteristics of tornado-like vortices as a function of swirl ratio: a laboratory investigation[J]. Journal of the Atmospheric Sciences, 1979, 36(36): 1755-1776.

[116] Armit J. Eigenvector analysis of pressure fluctuations on the West Burton instrumented cooling tower[R]. London: Central Electricity Research Laboratories(U. K.), Internal Report RD/L/N, 1968: 114-168.

[117] Ding Z B, Zhao L, Ge Y J. Proper orthogonal decomposition of wind pressure field of large cooling towers[C]// Proceedings of the International Symposium on Industrial Chimneys and Cooling Towers. Prague: International Committee for Industrial Construction, 2014: 75-83.

[118] 张军锋. 大型冷却塔结构特性与风致干扰效应研究[D]. 上海: 同济大学, 2012.

[119] 黄克智, 夏之熙, 薛明德. 板壳理论[M]. 北京: 清华大学出版社, 1987.

[120] European Committee for Standardization. Eurocode2: Design of concrete structures[S]. Brussels: CEN Publisher, 2006.